U0173144

曆算全書

〔清〕梅文鼎 撰

高 峰 點校

四

中華書局

本册目録

五星紀要

火星本法

七政細草補注

仰儀簡儀二銘補注

　仰儀 ……………………………………………… 1507

　簡儀 ……………………………………………… 1515

曆學駢枝

曆學駢枝自叙…………………………………………… 1525

釋凡四則 ……………………………………………… 1527

曆學源流 ……………………………………………… 1533

曆學駢枝總目 ………………………………………… 1535

附日月食食分定用分説 ……………………………… 1537

附月離定差距差説 …………………………………… 1541

求月離赤道正交宿度 ………………………………… 1543

曆學駢枝目次 ………………………………………… 1549

曆學駢枝卷一 ………………………………………… 1551

　大統曆步氣朔用數目録 …………………………… 1551

　大統曆步氣朔法 …………………………………… 1559

　　求中積分 ………………………………………… 1559

　　求通積分 ………………………………………… 1560

　　求天正冬至 ……………………………………… 1561

　　求天正閏餘分 …………………………………… 1561

　　求天正經朔 ……………………………………… 1562

　　求天正盈縮曆 …………………………………… 1563

　　求天正遲疾曆 …………………………………… 1564

　　求天正入交泛日 ………………………………… 1565

授時平立定三差詳説

曆學答問

古算衍略

兼濟堂纂刻梅勿菴先生曆算全書

五星紀要 (一)

〔一〕勿庵曆算書目未著録,四庫本收入卷十六。兼濟堂曆算書刊謬云:"此卷多出門人劉允恭手,非盡先人筆也。學山以爲先大父晚年新説,殆未之深考耳。"輯要本題作五星管見,收入卷五十六下,著者署名除梅文鼎外,另署"門人楚南劉著 允恭學"。

五星紀要一卷

宣城梅文鼎定九著　男以燕正謀參　孫　毂成玉汝
　　　　　　　　　　　　　　　　　玕成肩琳
柏鄉魏荔彤念庭輯　　　　　　　男　乾敷一元
　　　　　　　　　　　　　　　　士敏仲文
　　　　　　　　　　　　　　　　士説崇寬同校
　　　　　　　　　　　錫山後學楊作枚學山訂補

論五星歲輪

五星與日皆東出而西没,宗動天之所運也。土木火三星在太陽上而近宗動,故其左旋速於日,每日有所差之分,即歲輪心之平行也。

五星與太陽有定距,歲輪心既爲宗動所掣,漸離太陽而西,則星不得不自歲輪之中線,〔即平行度。〕漸移而東以就日。而星既在日之上,亦即不得不自歲輪之頂,漸移而下以就日也。既漸移而東,又漸移而下,則不能平轉而成環行,歲輪之圓象成矣。

歲輪心正在太陽之上,星又在歲輪之頂,作直線過歲輪心,以過太陽之心而指地心,是爲合伏。合伏以後,星在歲輪上東移,有類平轉,故其東移速。〔古謂之疾段。〕歲輪心離日漸遠,星在歲輪離合伏之度亦漸遠而向下行,則東移之度漸遲。〔古謂之遲段。〕歲輪心離日至一象限，星在歲輪直向下行，人自地觀之，不見其動。〔古爲留段。〕過此留段，輪心距太陽益遠，將至半周，星行歲輪之底，轉成向西行。〔是爲退段。〕輪心與日沖，星正居輪底，自輪心作線過星，以過地心，而直射太陽之心，亦爲一直線，是爲退沖。

　　未至日沖，皆爲晨見；沖日以後，則爲夕見。夕見者，西與日近，東與日遠，輪心反在日後，而西行追日，日在西，星在東，星不得不自輪底西移而就日。〔故仍爲退段。〕輪心西距日益近，則星漸西而亦漸上行，以就其距日之定距。星既在輪邊，與輪心亦有定距，則其西移過半象限，不得不轉而上行矣。

　　至於西距日一象限，上行之勢又直，人自地觀之，亦不見動。〔古亦謂留段。〕

　　過此而輪心距日益近，則星亦在輪上漸向東行，以就合伏之度，以就其距日之常度，於是又見其東移之速，而至於合伏。〔古亦謂疾段。〕是爲歲輪之周。

論上三星圍日之行左旋

　　問：古以七政右旋，宋儒以七政周天左旋。今以七政、恒星皆爲一日一周之天所掣而西，發明宋説，謂右旋之度因左旋而成，可謂無疑義矣。茲論七政新圖以太陽爲心，而復謂上三星左旋，與金水異，何居？

　　曰：左旋有二：前所論七政左旋，以地爲心者也；今上三星左旋，以太陽爲心者也。五星既爲動天所轉而成左旋，〔一日繞地一周之行。〕又依歲輪而右旋，〔以本輪上定度爲心。〕此五緯之所同也。然歲輪上實行之度與太陽相直有定距，則仍以太陽爲心，又成圍繞太陽之行矣。金水二星即以太陽爲歲輪〔或伏見輪。〕之心，故歲輪即圍日之行。歲輪右旋，故其圍日之行亦右旋也。上三星則歲輪不以太陽爲心，但其距日有定度，而又成圍日之形。以歲輪上度言之，仍是右旋，與金水同；以圍日之形言之，則是左旋，與金水異矣。

五星與日皆爲動天所轉，繞地左旋，但上三星之左旋速於日。故合伏之後，即在日西；〔以右旋言，爲星不及日；以左旋言，爲星過於日。〕沖日之後，乃在日東。〔以右旋言，爲日逐星；以左旋言，則爲星逐日。〕是不特其平行繞地者爲左旋，而其距日有常以成圍日之形者亦左旋也。

金水之左旋與日等，故合伏之後在日東，退合之後在日西，則是平行繞地者均爲左旋，而其圍日之行則右旋也。故曰上三星左旋與金水異者，主乎圍日以爲言者也。

然則歲輪之度又何以同爲右旋乎？曰：視行之法，遠則見遲，近則見疾。上三星之左旋雖速於日，而在歲輪上半則見過日之度稍遲，下半則見過日之度加速矣。金水之左旋雖與日等，而在歲輪上半，較日距地爲遠，則見左旋遲於日；下半距地近，則見右旋速於日。夫上半左旋遲，則右移反速；下半左旋速，則右移反遲，而成留退。此所以歲輪上度五星皆爲右旋也。

　　然五星歲輪所以有在上在下之分者,則以與太陽有
定距也。因其與日有定距,所以能成歲輪上周轉之行;因
其在歲輪上周轉而行,所以與日有定距。

　　楊學山曰:上金水左旋右旋之論,猶仍曆書之説,
以伏見輪同歲輪。後言伏見輪乃繞日圓象,金水另有
其歲輪,乃勿庵晚年[一]新説耳。

論五星以日爲心之圖

　　法曰:上三星其圍日之圈左旋,下二星其輪右旋,皆
以從宗動而西運之行爲主。〔論左旋,則星之退行,乃其行速。〕假
如上三星合伏時在太陽之上,及其每日左旋一周,則星行
過日若干分而在日西,然其旋也距地則漸近。其所以低
者,以就太陽也。自此左旋之周益多,則其離日而西之
度亦漸遠,而益旋益低,比至在日西滿半周而冲日,則其
旋益近地。所以然者,因在日冲,故必下行歲輪之底以就
日也。冲日以後,其左旋之行轉在日東,隨日之後而向日
行,其旋亦自冲日卑處漸向於高,離冲日若干分,則其旋
漸高亦若干分。自此在日後左旋追日,而益近之,以復至
合伏,則其旋益高,而復在太陽之上矣。是故上三星之能
爲圍日之圈者,以左旋言也。

〔一〕晚年,輯要本作“先生”。

　　惟以左旋言之，則無論冲合之在恒星何度，亦無問各星之冲合各有周率，經歷之時日幾何，而其以日爲心，悉同一法也。

　　其下二星以歲輪圍日，其理易明。然亦是與太陽同爲一日一周之左旋，而星之左旋遲於日，故合伏時在太陽上。每左旋一周，則星不及日若干分度，而在日東，其行亦漸降。至於夕留之後，又復漸速而追日，其度益降，至退合伏而極。乃復離日而西，度亦漸升，而復於合伏矣。

　　地谷〔一〕曰：日之攝五星，若磁石之引鐵，故其距日有定距也。惟其然也，故日在本天行一周，而星之升降之跡亦成一圓相〔二〕，曆家因取而名之曰歲輪也。是故上三星歲輪，約略皆與太陽天同大。而今其徑有大小者，各以其本天半徑爲十萬之比例也。

　　地谷新圖，其理如此。不知者遂以圍日爲本天，則是歲輪心，而非星體，失之遠矣。

　　宗動天左旋，星與太陽皆從之左旋，而有遲速，以其所居有高下，離動天有遠近也。

　　上三星在日天之上，近於動天，故其每日左旋比日爲速。雖不能與恒星同復故處，而所差甚微，〔土星只二分奇，木星只五六分，火星只半度。〕不能若太陽之每差一度也。

〔一〕地谷，二年本作“第谷”。後同。
〔二〕圓相，二年本作“圓象”。

論五星本天以地爲心

　　問：五星之法，至西曆而詳明。然其舊説五星各一重天，大小相函，而皆以地爲心。其新説五星天雖亦大小相函，而以日爲心。若是其不同，何也？曰：無不同也。西人九重天之説，第一重宗動天，次則恒星，又次土星，次木星，次火星，次太陽，次金，次水，次太陰，是皆以其行度之遲速，而知其距地有遠近，因以知其天周有大小，理之可信者也。星之天有大小，既皆以距地之遠近而知，則皆以地心爲心矣。是故土木火三星距地心甚遠，故其天皆大於太陽之天而包於外；金水二星距地心漸近，故其天皆小於太陽之天而在其内，爲太陽天所包。是其本天皆以地爲心，無可疑者。惟是五星之行各有歲輪，歲輪亦圓象。五星各以其本天載歲輪，歲輪心行於本天之周，星之體則行於歲輪之周，以成遲疾留逆。〔歲輪心行於本天周，皆平行也。星行於歲輪之周，亦平行也。人自地測之，則有合有冲，有疾有遲，有留有逆，自然之理也。〕若以歲輪上星行之度聯之，亦成圓象，而以太陽爲心。西洋新説謂五星皆以日爲心，蓋以此耳。然此圍日圓象，原是歲輪周行度所成，而歲輪之心又行於本天之周，本天原以地爲心，三者相待而成，原非兩法，故曰無不同也。〔上三星在歲輪上右旋，金水在歲輪上左旋，皆挨度平行。〕

　　夫圍日圓象既爲歲輪周星行之跡，則遲留逆伏之度，兩輪皆有之。故以歲輪立算，可以得其遲留逆伏之度；以圍日圓輪立算，所得不殊。立法者溯本窮源，用法者從簡便算。如曆書上三星用歲輪，金水二星用伏見輪，皆可以求次均，立算雖殊，其歸一也。或者不察，遂謂五星之天真以日爲心，失其指矣。

夫太陽去地亦甚遠矣，五星本天既以地爲心，而又能以日爲心，將日與地竟合爲一乎？必不然矣。

曆指又嘗言火星天獨以日爲心，不與四星同。予嘗斷其非是，作圖以推明地谷立法之根，原以地爲本天之心，其說甚明。其金水二星，曆指之說多淆，亦久疑其非。今得門人劉允恭悟得金水二星之有歲輪，其理的確而不可易，可謂發前人之未發矣。

論伏見輪非歲輪

問：金水二星之求次均也，〔即遲疾留逆。〕用伏見輪，曆指謂其即歲輪，其說非歟？曰：非也。伏見輪之法起於回曆，而歐邏因之。若果即歲輪，何爲別立此名乎？由今以觀，蓋即歲輪上星行繞日之圓象耳。〔王寅旭書亦云伏見輪非歲輪。〕

然則伏見輪既爲圍日之跡，上三星宜皆有之，何以不用，而獨用之金水？曰：以其便用也。蓋五星行於歲輪，起合伏，終合伏，皆從距日而生。故五星之歲輪，並與日天同大，而歲輪之心原在本天周，故其圍日象又並與本天同大。上三星之本天包太陽外，其大無倫，又其行皆左旋，〔所以左旋之故，詳具後論。〕頗費解說，故只用歲輪也。至於金水本天在太陽天內，伏見輪既與之同大，又其度順行，

故用伏見輪。〔亦即繞日圜象。〕若用歲輪,則金水之歲輪反大
於本天,〔以歲輪與日天同大,故皆大於本天。〕故不用歲輪,非無歲
輪也。承用者未能深考立法之根,輒謂伏見輪即歲輪,其
說似是而非,不可不知也。伏見亦起合伏,終合伏,有似
歲輪。然歲輪之心行於本天之周,而伏見輪以太陽爲心,
故遂以太陽之平行爲平行,皆相因而誤者也。

論五星平行

　　然則金水既非以太陽之平行爲平行,又何以求其平
行?曰:歲輪之心行於本天,是爲平行,乃實度也。實度
者,周度也。〔以本天分三百六十度,而以各星周率平分之,則得其每日
平行。如土星二十九年奇而行本天一周,則二十九日而行一度,每日平行
二十九分度之一,是爲最遲。木星十二年周天,每日平行約爲十二分度之一。
火星二年周天,約爲每日平行半度。金星二百二十餘日周天,約每日平行一
度半強。水星八十八日奇而周天,約每日平行四度。皆平行實度。〕若歲
輪及伏見輪雖亦各分三百六十度,亦各有其平行,然而非
實度也,〔既非本天上平行之度,又非從地心實測之平行度。〕乃各星之
離度耳。因此離度,〔下文詳之。〕用三角法從地心測之,則
得其遲留伏逆之狀,亦爲實度矣。〔此實度不平行,與本天之平行
實度不同。〕

　　本天之度,平行實度也;歲輪及伏見,乃離度也。離
度爲虛數,故皆以半徑之大小爲大小。

　　伏見輪上行度與歲輪同,所不同者半徑也。伏見之

半徑皆同本天,歲輪之半徑皆同日天。

論離度有順有逆

問:何以謂之離度? 曰:於星平行內減去太陽之平行,故曰離度,乃離日之行也。以太陰譬之,其每日平行十三度奇者,太陰平行實度;每日十二度奇者,太陰之離度也。〔於太陰平行內減太陽平行。〕是故金星每日行大半度奇,水星每日約行三度,皆於星平行內減太陽之平行。因金水行速,其離度在太陽之前,乃星離於日之度,故其度右旋順行,與太陰同法也。

若上三星,則當於太陽平行內減去星行,是爲離度。蓋以上三星行遲,在太陽之後,乃星不及於日之度。其度左旋而成逆行,與太陰相反,然其爲離日之行度,一而已矣。〔王寅旭五星行度解謂上三星左旋,蓋謂此也。然竟以此爲本天,則終非了義。〕

論平行有二用而必以本天之度爲宗

平行者,對實行而言也。然實行有二:一是本天最高卑之行,亦曰實行;一是黃道上遲留逆伏實測,亦曰視行。是二者,皆必以本天之平行爲宗。

若金水獨以太陽之平行爲平行,是廢本天之平行矣,又何以求最高卑乎?

圍日之輪,〔即伏見輪。〕起合伏,終合伏,是即古法之合率也。本天之行則古法之周率也,最高卑則古法之曆率也。又有正交、中交以定緯度,即如古法之太陰交率也。〔此一法是西法勝中法之一大端。〕是數者,皆必以本天取之,故不得以圍日之輪爲本天。

曆指言金星正交定於最高前十六度,水星正交與最高同度。其所指皆本天之度,非伏見行之度,則伏見輪不得爲本天明矣。

今以七政曆徵之,不惟最高卑之盈縮有定度,即其交南北亦有定度。故金星恒以二百二十餘日而南北之交一終,水星則八十八日奇而交終。此皆論本天實度,原不論伏見行,是尤其較著者矣。

論金水交行非徧交黃道

問:周雲淵言金水遍交黃道,不論何宮。今曰交有定度,何也?曰:雲淵之説,蓋因回回曆緯表而誤者也。何以言之?回回曆以自行度小輪心度立表,而定其交黃道之度,非以黃道度爲主而求其交處也。故其所謂宮度者,皆小輪之宮度也,非黃道之宮度也。若謂黃道之宮度而可以徧交,將正交之度亦無定在矣,又安得謂金星正交在最高前十六度及水星正交定於最高同度乎?必不然矣。〔正交定度雖出曆書,然與回曆原是大同小異。〕

今以七政曆攷之,金星、水星之交周皆有定期,〔金星

以二百二十餘日，水星以八十八日奇。〕但歲輪心行至正交，即無緯
度，不論其爲合伏，爲沖退，爲疾爲遲或留也，以此而斷其
必有本天有歲輪，可以勿疑。

論金水伏見輪

伏見輪即繞日圓象也，其半徑與本天等。本天上歲
輪心所行之周，半在黃道北，半在黃道南，其勢斜立，如太
陰之出入黃道爲陰陽曆也。而星體行伏見輪周，其勢亦
斜立，與之相應，故其交角等。

伏見輪十字線圖

距大北
甲

中交　卯　　　　太陽　　　　西　正交

乙
距大南

歲輪心在正交或中交，則星無緯度，故伏見輪上亦有
正交、中交。歲輪心行過正交，漸生北緯，至離正交九十

度,則北緯極大,如太陰之陰曆半交也。〔古法正交後陽曆,中交後陰曆。西法則反用其號,然其用不殊。〕

歲輪心行過北大距,〔離正交九十度至一百七十九度。〕北緯漸小,至中交而復無緯,此如太陰之陰曆半周也。歲輪心行本天陰曆半周,即星在伏見輪上亦行北半周,而其緯在北,緯有大小,無不與之相似。

歲輪心行過中交,漸生南緯,至離中交九十度,南緯極大,如太陰之陽曆半交也。歲輪心行過南大距,南緯漸小,復至正交而無緯[一],如太陰之陽曆半周也。即星在伏見輪,亦行南半周,而南緯之大小,一一與本天相似。

聯正交中交成一線,此線在本天,必過地心,以本天圓面與黃道面斜交相割而成也;而在伏見輪,亦必過日心,以伏見輪之繞日圓像亦與黃道面斜交。而半在黃南,半在黃北,圓面相割成線也。以此線爲橫線而均剖之,作十字垂線,則上下兩端所指,並半交大距度矣。此伏見輪上十字線之理也。

伏見輪心即太陽,太陽行黃道三百六十度,伏見輪亦隨之行三百六十度,而十字之形不變,此正視之形也。

又正視圖不能見交角,故必以旁視明之,伏見輪[二]事事與本天等,故以本天明之。

〔一〕“如太陰之陽曆半交”至“復至正交而無緯”,二年本脱,底本挖板補刻。
〔二〕伏見輪,二年本爲墨丁,底本補刻。

伏見輪交角圖

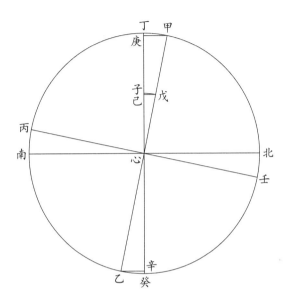

如圖，甲丙乙壬爲本天渾員之體，〔因旁視，即見本天渾體。〕甲心乙即本天之星道，〔因旁視故，前平視之外周躋縮成一直線也。〕心即地心，〔在伏見輪即爲太陽。〕又即爲正交、中交，〔因旁視，正交、中交過心橫線竟看成一點。〕丁心癸即本天上黃道圈，〔本天小於黃道，然其度一一與黃道相應，而成一圈。亦因旁視，看成一直線。〕兩直線相交於心，即成緯度角。〔兩[一]直線相交，即兩圈相交也，亦即爲兩圓面相切。兩圓面者，一爲星道，一爲黃道，在渾體皆成面。〕甲心丁角在黃道北，其弧甲丁，其正弦甲庚，北大距之緯度也。〔甲丁弧雖在本天，然即外應黃道緯。〕乙心癸角在黃道南，其弧乙

〔一〕兩，原作“丙”，據文意改。

癸，其正弦乙辛，南大距之緯度也。〔乙癸弧在本天，外應黃道，與甲丁同。〕

問：何以分南北也？曰：甲丁與乙癸兩大距弧各引長之，成一全圈，在本天渾體，即外與黃道上過極經圈相應，而北心南直線爲之軸，北即北極，南即南極，亦與黃道之南北極相應矣。甲心線在黃道北，即生北緯；乙心線在黃道南，即生南緯，又何疑哉？〔甲心，半徑也。以旁視故，正交後北半周一百八十弧度並躋縮成直線，與半徑等。乙心之在南亦然。〕

然何以謂之大距？曰：甲丁緯弧與甲心丁角相應，爲北大緯。乙癸弧與乙心癸角相應，爲南大緯。甲點、乙點並居半交，故其緯最大；其未及半交及已過半交，其緯並小。南北並同也。

問：緯度即角度也，角同而緯有大小，何也？曰：角雖同而邊不同也。大距度以半徑爲全數，其餘各度並皆以正弦當全數。

假如任舉一度，如過正交三十度，爲戊點，〔未至中交三十度亦同。〕其正弦戊心。法爲甲心全數與甲丁大距之正弦甲庚，若戊心正弦與戊子弧之正弦戊己也。〔戊心己句股形與甲心庚形相似，同用心角，而戊心邊正得甲心之半，則戊己亦甲庚之半，而戊子弧亦必爲甲丁之半矣。他皆做此。〕

以上所論，皆本天之事，然伏見輪之理並無有二。故此一圖，即可作伏見輪觀，其旁視之交角甚明也。

論伏見輪十字線

　　伏見輪既爲繞日員象，而生於本天之歲輪，故其面與本天等徑，而其斜交黃道之勢亦與本天等。夫本天之斜交黃道也，半在北，半在南，惟正交、中交二點與黃道合，聯此二點過心，是爲交線，即兩員面相切所成也。從交線上中分之，作過心十字直線至本天周，即大距線也，何則？黃道面上原有十字線，正視之，兩線合爲一直；旁視之，則本天直線斜穿而成交角，故此直線在本天即爲大距線也。此直線所指本天之度，正在二交折半之中，其距最大，故即爲大距線。然則此十字線者，固本天所原有，而伏見輪之斜交黃道既與本天等，則其十字線亦無不等矣。

　　伏見輪即爲繞日之員象，則太陽即輪心，太陽行於黃道，故伏見心釘於黃道也。然其心雖釘於黃道，而其面則半在北，半在南，一定不易。任輪心在黃道之何度，而其斜交之面總與本天爲平行，故其交線皆不變，其十字大距線亦不變也。

　　由是觀之，伏見輪亦有二面，何則？伏見輪之面，既斜交黃道，與本天之面爲平行，則其相當之黃道，亦即有與伏見輪相應之一圈，與黃道面平行，而與伏見輪斜交，亦如本天之與黃道斜交矣。

　　如是則伏見輪之交線常與本天之交線平行，不論在黃道上何度分也。而伏見輪上之從心所出之十字大距線，及所相當黃道上從太陽心即輪心所出之十字線，亦與本天心黃道之十字線平行。而兩十字線正視之成一直線，旁視之一直一斜，而成大距之交角，亦一一與本天交黃道之角分寸不爽，故用伏見即如本天也。

論伏見輪之所以然

伏見輪半在日天外，半在日天內，其半徑與本天等，即星體所行也。〔黃道半徑與金星本天之比例，約爲十與七二有奇。〕伏見輪以日爲心，繞日環行，與本天周上歲輪心行度相應，故其大相等。本天半在黃道北，半在其南，伏見輪亦然。〔門人劉著云：譬如人放紙鳶，人在下環行，而紙鳶亦在空際環行。蓋以紙鳶爲風所舉，不能下；而又爲線所引，不能不環行。可謂善於形容。〕故惟本天之度爲實度，不惟伏見輪爲星繞日行之虛跡，即歲輪周上星行之度，亦虛設之員周，非硬圈有形質也。譬如浮屠高尖，有珠如日，人持長竿，竿上端有微小之珠。〔如金星。〕浮屠之中腰，有員圈梯道斜繞之，〔如金星本天之斜立。〕人行其上，〔如歲輪心之行於本天周。〕其珠竿直立指天，其長也如浮屠尖至其腰圍之心。〔如星在歲輪周，至歲輪心之徑與日天半徑等。〕兩珠相望，有繩繫之，其繩常引直而有定距，與腰圍斜遶之磴道等，〔如金星繞日有定距，與本天半徑相等。〕持竿者循斜梯繞浮屠旋轉平行之，則竿上珠自然亦繞尖上大珠旋轉成員象矣。〔此如伏見輪爲繞日之員象。〕

由是言之，可以免歲輪大小之疑，何則？歲輪之心行於本天之周，而本天既有高卑，歲輪心行於高度，則金星在伏見輪者，離地遠矣；歲輪心行低度，則星在伏見輪者，離地近矣。近則覺歲輪之半徑小矣，遠則覺歲輪之半徑大矣。若歲輪爲堅靱之物，何以能伸屈如此乎？更以視法徵之，何以在最高反大，在最卑反小乎？必不然矣。

歲輪之大小，又因於太陽高卑。伏見輪既以日爲心，則太陽行最高時，伏見輪從之亦高，而星去地遠；太陽行最卑，則伏見輪從之卑，而去地近。亦遂疑歲輪之有大小，而與視法反，若知歲輪亦非眞有輪，則群疑盡釋矣。

求伏見輪交角

伏見輪斜交黃道，既一一與本天等，則伏見輪交角與本天交角亦必相等。

假如本天大距緯度之正弦，欲變爲伏見輪上大距之正弦，法爲黃道半徑與本天大距之正弦，〔即本天交角。〕若伏見輪半徑〔亦即本天半徑。〕與伏見輪之大距正弦也。

金星本天交角定爲三度二十九分，水星六度　分[一]。

一　黃道半徑〔全數〕　　　一〇〇〇〇〇
二　本天交角〔正弦〕　　　〇六〇七六
二　伏見輪半徑　　　　　　七二二五一

〔一〕底本“分”前爲一字空格。

　　四　伏見輪大距緯〔正弦〕　〇四三八九

　　王寅旭中緯准分是〇四三九〇，蓋以得數九九七收作一數故也。

　　其餘各度，並先以全數爲一率，交角正弦爲二率，各度正弦爲三率，得四率爲各度緯。

　　再以全數爲一率，各度緯爲二率，伏見半徑爲三率，求得四率，爲各度變率之本緯。

　　簡法：置交角正弦，以各度正弦乘之，去末五位，又以伏見輪半徑乘之，去末五位，即徑得各度變率本緯。

　　又捷法：黃道半徑爲一率，大距正弦變率爲二率，各度正弦爲三率，得各度本緯爲四率。

　　假如伏見輪上距交三十度，求其本緯。

一　黃半徑全數　　一〇〇〇〇〇
二　大距正弦變率　〇四三九〇
三　三十度正弦　　五〇〇〇〇　　　乘得二一九五〇〇〇〇〇
四　三十度本緯　　〇二一九五

　　解曰：此以變率求變率，故徑得本緯，不須再變。寅旭用中緯准分，即此理也。

求各度正餘弦變率法

　　置各度正餘弦，以伏見輪半徑乘之，得數去末五位，即得變率之正餘弦。

求金星視緯法〔水星倣此。〕

一求合伏距交。

法以本日太陽實行在正交後宮度,〔即伏見輪心距交宮度。〕命爲合伏距交度。

解曰:凡星合伏,必與太陽同度。太陽行一度,小輪上合伏點亦隨之移一度。故太陽實行度即輪心,而輪心距交必與輪周之合伏距交等角。

二求星距交。

法以用日距合伏後日數在位,用星離日度三十七分弱爲法乘之,得離日平行。以加合伏距交度,爲星距交平行度。再簡本度盈縮差加減之,〔即加減差,從最高卑起算。〕爲星實行距交度分。

解曰:金星之行速於太陽,太陽行一度,金星行一度三十七分弱有奇[一]。故雖與太陽同行,而常在前,謂之離日度。曆書以太陽之行爲星平行,非真平行,故必併此離日度,始爲真平行。

星平行在伏見輪周,而根本在本天。歲輪心行於本天,有高卑加減,古曆謂之盈縮差。伏見輪上行既與本天上歲輪心行相應,則亦必有盈縮加減矣。

三求兩距交度入陰陽曆及初末限。

法以兩距交度,〔一伏見輪心距交,是黄道上度;一星體距交,是

〔一〕弱有奇,刊謬校云:"弱有奇,衍‘有奇’二字。"

伏見輪周度。〕並視其在半周以下，爲入陰曆；〔〇、一、二、三、四、五宫。〕滿半周以上，內減去半周，爲入陽曆。〔六、七、八、九、十、十一宫。〕各視其度，在象限以下爲初限；〔〇、一、二宫爲陰曆初限，六、七、八宫爲陽曆初限。〕滿象限以上，用以減半周，餘爲末限。〔三、四、五宫爲陰曆末限，九、十、十一宫爲陽曆末限。〕

四求視緯正弦。

法以星距交正弦〔用變率。〕及各度本緯〔變率。〕各自乘實，相減得數，開方得根，以加減黃道正弦〔即輪心距交度正弦，用本數。〕爲黃道正弦。又自乘之，得數，以與本緯自乘實相併，〔本緯實即上所求。〕爲視緯股實，開方得視緯正弦。〔捷法：不必開方，只用股實。〕

加減例：視〔黃道上輪心、伏見輪上星〕兩距交度，〔同在陰曆，或同在陽曆，則相加；或一在陰曆，一在陽曆，則相減〕。

解曰：星距地心線如句股之弦，即全數也，故亦有其正弦爲股，餘弦爲句。

五求視緯餘弦。

法以星距交度餘弦〔變率。〕加減黃道餘弦，〔用本數，與正弦同。〕爲視緯餘弦。

加減例：視兩距交度，〔仝在正交邊，或全在中交邊，則相加；若一在正交邊，一在中交邊，則相減〕。

解曰：在正交邊者，陰曆初限，陽曆末限也。陰曆初限爲已過正交，在正交前一象限也；陽曆末限爲未到正交，在正交後一象限也。此兩象限共一百八十度，在十字直線之右，並於正交爲近也。

在中交邊者，陰曆末限爲未到中交之度，在中交後一象限；陽曆初限爲已過中交之度，在中交前此一百八十度，在十字直線之左，並於中交爲近也。

又總解曰：正弦之加減，論陰陽曆，以十字橫線爲斷也；餘弦之加減，論正中交，以十字直線爲斷也。橫線者，交線也；直線者，大距線也。正弦線並與大距線平行，是各度距交線之數；餘弦線並與交線平行，是各度距大距線之數。於此而知十字綫之爲用大也。

六求星距地心線。

法以視緯正弦餘弦各自之，併而開方，得星距地心線。

七求視緯。

法以各度本緯〔變率。〕加五位爲實，星距地心爲法除之，得視緯。

論曰：必如此下算，則事事有著落，視緯得數始真。若前緯後緯之表，以中分取數，加減法雖巧便，得數亦恐不真耳。

假如金星伏見輪心距正交三十度，星距合伏三十五度，求視緯。

如圖，大圈爲黃道，小圈爲伏見輪，輪心在日，距正交爲井日弧三十度，合伏距正交爲合正，亦三十度。星在戊，過合伏三十五度，距正交爲戊正弧六十五度。

法先用日乙丙、丁戊己兩三角形，依變率法，日乙與乙丙大緯正弦，若丁戊星距交正弦與戊己緯。次用丁戊己直角形，己爲直角，戊丁爲弦，戊己爲勾，求得己丁股。

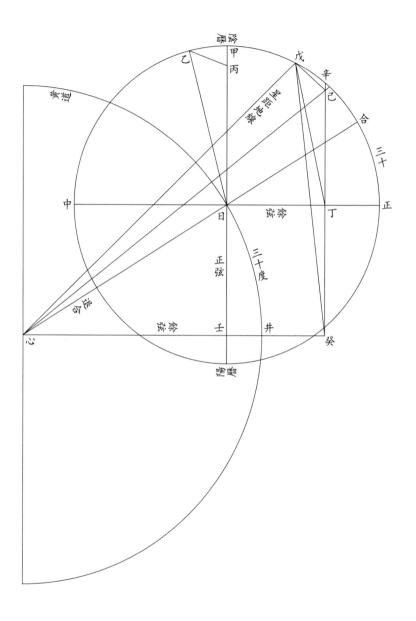

次用戊己癸直角形，己爲直角，以己丁股加丁癸，〔丁癸即日
壬，爲輪心距交井日弧正弦。〕共己癸爲股，戊己爲勾，求得戊癸
爲視緯正弦。次以星距交正戊弧餘弦丁日，即壬癸也，與
壬心相加，〔壬心爲輪心距交井日弧之餘弦。〕共癸心，爲視緯餘
弦。次用戊癸心形，癸爲直角，戊癸爲股，癸心爲勾，求得
戊心星距地心線。末用心戊己直角形，己爲直角，心戊與
戊己緯，若全數與戊心己角之正弦，求弧，得心角視緯度。
〔圖內諸三角形俱是立三角，須以渾體觀之便明。〕

　　按：右法未加高卑之算，蓋前緯後緯表原亦未用高卑
也。若求密率，仍當以高卑入算爲穩，說具後條。

　　又按：依右法用三角形推算，可不必立前後緯表，亦
不用中分。曆書蓋以作表故，用約法以該之也。

論大距緯之變率又以高卑而變

　　大距緯者，即黃道交角之正弦。金水本天半徑皆小
於黃道半徑，〔黃道常爲十萬，而金星本天半徑得其十之七有奇，水星
得其十之三有奇。〕故其大距緯亦小於黃道之大距緯，而各度
從之，皆有變率矣。然星本天既有高卑，則其半徑亦時有
大小，而其距緯亦從之有大小。變率之法，又當以此爲準
的〔一〕也。

　　準前論，在本天最高，則半徑大，而伏見輪半徑亦大，

───────────

〔一〕準的，二年本作“真的”。

即距緯亦大矣。在最卑，則半徑小，〔本天與伏見輪並全。〕距緯亦小矣。〔皆變率之距緯。〕説者遂謂其與視法之理相反，殊不然也，何則？本緯之變率與視緯之變率不同也。

本緯，在最高則半徑大，本緯亦大；在最卑則半徑小，本緯亦小。乃本天自有之數，非關視法。〔伏見輪上緯仍是本天。〕

視緯，星距地遠則大緯變小，星距地近則小緯變大，全係視法。〔從地上看伏見輪上星。〕

論黃道亦有半徑之大小

黃道半徑常爲十萬分全數，然黃道既有高卑，則其半徑必有大小，最高時半徑必十萬有奇，最卑時半徑必十萬不足。日躔章原有太陽距地高卑表，所當取用者也。

太陽距地爲黃道半徑，亦即伏見輪心距地也。在上三星用歲輪，即爲歲輪半徑。<u>王寅旭</u>云[一]因黃道之高卑，而歲輪有大小，蓋謂此也。今按：歲輪與黃道同大，曆家算高卑，或用不同心圈，則其距地之數有大小，乃是半徑有大小，非以此半徑另作一圈也。以歲輪立算，乃是數中之象，因天運有常，故可以輪法測之。此可爲達者告也。

──────────

〔一〕云，二年本作“曰”。

論伏見輪半徑亦有大小而本緯因之有大小

　　本天既有高卑，則半徑有大小，而伏見輪並與之等。伏見輪半徑既有大小，則其正弦、餘弦之變率及大距度之變率，與各度之本緯，並因之而有大小。

　　法以本天高卑求得各度半徑，爲伏見輪各度半徑。〔最高距正交十六度起算。〕

　　就以半徑爲法，乘各度正弦、餘弦，去末五位，爲正弦、餘弦變率。又以半徑爲法，乘大距正弦，〔金星大距三度二十九分。〕去末五位，爲大距變率。

　　就以大距變率爲法，乘各度正弦，去末五位，爲各度本緯。

　　以上數端，並以最高變大，最卑變小。

論視緯當兼用兩種高卑立算

　　準上論，黃道半徑有大小，伏見輪半徑及正餘弦及本緯並有大小，必兼論之，則視緯始爲密率。

　　法以伏見輪各度正弦變率自乘，本緯亦自乘，兩得數相減，開方求根，以加減黃道正弦〔高卑所求。〕爲正弦。又自乘之，以併本緯自乘，爲視緯自乘實。〔即視緯股實。〕又法：不用加減，但以伏見輪正弦〔變率。〕爲一邊，黃道正弦〔高卑所算。〕爲一邊，大距度外角〔以大距角減半周。〕爲一角，用切線分外角法，求得視緯正弦，自乘爲股實，亦同。又以伏見輪餘弦、黃道餘弦相加減，〔俱用變率。〕爲視緯餘弦，又自乘之爲句實。併視緯股實、句實，開方得弦，即星距地心遠近線也。

末以星距地心爲法，本緯〔變率。〕加五位爲實，實如法而一，得視緯密率。

黃道高卑，於太陽實行度取輪心距最高宮度。〔在正交後若干度起算。〕

本天高卑，於伏見輪上星實行度取距最高宮度。〔距正交十六度起算。〕

又按：用此密率，當設兩表。

一伏見輪上各度半徑表，以金星高卑算得其大小。

一伏見輪上各度大距表，即以各度半徑乘大距變率正弦，全數除之即得。

其黃道中各度半徑，即用日躔高卑表，不必另作。

有各度半徑，即可求逐度正弦、餘弦變率。〔黃道仝。〕

有各度大距變率，即可求各度本緯。

以上俱用乘法。

按：金星之最高，不與正交同度，相差十六度，當於伏見輪上安兩種十字線。水星之最高，則與正交同度。

論金星前後緯表南北之向

金星前緯，自小輪初宮向北，其緯極大，爲一度二十八分。自此漸減，至二宮三十度而減盡，無緯度。〔即二宮

初度。〕

自三宮初向南，漸有南緯。至五宮三十度，南緯極大，爲九度〇二分。〔即六宮初度。〕

自六宮初以後，南緯漸減。至八宮三十度，南緯減盡，無緯。〔即九宮初度。〕

自九宮初度復向北，漸有北緯。至十一宮三十度，復爲一度二十八分。〔即初宮初度。〕

據此，則金星前緯南緯大，北緯小。南大緯至九度〇二，北大緯只一度二八，而分爲四限。

自合伏至留際，〔乃歲輪上距合伏九十度，亦可名爲留際。〕北緯減盡爲初限。

自留際向南至退合，南緯至九度〇二分，〔爲南緯極大。〕爲次限。

自退合以後，南緯漸減。至留際，〔距退合亦九十度。〕南緯減盡，爲三限。

自留際復向北至合伏，北緯至一度二十八分，〔北緯極大。〕爲末限。

此蓋以歲輪上合伏之時，星距地遠，故緯度見小。退合之時，星距地近，故緯度見大。

此前緯是置輪心在正交後大距處，而算伏見輪上一周之緯，故其南北之向如此。

金星後緯自小輪初宮初度無緯度，自此向北而生北緯，北緯之大爲二度三十三分，在四宮十五度。自此漸減，至五宮三十度，北緯減盡。〔即六宮初度。〕

自六宮初度以後向南而生南緯。南緯之大，亦二度三十三分^{〔一〕}，在七宮十五度。又自此漸減，至十一宮三十度，南緯減盡。〔復至初宮初度。〕

據此，則金星後緯向南向北分爲兩限。〔其增減之分，南北相同，但有順逆而無大小。〕

自合伏始向北而生北緯，至距合伏一百三十五度，北緯甚大。〔至二度三十三分。〕至距合伏一百八十度，北緯減盡，而無緯度。〔即退合時，其距大緯度相距四十五度。〕是爲北緯限。

自退合後始向南而生南緯，至距退合四十五度，南緯甚大。〔亦二度三十三分。〕從此漸減，至退合一百八十度，南緯減盡，而無緯度。〔即復至合伏，其距南大緯度一百三十五度。〕是爲南緯限。

此後緯，是置輪心在正交點，而算伏見輪上一周之緯，故其南北之向若此。若水星，南北之向俱與金星相反，然伏見輪之理則同。

合前後二緯表觀之，距合伏後一象限，前後緯宜相加，以其同爲向北也；距退合前一象限，前後緯宜相減，以前緯已改向南，而後緯仍向北也。

過退合後一象限，前後緯又宜相加，以前緯仍向南，而後緯亦向南也；過退合後第二象限，〔即距合伏前一象限。〕前後緯又宜相減，以前緯已改向北，而後緯仍向南也。

〔一〕三十三分，原作“二十三分”，據刊謬改。

論金星前後緯加減之法

前緯起大距，〔凡言起者，即合伏點所在。〕自初宮至二宮共九十度，爲陰曆末限；後緯起正交，自初宮至二宮共九十度，〔○、一、二宮。〕爲陰曆初限。雖分初末，皆陰曆也，故相加。

前緯過九十度，〔三宮、四宮、五宮。〕爲陽曆初限；後緯過九十度，〔三宮、四宮、五宮。〕爲陰曆末限。一陰曆，一陽曆，南北相反，故相減。

前緯過一百八十度，復行九十度，〔六宮、七宮、八宮。〕爲陽曆末限；後緯過半周，復行九十度，〔六宮、七宮、八宮。〕爲陽曆初限，並陽曆，俱在南，故亦相加。

前緯過二百七十度行一象限，復至合伏，〔九宮、十宮、十一宮。〕爲陰曆初限。後緯過二百七十度行一象限，〔九宮、十宮、十一宮。〕復至正交，爲陽曆末限。一陰曆，一陽曆，故又相減。

此置輪心〔即太陽。〕於正交〔後緯。〕及正交後大距〔前緯。〕立表。若置輪心於中交〔爲後緯。〕及中交後大距，〔爲前緯。〕則陰陽之名相易，然加減之法並同。

並以合伏後一象限相加，〔○、一、二宮。〕第二象限相減，〔三、四、五宮。〕退合後一象限〔六、七、八宮。〕又相加，第二象限又相減。〔九、十、十一宮。〕

又按：曆書樞線之說，蓋是謂交點移則南北變，恐非有翕張之形也。假如交在合伏，則合伏線與交線合，而無緯度；若合伏過正交若干度，則正交上之合伏後若干度，

〔即合伏點距樞線之度。〕此處無緯度，而合伏反有緯度矣。是緯度之變動，全係乎樞線之移也。〔即輪心所到。〕

論五星以高卑變緯度

本天高卑能變緯度，理宜有之。然按圖詳審，其法有三。其一於本天之斜交徑上，作歲輪三徑線，與黃道面平行，遠近不同，緯度自異。其二於本天斜徑上，只作一歲輪徑線，而最高卑之歲輪心有時而移，即其周之長短隨之遠近。其三亦只作一徑線，而行最高時，歲輪圈大；行最卑時，歲輪圈小。三者雖同用最高卑立算，而加減各異。此必徵之實測，乃可定之。

第一法用三線，則交角雖不變，而歲輪面與黃道面之遠近頓殊。〔角既同矣，緯何得異？曰：所用之本天徑線不同也。假如中距時交角爲三度，其所得正弦乃中距時徑線，爲全數也。若最高時，則其全數大矣，雖亦三度角之正弦，而其實數則大矣，故緯亦大。最卑時全數小，而正弦亦小。彷此論之，其留際上下角不同者，又在其外也。〕

又有異者，若用三線，則交點亦當有變，何也？中距面線至正交時，與黃道面徑合爲一線，其餘兩歲輪面線必一在北，一在南。〔按：至交點則三線合一，此一節可以勿論。〕

第二法歲輪只用一線，其面之距緯本無不同，而最高卑時輪心有動移，最高時輪心在上，則正弦線如故，而角變小矣。〔謂小於中距之角。〕最卑時輪心近下，則正弦如故，而角變大矣。〔大於中距角。〕何則？正弦雖同，〔謂歲輪面與黃道面平行之緯。〕而輪心在上，則遠於地心而見小矣；輪心在下，則近於地心而見大矣。〔又法：用不同心於黃道，則不但正弦不變，角亦不變。但人在地心視之，則有大小，與上法二而一者也。〕

第三法只作一歲輪徑線，〔凡言徑線，皆因旁視，而面變為線。〕而其兩端並作三層，線折半爲歲輪心，而兩端無參差，儘其輪邊，〔即徑線兩鋭尖盡處。〕爲最大圈之徑，乃最高時所用。兩端各縮進爲界，則中距時徑也。兩端又縮進爲界，則最卑時圈徑也。西曆論火星歲輪有大小之故，解之以高卑，而王寅旭亦取之，用此法也。

以上三法，不知誰爲定法，故曰必徵諸實測。

又按：三法在上三星，其用皆同，至金水則又大異，何則？金水歲輪大於本天，〔以其徑同太陽天故。〕則包過地心，退合時輪心在人之背，而星在輪周跨過地心，在人之上、星之下。星在輪周，與其輪心，如月之望，而人居其間。故最高時輪心遠於地，而星在輪周反近於地，緯反變大矣；若最卑時輪心近地，而星在輪周反遠於地，緯反變小矣。此自然之勢，不得不然者也。〔此在第一法、第二法並同。〕

若用第三法，則雖有高卑，而兩端之遠近不變，與前二法相反，故必徵之實測，乃取其合者用之。

楊學山曰：西法步五星，土木火有歲輪，金水有伏見輪。雖兩輪行度求角之法皆同，然歲輪上爲星離日之虛度，輪心在本天；伏見輪則自有行度，輪心即太陽。細按曆書之説，蓋謂上三星本天包太陽天外，星離日而又與日有定距，是生歲輪，其半徑恒與太陽天等。若金水之本天即太陽天，其平行與太陽同，距地亦與太陽等。〔俱一千一百四十二地半徑^{〔一〕}。〕而此伏見一輪以日爲心，繞日環轉，而爲伏見。使非此輪，則星無所爲伏見。〔以平行同太陽故也^{〔二〕}。〕故名伏見輪。其輪之半徑，皆有定度。〔金星七千二百奇，水星三千八百奇^{〔三〕}。〕是其意原非以伏見輪當歲輪。若果即爲歲輪，則半徑宜有大小，何則？火星因與太陽天近，尚有日躔、本天二差，以變次均角，豈金水在太陽天下而反無之？今測不然，是伏見輪另爲一種行動，爲金水之所獨，故昔人別立伏見輪之名也^{〔四〕}。其所云即歲輪者，蓋因行法相同而混言之耳。今<u>勿庵</u>之説又異是，謂五星皆同一法，皆有歲輪。上三星因本天大，故用歲輪；金水因歲輪大難用，故用繞日圓象。〔即伏見輪，如上三星圍日之圈。〕如此，可明金水自有本天，因得自有高卑，亦自有平行度，因在日天下，速於太陽，本天斜倚黃道，因有正交、中交之名，諸根底俱有着落，且五星一貫。但依此立算，凡星平行、自行之根數，初均、次均之度分，南緯、北緯之大小，皆與<u>曆書</u>數迥異，驗之於天，未識合否。余嘗疑<u>曆指</u>論五星緯説多混淆，金水尤略，因作<u>五星緯行解</u>一卷明之^{〔五〕}。<u>勿庵</u>^{〔六〕}之説，不敢遽

〔一〕俱一千一百四十二地半徑，輯要本無。
〔二〕"使非此輪"至"故也"，輯要本無。
〔三〕金星七千二百奇水星三千八百奇，輯要本無。
〔四〕"故昔人"句，輯要本無。
〔五〕"余嘗"至"明之"，輯要本無。
〔六〕輯要本"勿庵"下有"先生"二字。

定其是非，存之以待參攷焉。^{〔一〕}

──────────

〔一〕輯要本此後附江永論語，其文云："江慎修 永曰：楊學山謂勿庵先生之
說，不敢遽定其是非。今繪圖試之，歲輪上星所到，與伏見輪上星所到，一一
相符，則勿庵先生之說信矣。但諸圖皆設歲輪心於本天，未設本論、均輪，愚
初猶疑，未必能符伏見輪上所算之數也。既而擬法算之，雖平行自行、初均次
均與伏算大異，而以後均加減歲輪行，則與伏見所算之實行不約而同。於
是前疑盡釋，而算例亦可立矣。若南緯北緯之大小，勿庵先生已詳言之，謂本
天上歲輪心所行之周，半在黄道南，半在黄道北，其勢斜立，星體行伏見輪周，
其勢亦斜立，與之相應，故其交角等。夫交角既等，則歲輪上之緯與伏見輪之
緯亦必等。豈兩輪事事相符，而緯行一事獨違異者？況星之緯南緯北，實由
歲輪心所到乎！楊學山亦可無疑矣。
此江慎修 翼梅中之語也。憶庚申、辛酉間，慎修抵都門，以所著翼梅八卷請
政，并求序言。爲展讀一過，未嘗不歎其學力之深遠出楊學山之上。其傾倒
於先人者至矣，而意見不合、牴牾辨駁之處亦往往而有。如用恒氣注曆，天自
爲天、歲自爲歲之類，終不謂然。蓋泥於西説，固執而不能變，其弊猶小。至
其於西説之不善者，必委屈爲之辭以伸其説，於古人創始之功則盡忘之。而
且吹毛索瘢，盡心力以肆其詆毀，誠不知其何心。夫西人不過借術以行其教，
今其術已用矣，其學已行矣，慎修雖欲詘而附之，不已後乎？彼西人方謂古人
全不知曆，以自誇其功，而吾徒幸生古人之後，不能爲之表揚，而且入室操戈，
復授敵人以柄而助之攻，何其悖也！其用力雖勤，揆之，則古稱先、閑聖距邪
之旨，則大戾矣。吾故不爲作序，而附記其説於此。循齋識。"

兼濟堂纂刻梅勿菴先生曆算全書

火星本法〔一〕

〔一〕此卷由火緯本法圖說、七政前均簡法、上三星軌跡成繞日圓象三種彙集而成，均見於勿庵曆算書目曆學類著錄。火緯本法圖說撰於康熙三十一年，書目著錄爲一卷。七政前均簡法，書目著錄爲一卷，解題云："訂火緯表說，因及七政。"蓋成書年代與火緯本法圖說相去不遠。上三星軌跡成繞日圓象，書目亦著錄爲一卷。四庫本收入卷十七。梅瑴成在刊謬中批評曆算全書將三者合爲一種，"而獨以火星本法爲名者，任事者之荒謬也"。故梅氏叢書輯要將三種與七政細草補注合爲二卷，以七政爲名，收入卷五十五與卷五十六上。此三種在卷五十六上七政二中。另外，中西新學大全亦據輯要本收錄。

火星本法〔發曆書之覆。〕

宣城梅文鼎定九著　男以燕正謀參　孫　轂成玉汝

柏鄉魏荔彤念庭輯　　　　　　　　　　玕成肩琳

男　乾斅一元

士敏仲文

士說崇寬同校

錫山後學楊作枚學山訂補

火緯本法圖説

　　熒惑一星最爲難算,至地谷而其法始密。圖表具在,可攷而知也。何嘗云火星天獨以太陽爲心,不與餘四星同法乎? 作曆書者突發此語,遂令學者沿譌。是執圖以觀圖,而不以算理觀圖也。不知曆算家有實指之圖,有借象之圖。地谷氏之圖火星,所謂借象也,非實指也。錢唐友人袁惠子士龍受黄三和先生弘憲曆學,以曆指爲金科,余故爲作此以極論之。而徵之切綫分角之法,以著其理,袁子虛懷見從。已復質諸睢州友人孔林宗興泰,亦以爲然,而手抄以去。又旁證諸穆氏天步真原、王氏曉菴曆法,大旨亦多與余合。〔一〕

　　據曆指,萬曆癸丑年,太陽在降婁宫十四度半,地谷

────────────

〔一〕此段文字原在本卷卷首,依例移至此處。

測火星體,會合於井宿第五星。

經度爲鶉首四度半。緯度在黄道北二度十一分。

火星平行在壬,距冬至二百一十七度半強。

火星最高在丙。引數自丙歷丁至壬三百三十八度半弱。

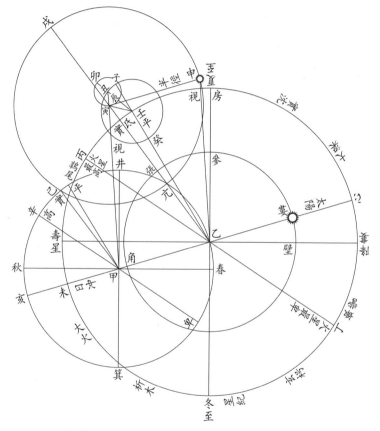

圖說[一]:乙爲地心,即爲各天平行之心。〔亦黄道心。〕

────────

〔一〕原圖以甲爲圓心所作之圓不過乙點,甲圓上"卑"點誤標作"畢",今皆據
圖説文字改繪。

大圈爲火星平行之天，内圈爲太陽平行天，皆以地爲心。
〔其度皆應黃道。〕太陽在本天自春分壁向婁順行，火星歲輪心
在本天自丙過丁至壬順行。太陽行速，而火星行遲。今
太陽在後，火星在前，是太陽與星已過相冲之度，而從後
逐星也。火星在歲輪上，亦自戌順行過亢至申。合伏時
星在戌，冲日時星在亢。今在申，是星已過冲日之限，而
復向合伏也。太陽距星實行爲婁張弧，〔亦即心氐。〕以減半
周，爲張角弧，爲黃道上星距日冲之度。〔亦即氐未。〕太陽在
黃道上自婁仍順行，其冲亦自角順行，星亦自氐順行，而
日速星遲，故其距漸近，而星距日冲漸遠，則星在歲輪上
距合伏之度亦漸近，距冲日之度亦漸遠。其歲輪上漸遠
漸近之度，皆與黃道上距度相應，然黃道上婁張是日在後
追星，歲輪上是星向合伏。〔申戌。〕黃道上日冲度漸離星，
〔角張。〕歲輪上是星離冲日。〔申亢。〕

　本法：以平行壬爲心，作子癸小輪，自最高子過癸左
行，爲引數之數至丑。又以丑爲心，作卯辰小均輪，自辰
最近右行過卯歷寅，復過辰歷卯至寅，爲引數之倍，減去
全周，得歲輪之心到寅。先以丑寅壬三角形，求得丑壬
寅角及壬寅線。次以寅壬乙形，求得寅乙線，爲歲輪心
距本天心之數。又求得壬乙寅角，爲平行、實行之差，即
前均也。因在後六宮，其號爲加，得寅乙申角，爲實行、
視行之差。

　　此以上，曆書之法並同，以下則異。

　　次以寅爲心，作歲輪戌申亢圈也。戌爲最遠，合伏之

度也;亢爲最近,冲日之度也。今太陽在降婁,火星在鶉
首,是已過冲日之度,而日反在後以逐星也。其日星之距
爲降婁至鶉首之度,在歲輪上則爲申戌弧,乃星行歲輪未
至合伏之度也。〔曆家謂之距餘,蓋順數自戌合伏過亢冲日至申,爲距
合伏行度。以減全周,得申戌爲距餘。〕以申戌減半周,得申亢弧,
爲已過冲日之度,即申寅亢角。〔或申寅乙角。〕

　　末以申寅乙三角形,求申寅半徑。此形有先求得寅
乙距心線;又有申乙寅角,爲先測火星視行與所算實行之
差度;有申寅乙角,爲歲輪上已過冲日之度。有兩角,自
有寅申乙角。法爲申角之正弦與乙角之正弦,若寅乙線
與申寅線也。〔此以測得視差,而求半徑。〕

　　若先有申寅半徑,而無視差度,求乙角者,則以切線
法求之。以申寅邊、乙寅邊并之得戌乙,爲總數。〔一率。〕
又以申寅減乙寅得亢乙,爲較數。〔二率。〕以申戌弧度半
之,爲距餘半,求其切線。〔爲三率。〕法爲總數與較數,若半
距餘角〔即半總角。〕之切線與半較角之切線也。求得四率,
查切線得其度,以減距餘半之度,餘爲申乙寅視差角。乃
以視差角減實經,爲視徑。〔已過日冲,其差爲減。〕

　　　此本法也。曆書所載求法、得數並同,而其圖迥
異,蓋巧算耳。下文詳之。

　　曆書之法,亦是用兩角一邊,以求餘邊。〔星過日冲弧度
是一角,測得視行與實行之差是一角,算得寅乙距心線是一邊。今以法取歲
輪半徑,爲所求一邊。〕然不正作申乙寅視差角,而反作乙寅甲
爲視差角,故亦不正作申寅乙星過冲日角,而作寅乙甲爲

星距冲日角。然則用本法者，惟寅乙距心一線耳。

　　然既有寅乙線爲主，又有寅乙甲爲星距日冲度，有乙寅甲角爲視差度，則乙寅甲三角形與申乙寅三角等，而甲乙邊必與申寅半徑同矣。此倒算捷法，與加減差法不作角於心，而作角於邊，同一樞軸也。

　　其法以先得寅乙線爲三角之底，其兩端各作角。〔即先得兩角。〕

　　各引其邊遇於甲，則甲乙爲半徑。〔寅甲亦即爲星體距心，與申乙之距同矣。〕

　　　　〔又太陽心在降婁，其冲未在壽星。星實行在氐，氐未弧爲氐乙未角，即星實行已過日冲之真距也，正與歲輪上申亢弧度等。故用氐乙未角爲黃道上星距日冲之度，與用歲輪上申寅亢同，此爲借象之一根。〕

　　然又以甲爲地心而作圈周分十二宮，何也？曰：此則借象也。其法妙在作甲己線與寅乙平行，何也？先依寅乙線作三角形，其寅甲原與申乙平行，今己甲又與寅乙平行，則寅甲己角與申乙寅角等度，而且等勢矣。〔寅甲線斜交於寅乙及甲己兩平行線中，則所作寅甲己及甲寅乙兩角等；寅乙線斜交於申乙及寅甲兩平行線中，則甲寅乙與申乙寅角亦等，而寅甲己角與申乙寅不得不等矣。◎角之度既相等，而寅乙線即原用之線也。今己甲與寅乙平行，故不惟等度，而且等勢也。〕由是而自甲心作春秋分橫線、井箕直線，即與乙心所作大圈上降婁壽星橫線及冬夏至直線，悉爲平行而等勢。〔橫與橫平行，直與直平行，則其勢等。〕於是而勻分十二宮，即無一不與乙心所作大圈等。

　　十二宮既與大圈等勢，而寅甲己角又與大圈之申乙

寅角等度等勢,則己甲線即指星實行度,寅甲線即指星視
行度,而可以命其宮度不爽矣。推此而辛甲爲星最高指
線,及作平行線於己甲實行之內,一一皆真度矣。

　　又以乙爲太陽體,何也?曰:太陽實行降婁宮度,原
在大圈,其離降婁之度爲乙角。今太陽指線過乙至甲,則
甲角與乙角等度,而乙點在次圈上,〔甲心所作之圈。〕距春分
之度與大圈等。〔圈有大小,而角度等。〕即太陽真度,可以命之
爲日矣。

　　乙既命爲日,則次圈可命爲太陽所行之天。而乙心
所作大圈,以太陽之冲處割小圈,有火星行歲圈最近侵入
太陽天內之象,故遂以大圈命爲星行之圈也。

　　〔又寅乙甲角原爲星距日冲之度,與申寅乙角同,而甲己既與寅乙平行,

甲未即甲乙之截線,則己甲未角又與寅乙甲角同,而己亥弧與歲輪上申亢同

爲星距日冲之弧。〕

　　此一圖也,有歲輪半徑之數,〔甲乙。〕有火星實行、視
行差度,〔寅甲己角。〕有周天宮度,有太陽度及火星最高卑
度,又有火星行最近入太陽天內之象,可謂簡而該,巧而
妙矣。非地谷精於測算,神明於法,不能爲也。

　　然則何以謂之借象?曰:以其一圖而備數端,故知之
也。何以言之?甲乙者,歲輪之半徑也,不得與日距地心
同數,一也。寅乙距心之線從兩小輪求出,而兩小輪在火
星本天,是從乙心起算,不從甲心起算,二也。因寅乙距
心之線以得視差之角,亦爲乙心之角,非甲心之角,三也。
若甲真爲地心,則與乙太陽有距數,太陽乙心所見之差角

至地心必不同觀，四也。視行、實行之差角爲地面實測，非乙心之數，不得兩處悉同，五也。又大圈既爲本天，而侵入太陽天內，則將爲歲輪之心。若冲日之時，歲輪心既在太陽天內，星又在歲輪最近，將越過地心，如金水之退伏合而不得冲日矣，六也。由是觀之，此圖但爲借象巧算之用，而非以是爲真象也。或者不察，遂真以乙爲日體，則死於古人句下矣。

或問：五星新圖亦以火星天用太陽爲心，而冲日之處割入太陽天內，又何以説焉？曰：火星之行圍日而能割太陽天者，乃歲輪上周行之跡耳，非本天也。蓋火星本天在太陽之外，能包太陽之天，因歲輪之行，合伏時在歲輪之頂，去太陽益高；合伏以後離太陽漸遠，則行於歲輪中半，與本天齊；及其冲日，則行歲輪之底，而在本天之內，去地益近。其去地益近者，爲日所攝也。此理五星所同，故土木火三星皆可爲圍日之象，今新圖五星不以地爲心者是也。火星則歲輪最大，冲日時稍侵入太陽之天，其實歲輪之心仍係本天，在太陽天外耳。

七政小輪周行於天，遂成不同心之圈，歲輪周行於天，成圍日之形，一而已矣。

今以實數攷之，火星歲輪半徑約爲本天半徑十之六。其合伏時，則兩半徑相加成十六；冲日時兩徑相減，只餘十之四。其侵入太陽天內，約爲一二分，則太陽天半徑只得火星天半徑十之六有奇。而火星合伏時在太陽上，約爲十分，冲日時在太陽下，亦約十分，而成圍日之形矣。是

故以日爲心者，歲輪上星行之軌迹也，非本天也。〔圖見下。〕

火星歲輪上軌跡圍日之圖

〔土木二星因歲輪之度而成圍日之形，與此同理，但其天更大，而

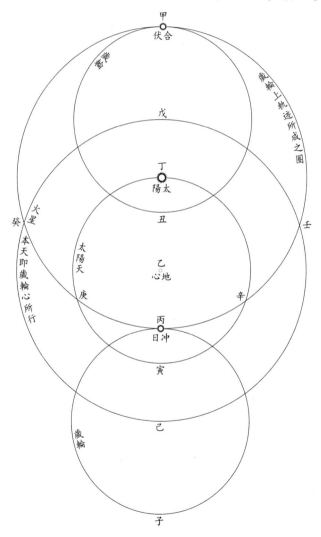

歲輪小，故不致侵入餘星之天。〕

丁庚寅辛爲太陽天。戊癸己壬爲火星本天。

甲丑歲輪以戊爲心。丙子歲輪以己爲心。

丁爲日體。甲、丙皆星體。

甲癸丙壬爲歲輪上星行軌跡，成一大圈，而以丁日爲心。

星天、日天各有小輪高卑，其本天則皆以地爲心。

星在歲輪甲爲合伏，而去地極遠。星在丙爲冲日，冲日之時，庚丙辛弧割入太陽天庚寅辛之內，而去地極近。

星在歲輪丙時，已割入日天，然歲輪心則在本天己。若如衆説，以割入日天內者爲本天，則冲日時當以丙爲歲輪心矣。而星在歲輪之上，又當向日，豈不越地心乙而過之乎？必不然矣。

切線法解在後。

火星次均解〔火星次均用切線求歲輪上視差角，乃三角法也。〕

欲明火星次均用切線之法，當先明三角形用切線之法。

甲卯乙三角形，有甲鈍角一百五十度，有甲乙邊六十，有甲卯邊一百整，求卯角。

法曰：以甲角減半周，得餘三十度，爲癸甲乙外角。半之得十五度，爲丙甲辛角，其切線辛癸〔二六七九五〕，并甲乙〔六十〕、甲卯〔一百〕，共得丙卯一百六十，爲首率。〔總數。〕以甲乙減甲卯，餘得辰卯四十，爲二率。〔較數。〕半外角之切線辛癸，爲三率。二率乘三率爲實，首率爲法除之，得辛壬〔六六九八〕，爲四率，即辛甲壬減弧之切線也。以四率

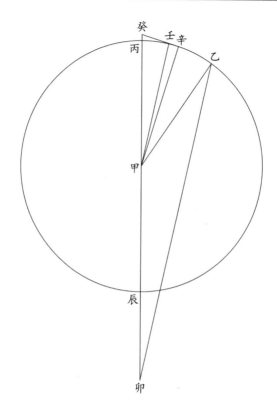

查切線表,得三度五十分弱,爲辛甲壬減弧角。以所得辛甲壬減弧角三度五十分,減半外角十五度,餘壬甲丙角十一度一十分,即卯角也。

今以火星言之,丙乙辰圈則歲輪也。甲爲歲輪之心,丙甲辰卯過心線,即星實行度分也。

卯爲本天之心。甲卯者,距心線也。〔即表中距日數。〕甲丙、甲乙、甲辰皆歲輪半徑也。〔即表中半徑,合日差而成星數也。〕

先以前均求到星之實行在甲矣,然此歲輪之心,而非

星也。星則自丙合伏順行，過辰冲日而漸近合伏。其體
在乙，則丙辰乙爲星在歲輪上行之度，〔與星距太陽實行之度相
等。〕即相距度也。

乙丙則距餘度，半之爲辛丙，則距餘半也。乙辰弧爲
星已過冲日之度，則甲角度也。

今已知歲輪心實行之度，又已知星在歲輪上行之度，
所不知者，視差角耳。蓋自本天心卯作實行線，過甲心至
黃道；又從卯作視行線，過乙星體至黃道，其差爲卯角。
是故求次均者，求此卯角也。

用上法，以距日〔即距心。〕爲一邊，〔甲卯。〕以星數爲一
邊，〔甲乙。〕以星行過冲日之度〔即乙辰弧。〕爲一角，〔甲角。〕成
甲卯乙三角形。依上法得卯角，即次均也。

一率　　距日與星數之總〔即甲卯并甲乙，亦即卯丙。〕
二率　　星數減距日之較〔即辰卯。〕
三率　　距餘半之切線〔即半外角之切線辛癸。蓋乙甲丙角爲距
　　　　餘，即乙甲卯角之餘度，半之爲辛甲丙角，即距餘半。〕
四率　　減弧之切線〔即辛壬，其角爲辛甲壬。〕

末於辛甲丙〔距餘半角。〕內減去辛甲壬，〔減弧角。〕餘成壬
甲癸角，與卯角等，得視差之度，如所求。

既知三角形用切線之法，尤當進而明其所以用切線
之理。

如後圖乙甲卯三角形，甲角一百五十度，甲乙邊
六十，甲卯邊一百。兩邊之總一百六十爲首率，兩邊之
較四十爲次率，甲角之餘角半之求切線爲三率，〔即辛癸。〕

求得四率爲半較角之切線辛壬。求其度,以減半餘角,
得卯角。

何以用切線也?曰:此分角法也。 凡外角,〔乙甲丙爲
乙甲卯之餘角,亦爲外角。〕內兼有形內餘兩角之度。〔乙甲丙外角,
兼有卯角及甲乙卯角之度。〕

試作壬甲線與乙卯平行,分外角爲兩,則壬甲丙角如
卯角矣。〔以壬甲及乙卯皆平行線,而丙甲卯本一直線,故其作角必等。〕

外總角內減去同卯角之壬甲丙角,則其餘壬甲乙角
必爲甲乙卯角矣。

今但有外角爲總角,而不知其分角,故以比例分之,

而切線則其比例也。

又試作乙丙線，爲外角之通弦。又從乙作正線至丁，爲乙甲壬大角之正弦。從丙作正線至戊，爲壬甲丙小角之正弦。而通弦遇壬甲分角線於子，成乙子及子丙兩線，此大小兩線之比例與大小兩角之正弦比例等，何也？乙子〔大弦。〕與子丙，〔小弦。〕若乙丁〔大股。〕與丙戊〔小股。〕矣。

又甲卯大邊與甲乙小邊，原若所對之大角正弦〔乙角。〕及小角〔卯角。〕正弦，〔凡三角形邊之比例，與對角正弦之比例皆等。〕即乙丁與丙戊也，〔角同則正弦同。〕則甲卯與甲乙，亦若乙子與子丙矣。

又試作辛甲線，分外角爲兩平分，而各作切線，爲辛癸，爲辛己，〔即半外角之切線。〕則兩切線聯爲一，〔己癸。〕而與乙丙平行。又引壬子線割之，則分爲二線，而己壬與壬癸之比例，若乙子與子丙，亦若甲卯與甲乙矣。

又作庚甲線，使庚己如壬癸，則庚壬爲兩線之較，己癸爲兩線之總。

而甲乙、甲卯兩邊之較爲辰卯，其總爲丙卯。

甲卯大邊與甲乙小邊之比例，既若大線〔己壬。〕與小線，〔壬癸。〕則兩邊之總與較，亦必若兩線之總與較矣。

一率　丙卯〔即甲乙、甲卯兩邊之總。〕

二率　辰卯〔即兩邊之較。〕

三率　己癸〔即己壬、壬癸兩線之總。〕

四率　庚壬〔即兩線之較。〕　　今各半之

辛癸半總〔即半外角辛甲癸之切線。〕

辛壬半較〔即半較角辛甲壬之切線。〕

既得辛壬切線，查表得其角度，即半較角也。以半較角減〔辛甲癸〕半外角，即卯角也。

若以半較角加〔乙甲辛〕半外角，亦即甲乙卯角矣。

火星測算本法圖説〔明曆書之倒算。〕

歲圈半徑〔六四七三八〕，甲乙。

查加減表八宮十九度〔四十分〕，半徑數〔六四〇八七三〕。

太陽引數星紀二十三度，加六宮，爲六宮二十三度。日差〔一〇一六(一)〕。相並得〔六四一八八〕，爲星數，與所測微差。若用實引，得半徑〔六四四二五〕，其數益相近。

距心數〔九九六九七〕，寅乙。

平引八宮一十九度〔四十二分二十秒〕。

加均數一十〇度〔三十三分三十秒〕。

實引九宮〇〇度〔一十五分五十秒〕。

查加減表八宮一十九度〔四十分〕，距日〔九九七〇一〕，所差不多。若用實引，則距心〔一〇一六七四〕，差稍大。然按圖用乙寅線，宜用實引。

圖説：本宜用寅點爲歲輪之心，以寅乙申角爲歲輪上視差角，即寅未弧也。寅申線則歲輪之半徑也。此爲本法。

今曆書所載地谷圖，不於寅心作歲輪圈，而以甲爲

〔一〕一〇一六，輯要本作"一一〇一六"。

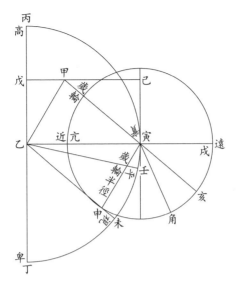

心，蓋因戊寅亥角與寅乙申視角同度，〔切線法用此角以代乙角。〕而甲寅乙角者，戊寅亥之交角也。凡交角皆同大，則甲寅乙角亦即寅乙申視角矣。既以甲寅乙角爲所測視角，則乙點即可爲歲圈之心，而甲乙寅角可代乙寅申角矣。故以歲圈上星過冲日之度，〔冲日即近點亢，星過日冲即乙寅申角，亦即亢申弧。〕移作寅乙甲角，自乙歲圈心依角度作乙甲線，與寅甲線遇於甲。〔先有乙寅甲角，自有寅甲線。〕則甲點即歲輪上星所到度，可代申點，而甲乙即歲輪半徑，可代寅申矣。故以甲乙線爲半徑者，巧法也。

　　然則當以乙爲歲輪之心，用代寅點矣，何又以甲爲心乎？曰：甲乙既爲半徑，則以乙爲心，甲爲界，或以甲爲心，乙爲界，其半徑等爲甲乙也，故倒以甲爲心。其法與諸加減表説作差角於圈界者同也。〔先倒作均角於寅界法同，西

術中慣用此倒算之法。〕

　　然則以甲爲地心，何也？曰：此則其移人耳目之法
也。何以言之？彼固言甲乙爲歲輪半徑矣，又以甲心乙
界之輪爲歲輪矣。甲既爲歲輪之心，又安得爲地心乎？

　　然則地心安在？曰：以理論之，仍當以乙點爲地心
耳，何也？星之實經在寅，其視經在未。寅未之弧成寅乙
未角，此固實測之度也。實測差角從地上得之，安得不以
乙爲地心乎？若謂乙爲日體，則日之去地遠矣。日體所
見之差角與測所見之差角，必有分也。而今不然，故不得
以乙心徑爲日體也。

　　非地心而地心之，何也？蓋所以使人疑也。其使人
疑，奈何？歲輪心之非地心，易見也；乙點之非日體，難知
也。以其所易見例其所難知，疑則思，思則得矣。

　　地心既非地心，則日體亦非日體。然則其中機殼，固
已示之矣。

　　又論曰：借甲爲地心，妙在作戊己線與乙寅平行。蓋
甲己既與乙寅平行，則己甲寅角即甲寅乙角，亦即寅乙申
均角。而甲地心所作之十二宮度，一切皆與乙心所作之
度相應矣。此用法之巧也。

　　先以乙寅甲角代寅乙申視角，而取甲乙線以代寅申
半徑，是倒算也。復以甲爲心，乙爲界，作歲圈，以甲心代
乙心，亦倒算也。兩番倒算，而倒變爲順，故甲可代乙爲
地心，即本天心也。而甲己線與寅乙平行，即地心所指實
行之度也，己甲寅角即視差角也，寅甲線即視行指線，與

申乙同也。故天度皆應，可作十二宮分細度也。

　　若於乙作歲圈，則但能得半徑，而十二宮之向皆反矣。故借甲爲心，法之巧也。

　　又取甲爲心，影出火星能入太陽天之象。其實火星入太陽天者，乃其歲輪上度，非歲輪心也。若眞以此爲歲輪心，則火星體將過地心，而與日同度，如金水矣。

　　又用甲爲心作十二宮，則細度可不礙書。若用本法，則有兩小輪，各線相雜，而不能詳書細數，故移乙心於甲，移寅乙申角爲己甲寅角也。嗚呼！可謂巧之至矣。但未説破，故後學遂妄爲作解耳。

　　論曰：既火星初均在寅，即當以寅爲歲輪心，而今不然，何耶？曰：此巧算也。甲寅乙角即寅甲己角也，何也？甲己與乙寅平行也，即均角也。又乙寅者，歲輪心距日數也；乙甲者，半徑也；寅乙甲角者，先有之角，即星日相距之餘數也，即己過日冲之度。本法以距日數及半徑爲兩邊，與先有之角，求均數角。今先測得均角，而無半徑，故反用其法以求半徑，法之巧也。蓋先有兩角一邊，而求餘邊之法也。

　　一率　　甲角之正弦〔有乙、寅兩角，自有甲角。〕
　　二率　　乙寅邊〔即距日數，實爲歲輪心距本天心。〕
　　三率　　寅角之正弦〔即均角，乃所測視行與實行之差度。〕
　　四率　　甲乙邊〔即歲輪半徑，包有日差在內。〕

　　由是言之，甲乃歲輪心耳，非地心也。若甲眞爲地心，則甲乙非歲輪半徑矣。

火星次均解

查火星歲輪半徑與本天半徑,略如六與十,宜即用爲比例作圖,則所得均角亦近。〔後數係初稿存例,非火星正用。〕

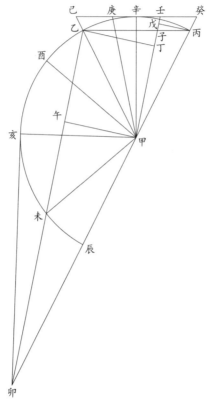

圖説:乙甲卯三角形,有甲角一百二十度,有甲卯邊一百,乙甲邊四十一,求卯角、乙角、乙卯邊。

法曰:以乙甲、甲卯二邊并得一百四十一爲總,〔即丙卯。〕爲一率。又相減得五十九爲較,〔即辰卯。〕爲二率。

丙甲乙外角六十度半之得三十度,〔即辛甲丙角。〕其切線
五七七三五,〔即辛癸。〕爲三率。求得〔壬辛〕爲四率,得
二三九八八。查表得十三度二十九分四十秒,收作三十
分。〔即辛甲壬角。〕以辛甲壬角減半外角,〔辛甲丙。〕得壬甲丙
角十六度三十分,即卯角也。

又以辛甲壬角加辛甲丙,〔即辛甲己。〕得壬甲己角四十
三度三十分。〔亦即甲乙卯角。〕末以甲乙卯角四十三度三十
分^{〔一〕}之正弦六八八三五爲二率,乙甲四十一爲三率,全數爲
一率。法爲全數與乙角之正弦,若乙甲與甲午也,得甲午。

又甲乙卯角之餘弦七二五三七爲二率,乙甲四十一
爲三率,全數爲一率。法爲全數與乙角之餘弦,若乙甲與
乙午也,得乙午。

用句股法^{〔二〕},以甲午冪減甲卯冪,餘數開方,得數爲
午卯。乃併乙午、午卯,共爲乙卯邊。

一系　甲卯如火星距心線。〔即表中距日數。〕
甲乙即如火星歲輪半徑。〔即表中半徑,加日差爲星數
之數。〕

丙甲乙外角即如火星行歲輪上離合伏之度。
〔即日星相距度。〕

丙甲辛角即如火星半距度。〔辛癸其切線。〕
壬甲辛角即火星減弧。〔壬辛其切線。〕
卯角即均角。

〔一〕“亦即甲乙卯角”至“三十分”十九字,二年本無,底本挖板補刻。
〔二〕句股法,“法”字原脱,據輯要本補。

　　一系　丙點如歲輪合伏度,甲爲歲輪心,卯爲本天心,丙甲卯線即歲輪心平行線。

　　一系　丙卯乙均角在前六宫,是平行線東,爲加。

　　一系　歲輪上加減以卯亥切線所到爲限,自丙點以至亥點,距合伏度漸從小至大,其均度漸增。過亥點至辰,冲日距度漸從大至小,均度漸減。蓋距合伏度大,則半距亦大,反之則小也。

　　一系　星行歲輪過亥點,則距度大而減弧更大,故均數漸減。

　　如圖,星行至未,成甲未卯三角,丙甲未外角半之於酉,而壬甲酉爲減弧,其得均角卯與星行在乙等。

　　若欲知未甲辰角,法用三率求之。

　　一率　甲未邊

　　二率　卯角正弦

　　三率　甲卯邊

　　四率　未角正弦

　　既得未角,以并卯角,而減半周,其餘即甲角也。

　　星行到乙與星行到未,同以卯角爲均度。

七政前均簡法 [一] 〔訂火緯表説,因及七政。〕

　　西法用表,如古法之用立成。不得其列表 [二] 之根,表

〔一〕以下至卷末,底本與四庫本次序或有錯亂,均據輯要本改。

〔二〕列表,輯要本作"立表"。

或筆誤，無從訂改矣，故有表説以發明之。然或表説所用之數，有與表中互異者，則是作表者一人，作表説者又一人也。余因查火星之表，而爲之推演，然後知立表之法甚簡。洵乎此心此理，不以東海、西海而殊。

算火星前均及距地心線，用簡法。依表説，用兩小輪圖。

設平引三十度，依表説，算得均角四度五十分，加減表四度五十分七秒，表説差七秒。

今用簡法，得四度五十分十秒，只差三秒。

表説又算距心一十〇萬九千九百〇三，加減表是一十一萬〇〇一十三，差十萬分之一百一十。〔數見表首卷第四章，稱爲火星年歲圈心距地心之數。〕

今用簡法，得一十一萬〇〇一十九，只差十萬分之單六。

又原法用句股作垂線，以求角求邊。

今用簡法，以半外角切線乘兩邊之較爲實，兩邊之總爲法除之，即得半較角。以減半外角，即爲均角，工力較前省半。

其小輪上加減之角，用小輪半徑四與一之比例乘除，工力尤省數倍。

求邊之法，只用對角之正弦比例，工亦省半。

竊意立表時，當是用此法。

凡諸表數，或是西人成法翻譯成書，或是曆局依法算演，俱不可攷。然是入用之數，當以爲主。

火星平引三十度，算得均角四度〔五十分十秒〕，距心線〔一十一萬〇〇一九〕。查表均角〔四度五十分七秒〕，只差三秒；距

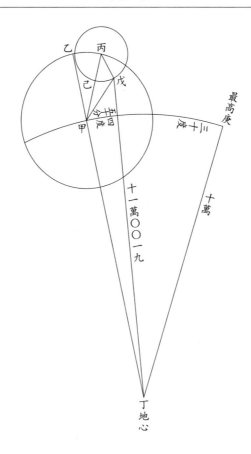

心十一萬〇〇一三,只差十萬分之單六,可謂密近。

　　丙戊甲三角形,求甲角及戊甲邊。

　　丙甲爲一四八四〇,丙戊三七一〇,其比例爲四與一。

　　簡法:其總爲五,其較爲三,丙角六十度。〔引數之倍。〕

　　先求甲角。

　　法以丙角減半周,得餘外角一百二十度,半之六十度。查其切線一七三二〇五,以較三因之,總五除之,得一〇三九二三。查切線表，得其度爲四十六度六分〇八秒，爲半較角。

以半較角減半外角六十度，餘一十三度五十三分五十二秒，爲丙甲戊角。

表説甲角十三度五十四分，是不用秒數也。

次求戊甲邊。

法以甲角之正弦二四〇二〇爲一率，丙戊邊三七一〇爲二率，丙角之正弦八六六〇三爲三率，求得戊甲邊一三三七六爲四率。

次戊甲丁三角形，有甲丁邊〔一〇〇〇〇〇〕，有先求到戊甲邊〔一三三七六〕，有甲角。〔以求到戊甲丙角加引數丙乙三十度，共得四十三度五十四分弱，爲戊甲乙外角，餘一百三十六度六分强，爲甲丙角。〕

先求丁角。〔即三十度視差角。〕

法并甲丁、戊甲兩邊，得總一一三三七六爲一率。又兩邊相減，得較八六六二四爲二率。半外角，得二十一度五十七分弱之切線四〇三〇〇爲三率。

求得半較角切線三〇七九〇爲四率。

查表，得角十七度六分五十秒，以減半外角，餘四度五十〇分十〇秒，即丁角。

次求戊丁線。〔即表距日數，實即歲輪心距地心之數。〕

法以丁角之正弦八四二六爲一率，戊甲邊一三三七六爲二率，甲角〔用餘角四十三度五十四分弱。〕正弦六九三三八爲三率，求得戊丁邊二〇〇一九〇爲四率。

一系　凡兩小輪有比例者,俱可用簡法求角,七政並同。

一系　凡三角形有一角在兩邊中者,遇其邊有比例,可用簡法。

土星　自行輪半徑八七二一,小均圈半徑二九〇七,其比例爲三與一。其總爲四,其較爲二,總與較之比例爲折半。簡法:但以半外角之切線折半,即得半較角。

木星　自行輪半徑七一五五,小均圈半徑二八三五,其比例亦爲三與一。〔法同土星。〕

金星　自行輪半徑二四〇六,小均半徑八〇二,其比例爲三與一。〔法同土木。〕

水星　地谷〔一〕密測自行輪半徑六八二二,小均輪一一三七,其比例爲六與一。總爲七,較爲五,法用五因七除。多禄某舊法,自行輪九四七九,小均輪一五八〇,其比例爲六與一而强。

太陰　本輪半徑八千七百,三平分之,二爲新本輪半徑五千八百,一爲均輪半徑二千九百,其比例爲二與一。其總爲三,其較爲一,法用三爲法,以除半外角切線,得半較角。

朔望次輪半徑二千一百七十,舊爲二千二百一十。此朔望輪,地谷轉用於地心之上。

太陰朔望次輪全徑四千三百四十,以全加於本輪半

〔一〕地谷,二年本作“第谷”。

徑，則一萬三千〇四十，故兩弦之加減至七度四十分。然以比五星歲輪，則太陰最少。

太陽　兩心差三五八四，折半，一七九二。

王寅旭法：兩心差三五八三八八[一]，收作三五八四。小均輪半徑爲兩心差四之一，第一均輪半徑爲兩心差四之三，兩均輪之比例爲三與一。其總四，其較二，亦折半比例也。與土木金三星並同。

加減差圖説以兩心差折半作角，蓋謂此也。

兩均輪比例

求七政各小輪半徑，法具曆書，今只定其大小之比例。

太陽、土、木、金爲一法		太陰爲一法	
本輪半徑三	小均輪一	木輪半徑二	小均輪一
其總四	其較二	總三	較一
法用折半		法用三除	
火星爲一法		水星爲一法	
本輪徑四	小均輪一	本輪徑六	小均輪一
總五	較三	總七	較五
法用六乘退位		法用五因七除	

兩心差，火星最大，爲一萬八千五百奇。次土星，一萬一千六百奇。又次木星，〇萬九千九百九十。又次太陰，八千七百。又次水星，七千八百五十。太陽數少，三千五百八十四。金星更少，只三千二百〇六。

〔一〕三五八三八八，“五”原作“八”，據下文“三五八四”改。

上三星軌跡成繞日圓象

　　五星本天並以地爲心，與日月同。至若歲輪，〔即古法遲留逆伏之段目。〕則惟金水二星繞太陽左右而行，其歲輪直以日爲心。土木火三星則不然，並以本天上平行度爲歲輪心。〔金水以太陽爲歲輪心，亦以二星之平行與太陽同度也。〕然其軌跡所到，並於太陽有一定之距，故又成繞日左行之圓象。西人所立新圖不用九重天，而五星並以太陽爲心，蓋以此也。然金水歲輪繞日，其度右移；上三星〔土木火。〕軌跡，其度左轉，若歲輪，則仍右移耳。

　　一系　星之離日有定距。

　　一系　星之歲輪與日天略等。

　　一系　日距星爲日離星而東，日速故也。

　　　　　星距日爲星離日而西，星遲故也

　　一系　日距星爲日天之度，星距合伏爲歲輪之度。

　　一系　論右旋，則日速星遲，若左旋，則星反速於日，故歲輪心漸遠，於日可稱左旋，而歲輪上圍日之象亦左旋也。

　　一系　星有遲速，皆歲輪心之行，而星行歲輪邊成圍日之行，則五星一理。

　　一系　星本天右旋，星在歲輪上亦右旋，而星圍日之行左旋。

　　此外仍有自行之高卑，故土星能至甲，木能至乙至丙，火能至丁，各天故不甚相遠。

上三星歲輪上軌跡繞日成圓象之圖

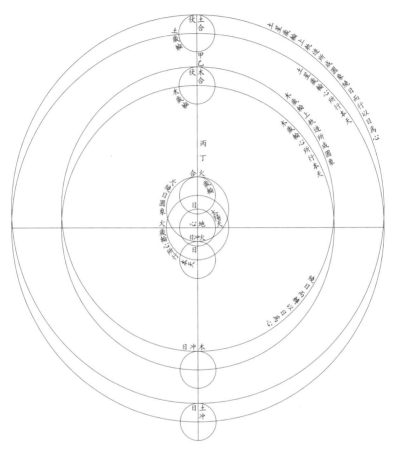

　　自人所見五星所當宿度，則距日有遠近之殊。而五星在天以徑線距太陽，終古如一。以此圖觀之，見矣。

　　所異者，五星各有高卑，本輪則有微差；而火星則兼論太陽高卑，要不能改其徑線相距之大致。

兼濟堂纂刻梅勿菴先生曆算全書

七政細草補注 [一]

〔一〕勿庵曆算書目曆學類著録爲三卷，四庫本收入卷十八，輯要本收入卷五十五七政一，卷前據書目解題録有小序，其文云："新法曆書之有細草，以便入算，亦猶授時曆之有通軌也。蓋即七政蒙引而有詳略耳。然算者貪其簡便，而全部曆書或庋高閣矣。兹以曆指大意，矍括而注之，使用法之意瞭然。亦使學者知其所以然，益有所據，而不致有臨時之誤云爾。"另有中西新學大全本，據輯要本收録。

七政細草補注

宣城梅文鼎定九注　男以燕正謀參　孫　　彀成玉汝
　　　　　　　　　　　　　　　　　　玕成肩琳
柏鄉魏荔彤念庭輯　　　　　　　男　乾敷一元
　　　　　　　　　　　　　　　　　士敏仲文
　　　　　　　　　　　　　　　　　士說崇寬同校
　　　　　　　　　錫山後學楊作枚學山訂補

推日躔法

先查年根,〔冬至後一日子正距冬至。〕隨錄本年高衝。〔年根子正高冲。〕後查日數,〔本日子正距冬至後一日子正之平行。〕隨錄高行。〔亦本日子正距冬至後一日子正之高行。〕高行加入高衝,書於高衝格內。〔即本日高冲所在。〕年根、日數相加,得平行。〔即本日距冬至之平行。〕平行內減去高衝,爲引數。〔即得本日子正距高冲。〕以引數查加減表,相較,〔用中比例。〕得均數,隨記加減號。均數依號加減於平行,即得細行。〔人目所見視度。〕細行內按宮度減宿次,即得本日宿也。

鼎按:年根者,冬至後一日子正之平行也。日數者,每日之平行也。故相加即爲本日之平行。

邵本云:凡算宿鈐,以戊辰年爲主,每年加五十一秒,所積之秒以六〇歸之,加於宿鈐之內,再與細行相減。

高衝者,太陽最卑點距冬至之度,每年東行一分。

推月離法

先查四年根,獨正交行加六宮。後查四日數,俱年日相加,得三平行。而正交年日相減,爲正交平行。書本日太陽細行,即按細行宮度查日差表,得數,記書加減號。按數至時刻平行表內查得日差,兩書之,依號加減於平行總、平行引。以平行引查加減表,相較,〔中比例。〕得均數,記加減號。均數依號加減於平行總、平行引,即爲實行、實行引。實行內減去太陽度,爲月距日次引。以月距日次引同實行引宮度查表,〔二三均數表。〕相較,得次均。次均依號加減於實行,即白道經度。〔邵本云:即白經恒減。〕以月距日次引查交均,記加減號。隨查大距數,交均依號加減於正交平行,即正交經度。正交經度加六宮,即中交。置白道經度,內減去正交經度,即月距正交。以月距正交查白道同升差表,得同升差,記加減號。白道經度與同升差依號相加減,爲黃道視行。以月距正交與大距數查緯表,〔即黃白距度表。〕得視緯。減宿照日躔減法同。

邵本云:録本日太陽細行,而太陽恒減。以太陽恒減查日差表,記得數於旁,加減號記於月離日差之旁。次將所得之數,查時刻平行表,如查出之數只分秒耳,即日差。以兩平行與日差炤號加減,得平行總、平引。

又云:以月距日次引查二三均表直行,以實行查橫行,所遇之處即得。

如月距日次引過六宮,減去,然後查表。

内行宫度順查,外行宫度逆查,而粗格所在,即加減所分。

按楊學山云:月之二三均數以距日而生,與五星歲輪同理。但其行法却異於五星,兼有又次輪附於次輪之上,與次均相消相長。表乃二均、三均之總數,故與五星次均表絶殊,其加減之句亦不以六宮而分。◎月之交均距限亦以距日而生,地谷[一]以前無之也。

推土木星法

先查兩年根,〔冬至後一日子正星距冬至及引數。〕後查正交行,再查日數,〔年根距冬至及引數之下各書日數。〕兩書之。年日相加,得平行、平引。〔年根距冬至引數各加日數,爲平行與平引,即所求本日子正。〕以平引查加減表,相較,〔中比例。〕得均數。隨録中分,〔加減表中分。〕記書加減號。均數依號加減於平行,得實經,〔歲輪心所到。〕即書本日太陽細行〔日躔條求得數。〕於格。太陽内減去實經,即次引。〔本日星在歲輪距合伏。〕以次引查次均,隨得較分,亦相較,〔中比例。〕記書加減號。中、較相乘,六十歸之,得三均。三均與次均恒加,即定均。將定

〔一〕地谷,二年本作"第谷"。

均依次均號加減於實經,即視經。〔遲留逆伏之度。〕減宿照日
躔減法同。置實經於交行下,内減交行,即得距交。〔所求
日星距正交。〕以距交查中分,〔緯表內之中分。〕以次引〔即前所得歲
輪上星距合伏。〕查緯限。中、緯相乘,六十歸之,得視緯。定
南北,以距交宮度定之,前六宮〔〇、一、二、三、四、五。〕號北,後
六宮〔六、七、八、九、十、十一。〕號南。

　　按學山云:五星三均恒用加者,以歲輪心自最高至
最卑,次均皆漸大,而表所列次均數,乃置輪心在最高
時算也。

　　五星加減表中分是從高卑立算,緯度中分是從交
點至半交立算,乃曆家簡括之法。若依三角形算,則不
用中分矣。

推火星法

　　先查兩年根,〔距冬至、引數。〕隨録正交行。後查日數,
〔兩年根之下各書日數。〕兩書之。年日相加,爲平行、平引。以
平引查加減表,相較,〔中比例。〕得均數。即書加減號,均
數依號加減於平行,得實行、實引。隨録本日太陽細行,
太陽内減去實行,得相距。若相距過六宮,則於實行内減
去太陽,得距餘。減距餘之半,即得距餘半。此係後六
宮者。若前六宮,即將相距減去一半,爲半距,無距餘半。
太陽内減去高衝,改作對衝宮,爲日引。〔加六宮即是從最高
起。〕以實引查距日及半徑,以日引查日差,半徑、日差相

加,得星數。〔星數即歲輪半徑。〕星數與距日〔距日即歲輪心距地。〕相加爲總,相減爲較。以距餘半查八線表,即得半距切線數。與較相乘,又以總數除之,得數。再查八線表,取相近切線用之,即得減弧半距或距餘半。内恒減去減弧,得次均。即看相距在前六宮者加,〔歲輪上從合至冲。〕後六宮者減。〔從冲至合。〕依號加減於實行,即視行。宿次照日躔減法同。實行内減去正交,即距交。以距交查中分,以相距〔日星相距。〕查緯限,〔先定南北。〕緯有加減分,距交在北者,依號加減,爲定緯限。中分、緯限相乘,六十歸之,得緯。以距交定南北,前六宮是北,後六宮是南。

　　按:距日半徑俱以實引取之,查各式並同,天學會通亦同。

　　按:前六宮是自合伏至冲日,後六宮是自冲日復至合伏,皆以歲輪言。

　　邵本於"半距切線"下注云:從距日至再查切線,俱逢十進之。

　　按楊學山云:火星半距總較切線等用,是斜三角形有一角二邊求餘角之法也,五星皆可用。惟日差星數,火星所獨耳。表説誤甚〔一〕。

〔一〕表説誤甚,二年本"表"作"袁",底本及四庫本、輯要本均删此句。按:次條末有"勿誤認袁説"句,輯要本"袁"改作"表"。二年本此處"表説誤甚"亦當爲"表説誤甚"之訛,底本以"袁説"無所指,遂删此句。今據二年本校補。

推金水星法

　　先查三年根,〔引數、伏見、距冬至。〕後查太陽日數,兩書之。〔即用爲星平行日數,兩書於引數及距冬至下。金水距冬至平行,即日躔表數也。金水以太陽爲平行之心。〕再查本星表内日數,〔此則伏見平行之日數。〕書於伏見行下。年日相加,得各平行。以引數平行查加減表,相較,〔中比例。〕得前均,即書加減號,隨得中分。〔加減表中分。〕前均依號加減於各平行,得實經、實引。獨伏見行下,前均加減號反用,得伏見實行。〔反用均數,加減伏見平行,爲伏見實行。〕以伏見實行查二均,亦相較,〔中比例。〕書加減號,隨得較分。中、較相乘,六十歸之,得三均。二均、三均恒加,即定均。并均〔一〕依號加減於實經,即視經。減宿與日躔法同。實引内恒加十六度,〔金星正交在最高前十六度。〕即得次實引,〔即星距正交。〕以次實引查前中分,〔前緯表中分。〕以伏見實行查前緯限。中、緯相乘,六十歸之,記書南北號。其後中分、〔後緯表中分。〕後緯限〔亦以距交查後中分。〕亦照前緯查法同,〔以伏見實行查後緯限。〕亦書南北號。如前後緯號同者,兩緯相加;〔俱南緯、俱北緯則相加。〕如號異者,兩緯相減,〔一南一北則相減。〕即得視緯。其南北以數大者定之。〔若異號相減,則以南緯大者命其減餘爲南,北大者則命爲北。〕水星照此推法同,獨無次實引。〔水星正交與最高同度,即以實引爲距交。〕

〔一〕并均,二年本作“定均”。

金水伏見行，即土木之次引也。

土木以星行歲輪心，與太陽相減得次引者，是星距日度，即歲輪上距合伏之度。

金水則伏見輪心即太陽，無可相減，故另有伏見之行。

金水次實引，即土木之距交也。

因水星即用實引數爲距交，故金星別之爲次實引。然殊亂人目，不若直名之距交。

邵本“查後中分後緯”下有云：必中、緯同在一篇者方可用，以便定南北。

學山云：金水緯行獨有前後二表者，以二星之緯皆由伏見輪而生。而伏見輪小於黃道，斜交側立，旋居於本天之周。作表須前後兩表以該之，非星緯實有前後之分也。

學山云：金水伏見實行與初均加減號相反者，以伏見輪心之角斜線錯列，適與初均成相反之勢，故反加減之，得星合伏真度，非伏見之行與本輪相反，勿誤認表説〔一〕。

推火星諸行假如〔二〕〔甲申年距根一百三十五日。〕

距冬至平行　　查〔本星〕二百恒年表，〔本年下〕距冬至橫行

〔一〕表説，原作“袁説”，據輯要本及刊謬改。
〔二〕輯要本此條在前“推火星法”條下。

〔一十一宮〇六度五十三分五十九秒〕，隨查日數〔二宮十度四十五分〕。日數與年根并之，得〔一宮十七度三十九分〕。

引數平行　查恒年表，〔本年下〕引數橫行〔三宮七度〇五分二十七秒〕，日數與距冬至同。年根、日數并之，得〔五宮十七度五十分〕。

初均數　以引數平行查本星加減表，得〔二度三十分四十二秒〕。〔其號順減，書減號於均數之旁。〕隨錄距日數。

距冬至實行　以〔本星〕平行內減去初均數，得〔一宮一十五度〇八分〕。〔以均數之號爲加減。〕

引數實行　以本平行內減去均數[一]，得〔五宮十五度十九分〕。〔以均數之號爲加減。〕

太陽　即錄本日日躔細行。

相距　以太陽內恒減去距冬至實行，得〔二宮二十九度三十五分〕。

半距　即以相距半之。若相距過半周，則借全周內減去相距全分，即爲距餘。再將其較半之，即距餘半也。

日引　以本日太陽加六宮，減去日躔表內本年下最高衝，得〔十宮八度三十一分〕。

距日　以引數實行查加減表，得〔八九三七四〇〕。勿

─────────────

〔一〕底本“均數”後原有“之全數”三字，據輯要本及刊謬刪。

　　　　　菴按：距日半徑俱宜用實行。

半徑　　　以引數實行查加減表，得〔六三〇七一七〕。

日差　　　以日引查之，得〔〇一九一四四〕。

星數　　　以半徑恒加日差，得〔六四九八六一〕。

總數　　　以距日內加星數，得〔一五四三六〇一〕。

較　　　　距日內減去星數，得〔二四三八七九〕。

半距切線　以半距全分查八線表正切線，得〔九九二四七〕。

減弧　　　以較數與半距切線相乘，得〔二四二〇四二
　　　　　五九一一三〕，又以總數除之，得〔一五六八〇〕。
　　　　　以此查正切線，得〔八度五十五分〕。

次均　　　半距內恒減去減弧，得〔一宮五度五十二分〕。

視行　　　以實行內加次均全分，得〔二宮二十一度〕。

正交　　　查〔本星〕恒年表，〔本年下〕正交橫行，得〔四宮
　　　　　十七度十三分〕。

距交　　　以實行內恒減去正交，得〔八宮二十七度五十五
　　　　　分〕。

中分　　　以距交查首卷本星緯度，得〔六十分〕。

緯限　　　以相距查緯表，得〔一度二十九分〕。

視緯　　　以緯限數化作〔八十九分〕，與中分〔六十分〕相
　　　　　乘，得〔五千三百四十分〕爲實。以六十爲法除
　　　　　之，得〔八十九分〕。以六十分成度，得〔一度
　　　　　二十九分〕。

距冬至		甲申年根	日數百三十五	平行	均數	實行	太陽	相距	半距	距餘半距	減弧	次均	視行（宿）	正交	距交	中分	緯限	緯南
	宮	一一	○二	○一		○一	○四	○二	○一			○一	○二	○四	○八			
	度	○六	一○	一七	○二	一五	一四	二九	一四		○八	○五	二一	一七	二七	○一	○一	○一
	分	五三	四五	三九	三一	○八	四三	三五	四七[一]		五五	五二	○○	一三	五五	二九	二九	
	秒	五九																	

引數		甲申年根	日數百三十五	平行	均數	實行	日引
	宮	○三	○二	○五		五	一○
	度	○七	一○	一七	○二	一五	○八
	分	○五	四五	五○	三一	一九	三一
	秒	二七[二]					

	距日	半徑	日差	星數	總數	較	半距切線	減弧切線
萬	八	六		六	一五	二	九	一
千	九	三	一	四	四	四	九	五
佰	三	○	九	九	三	三	二	六
十	七	七	一	八	六	八	四	八
零	四	一	四	六	○	七	七	○
○		七	四	一	一	九		

〔一〕四七，原作“六七”，據二年本改。

〔二〕二七，原作“五七”，據前文及崇禎曆書五緯表卷五火星二百恒年表改。

推凌犯法

　　月犯恒星,以本年七政曆與恒星鈐表恒星經度及南北緯度,月在上,相距二度內取;月在下,相距一度內取之。又以本日與次日之月視行相較,化分爲一率;日法一千四百四十分爲二率;恒星經度內減月經度之較,化分爲三率。二三相乘,一率除之,得凌犯時刻。

　　月犯五星,以本年七政查月與五星經度及南北緯度,月在上,相距二度內取;月在下,一度內取之。次以本日之月視行內減次日之月視行,取其較。又以五星本日經度內減次日經度,取其較。視星順行者,兩較相減;逆行者,兩較相加,化分爲一率。日法一千四百四十分爲二率,以本日五星經度內減月經度,爲月未及星之距,化分爲三率,求得四率,爲凌犯時刻。

　　五星犯五星,以本年七政五星經度及南北緯度,相距一度內取用,五星各以本日經度與次日經度相減得較。如俱順俱逆者,兩較相減;一順一逆者,兩較相加,化分爲一率。日法一千四百四十爲二率,又以本日五星經度兩相減之較化分爲三率,如法求得四率,爲凌犯時刻。

　　五星犯恒星,以本年七政與恒星鈐表經度及南北緯度,相距一度內取用。次以五星本日經度內減次日經度,得較度,化分爲一率;日法一千四百四十爲二率;又置恒星經度,內減本日五星經度,得較度,化分爲三率;如法求得凌犯時刻,爲四率。若五星退行者,以五星經度內減恒星經度爲三率。

　　月與星，一度爲犯，十七分以内爲凌，同緯爲掩。五星與星，一度爲犯，三分以内爲凌，同緯爲掩。

　　視凌犯時刻在地平上者取之，若在地平下，可勿推算。

　　定上下，以北爲上，南爲下。月緯、星緯同在北，以月緯多者在上，少者在下；月緯、星緯同在南，則以月緯多爲在下，少爲在上。其兩緯相減。若星月一南一北，則以月南爲在下，月北爲在上，兩緯相加。

推月星凌犯密法

　　依本年七政曆并恒星鈐，視恒星經度及南北緯度，月在上，二度内取之；月在下，一度内取之。又以恒星經度内減本日之月視行，得度化分爲二率；以一千四百四十分爲三率；本日之月視行相減，其較數度分爲一率。二、三率相乘，以一率除之，即得時刻。

| 一求太陽細行 | 以一千四百四十分爲一率；次日細行與本日細行相減，得較爲二率；凌犯時化分爲三率。二、三率相乘，一率除之，得四率。以四率加於本日細行，得太陽細行。 |
| 二求時分 | 以太陽細行查交食四卷内九十度表，得時分。太陽度過三十分，進一度查表得數，即是。 |

三求總時	以時分及凌犯時刻,午後減十二小時,午前加十二小時,滿二十四時去之,餘爲總時。〔即應時。〕
四求九十度限	以總時查交食四卷表,與時分相對者録之,得九十度限。
五求恒星經度	置恒星經度。
六求限高度	以九十度減距天頂之度分,得限高度。
七求月實引	置月離内月實引。
八求月距地半徑	以月實引查交食二卷表内,得月距地半徑。〔邵本作"查交食表二卷内視半徑"。〕
九求月實行	以月實引查交食二卷表内,得月實行。
十求星距限	九十度限之宮度分内減星之經度宮度分,爲限大,則星在西;若不及減,置星經度,内減九十度限之宮度分,爲限小,則星在東。
十一求置正交經度	置月離内正交經度。
十二求較數	以正交經度内減九十度限宮度,若九十度限不足減,則加十二宮減之,即得較數。
十三求真高度	以較數查交食二卷太陰距度表,得月實緯分。北加南減於限高度,得真高度。六宮以上定北,加;以下定

南,減。

| 十四求地平差 | 以真高度并月距地半徑,求地平差。〔見交食九卷表。〕 |

十五求時差　以地平差變爲高下差〔查交食表九卷。〕及星距限度,求時差。

十六求較數　以真高度置九十度減之,餘爲較數。

十七求氣差　以較數及月距地半徑,求氣差。〔交食九卷表內。〕月距地半徑查上橫行,以較數查右直行。

十八求月實緯　以凌犯時刻化分爲三率,本日之月緯度與次日緯度相較,得數化分爲二率,與凌犯化分相乘,以二十四小時化分爲一率除之,得數加減於本日緯度,視南北號,順加逆減,即月實緯。若南北異號,以兩數相加爲二率,後除得之數用減本日緯度,以次日之號定南北。

十九求視緯　以月實緯度南加北減於氣差,得視緯。

二十求恒星緯　置恒星緯度分。

廿一求月距星　月視緯北多,定上;月視緯南多,定下。以大減小,一度以外不用,得月距星。如一南一北,兩數相加。

廿二求凌犯時刻　置凌犯時刻。

廿三求定時差　　以月實行分爲一率，時差分爲二率，
　　　　　　　　六十分爲三率。二、三率相乘，一率
　　　　　　　　除之，得四率。有六十分進一時，
　　　　　　　　十五分進一刻，得定時差。

廿四求視時　　　以定時差加減於凌犯時刻，即得凌
　　　　　　　　犯視時。視星距限度，西加東減。

　　南北異號　　月南在下，月北在上，兩數相加。

　　南北同號　　同〔北南〕，月緯大在〔上下〕，月緯小在〔下上〕，
　　　　　　　　兩數相減。

　　按：凡推月與五星及恒星凌犯，用此式較密。

攷節氣法〔用變時表依法查之，更密。〕

　凡半月一節氣，遇細行一十四度與二十九度，即是交
節氣之日。次日細行與本日細行相減，減餘化秒爲一率。
置六十分，以本日細行分秒減之，減餘化秒爲二率。化
二十四小時爲一千四百四十，爲三率。二、三率相乘，以
一率除之，得數即四率。其分秒用六歸之，收作時刻分。
查節氣日差加減表，〔在日躔二卷內。凡六十分爲一小時，若過半分，
作一分用。〕一百二十分爲一大時，十五分爲一刻，如不滿一
刻，作分算。時自子正起算。

　二十九度與次宮〇度相較爲氣。

　十四度與十五度相較爲節。

查二至限法

以二至度爲主,加以本日太陽經度未滿宮度之餘分,即是二至限。如冬至日經度爲二十九度二十五分,〔即三十五分[一]爲未滿之餘分也。〕而本日[二]宿爲箕三度三十五分,加三十五分,則爲冬至限,在箕四度十分。

假如五月初十日太陽在申宮二十九度二十三分,宿在觜十度十二分。

問曰:夏至限係何宿度分? 答曰:觜宿十度四十九分。

假如十一月二十日太陽在寅宮二十九度十五分,宿在箕二度五十六分。

問曰:冬至限係何宿度分? 答曰:箕宿三度四十一分。

假如正月十四日太陽在子宮十四度二十一分八秒;
　　　　十五日太陽在子宮十五度二十二分三秒。

問曰:立春係何時刻? 答曰:申初初刻十分。

假如二十九日太陽在子宮二十九度三十一分二十五秒,三十日太陽在亥宮初度三十一分十四秒。

問曰:雨水係何時刻? 答曰:午初一刻六分。

〔一〕三十五分,原作“此廿五分”,據輯要本改。本段下文“加三十五分”“四度十分”,原分別作“加二十五分”“四度”,均據輯要本改。
〔二〕日,原作“至”,據輯要本改。

定合朔弦望法

合朔　以月距日次引滿十一宮二十餘度，此日即合朔也；滿十二宮，即〇宮，是合朔之次日也。

求合朔時刻〔凡星同，度法同。〕

以本日太陽與次日太陽相減，得較數，另記。又以本日之月視行與次日之月視行相減，得較。仍以兩較數相減，得數化分爲一率；以一千四百四十爲二率；又置本日太陽，減去本日之月視行，得數即月不及日之度，爲三率。二三相乘，一率除之，得數再以六十分收之爲時，餘以十五分收爲刻，即得時刻及分。

假如正月初一日太（陽陰）在子宮（十四度十五分二十秒
十度二十三分十二秒）；

初二日太（陽陰）在子宮（十五度十四分六秒
二十三度三十分三十一秒）。

問曰：合朔係何時刻？答曰：辰初二刻八分。

相望　亦以次引滿五宮二十度之上，將近六宮，即是望也；到六宮，即望之次日也。

求弦望時刻

以本日與次日太陽之較及月視行之較相減，化分爲一率；以一千四百四十爲二率；又置本日之月視行，內減去本日太陽,其餘宮度分,上弦輳滿三宮,望輳滿六宮,下弦輳滿九宮,將輳滿之數化分爲三率。二三相乘,一率除之,得數再以六十收之,爲時刻分。

假如十六日太〔陽〕在〔戌〕宮〔十五度十六分九秒〕;
　　　　〔陰〕　　〔辰〕　〔六度三十分二十一秒〕

　　　十七日太〔陽〕在〔戌〕宮〔十六度十五分十六秒〕。
　　　　　　〔陰〕　〔辰〕　〔十八度二十九分三十五秒〕

問曰:望係何時刻? 答曰:戌初初刻七分。

上弦　以次引二宮二十餘度,將近三宮,即上弦也;若滿三宮,即爲上弦之次日也。

假如初八日太〔陽〕在〔亥〕宮〔八度三十四分八秒〕;
　　　　　〔陰〕　〔申〕　〔七度五十八分四十秒〕

　　　初九日太〔陽〕在〔亥〕宮〔七度三十四分二十秒〕。
　　　　　〔陰〕　〔申〕　〔二十度五十五分十六秒〕

問曰:上弦係何時刻? 答曰:丑初初刻十分。

下弦　以次引八宮二十餘度,將近九宮,即是下弦也;若九宮一、二度,即下弦之次日也。

假如廿三日太〔陽〕在〔酉〕宮〔二十一度十一分二十秒〕;
　　　　　〔陰〕　〔子〕　〔十一度三十三分六秒〕

　　　二十四日太〔陽〕在〔酉〕宮〔二十二度八分十六秒〕。
　　　　　　〔陰〕　〔子〕　〔二十五度二十八分三十秒〕

問曰:下弦係何時刻? 答曰:酉初三刻四分。

求月入宮法

以次日宮度分内減去本日宮度分,餘度分化分爲一率;本日未滿整宮之餘度分,亦化分爲二率;一千四百四十爲三率。二、三率相乘,一率除之,即得時刻。

假如正月初七日太陰在戌宮十八度三十一分；

　　　　初八日太陰在酉宮一度二十四分。

問曰：月入宮係何時刻？答曰：亥初一刻八分入酉宮。

求月升法

以朔日之月離宮度定之：

　　子宮十五度至酉宮十五度，爲正升。

　　酉宮十五度至未宮初度，爲斜升。

　　未宮初度至寅宮十五度，爲橫升。

　　寅宮十五度至子宮十五度，爲斜升。

假如正月初一日月在丑宮十八度四十六分。

問曰：月係何升？答曰：係斜升。

求月孛羅計法

以本年所推月離稿內，每月初一、十一、二十一三日月孛實行、正交經度、中交經度，內減本年宿，餘減宿，即得三宿分。

假如正月初一日月孛實行在巳宮八度四十四分，本年宿鈐在巳宮一度八分爲張宿。

問曰：月孛係何宿度分？答曰：張宿七度三十六分。

求五星伏見

土木火三星與太陽合伏後爲晨見,合伏前俱稱夕;與太陽衝後爲夕見,衝前爲晨。〔蓋星行遲,太陽行速故也。〕

金水二星順行與太陽合伏曰夕,逆行合伏曰晨。

假如土星四月十九日合伏。

問曰:土星合伏前後應晨應夕?見與不見?

答曰:合伏前係夕,不見;合伏後係晨,見。

假如水星五月十二日與太陽衝。

問曰:太陽衝前衝後應晨應[一]夕?見與不見?

答曰:衝前係夕,不見;衝後即晨,見。〔按:水星不冲日,今云爾者,蓋退合亦冲之屬也。當云:"退合伏前係夕,不見;退合伏後即晨,見。"〕

求五星衝伏同度時刻法

兩星各以次日行與本日行相減得較,兩較相加減爲一率。同順同逆,兩較相減;一順一逆,兩較相加。兩星相距爲二率[二],一千四百四十爲三率。二、三率相乘,以一率除之,得時刻。

假如正月十八日〔土／水〕星在子宮〔二十六度四十九分／二十六度三十三分〕;

〔一〕應,四庫本無。

〔二〕兩星相距爲二率,底本無,據輯要本補。

十九日〔土/水〕星在子宮〔二十六度五十六分/二十八度一十七分〕。

問曰：土、水二星係何時同度？答曰：寅初三刻十二分。

假如正月二十五日〔太陽/水星〕在亥宮〔二十八度三十分/二十八度四十二分〕；

　　　　二十六日〔太陽/水星〕在亥宮〔二十九度三十分/二十七度四十二分〕。

問曰：水星係何時與太陽合退伏？答曰：丑正一刻九分。

假如二十日〔太陽/土星〕在〔丑/未〕宮〔三度二十六分/四度十分〕；

　　　　廿一日〔太陽/土星〕在〔丑/未〕宮〔四度二十四分/四度六分〕。

問曰：土星係何時與太陽衝？答曰：酉初初刻一分。

假如二十八日〔太陽/木星〕在子宮〔二十七度三十分/二十七度五十五分〕；

　　　　二十九日〔太陽/木星〕在子宮〔二十八度三十分/二十八度二分〕。

問曰：木星係何時與太陽合伏？答曰：午初一刻四分。

求五星退入宮法

本日度分內減去次日度分，其較爲一率，本日餘分爲二率，〔度以上不算，止用餘分。〕一千四百四十爲三率。二、三率相乘，以一率除之，得時刻。

假如二十六日金星在戌宮初度三十二分；

　　　　二十七日金星在亥宮二十九度三十八分。

問曰：金星係何時退入某宮？答曰：未正初刻十三分退入亥宮。

求五星順入宮法

以次日宮度分内減去本日宮度分，餘度分化分爲一率，諸法俱與月入宮法同。〔如退入宮者，則於本日宮度分内減去次日宮度分，得數化分爲一率，以日法爲二率，即以本日初度分爲三率，依法求之。〕

假如正月初三日水星在丑宮二十九度四十六分；
　　　　　　初四日水星在子宮一度三十五分。

問曰：水星係何時刻入某宮？答曰：寅初初刻四分入子宮。

求五星最高卑中距法

凡三宮、九宮爲中距，〇宮爲最卑，六宮爲最高。

火金水三星以實引、次實引查，土木星以平引查。

假如土星平引在四宮八度二十分。

問曰：從何限之上下行？答曰：中距下行。

求五星留逆法

凡五星經度，自一度二度而行者爲順，如從十五度十四度而行者爲逆。本日係十度五分，次日仍十度五分者爲留。第三日係十度六分，爲留順初；如係十度四分三分，爲留退初。

求五星伏見法

以天球安定北極出地如四十度，求晨，在東地平上，用本日太陽距星之數；求夕，在西地平上，用次日太陽距星之數。以太陽所在之宮，緊挨地平，又看此日之星宮度，相距太陽之遠近。又用缺規矩較星距太陽之定限，如土星定限距太陽十一度，木星定限距太陽十度，火星定限距太陽十一度半，金星定限距太陽五度，水星定限距太陽十一度半。以缺規矩較定之限，挨地平視星所在之宮度及緯南緯北之度，視其在限之內外，限之內者爲不見，限之外者爲見也。

各省直北極出地及節氣早晚[一]〔月食同用。〕

廣西	北極出地	二十六度	節氣	減三十四分
雲南		二十四度		減六十八分
廣東		二十四度		減二十分
福建		二十八度		加十二分
江西		二十八度		減十分
四川		三十〇度		減五十二分

〔一〕輯要本有目無表，表見卷五十七揆日紀要 里差表，參揆日候星紀要校記。又同治間梅纘高重刻梅氏叢書輯要本，此後附梅壽祺按語云：“壽祺謹案：北極出地度見五十七卷。節氣早晚以東西偏度爲斷，偏乎東者節氣遲，偏乎西者節氣早。每偏一度，恒差時之四分。其各省東西偏度，並見五十七卷內。”

浙江		三十〇度		加十二分
武昌		三十一度[一]		减十五分
江寧		三十二度		加八分
陝西		三十四度		减三十四分
開封		三十四度		减十五分
貴州		二十六度		减三十八分
山東		三十六度		加五分
山西		三十八度		减二十分
朝鮮		三十八度		加四十分
盛京		四十一度		加三十分

〔一〕三十一度，刊謬校云："三十〇度，訛'三十一度'。"

兼濟堂纂刻梅勿菴先生曆算全書

仰儀簡儀二銘補注 ^(一)

〔一〕此書撰於康熙四十九年，勿庵曆算書目前此已成書，未及著録。四庫本收入卷二十。梅氏叢書輯要收入卷六十雜著，題作二儀銘補注。藝海珠塵丁集亦收録。二銘文亦見元文類（國朝文類）卷十七，其中，仰儀銘見録於元史天文志一，文字互有異同。

仰儀簡儀二銘補注

宣城梅文鼎定九著

柏鄉魏荔彤念庭輯　男　乾㪺一元

士敏仲文

士説崇寬同校正

錫山後學楊作枚學山訂補

仰　儀

按：元史天文志簡儀之後，繼以仰儀。然簡儀紀載明析，而弗録銘辭；仰儀則僅存銘辭，而弗詳制度，蓋以銘中弗啻詳之也。庚寅莫春，真州友人以二銘見寄，屬疏其義，余受而讀之。簡儀銘既足以補史志之闕，仰儀銘與史亦多異同，而異者較勝，豈牧菴作銘後復有定本耶？爰據其本，以爲之釋。仍附録史志原文，以資攷訂焉。

不可形體[一]，莫天大也。無競維人，仰釜載也。

言天體之大，本不可以爲之形似，而今以虚坳似釜之器，仰而肖之，則以下半渾圓對覆幬之上半渾圓，而周天度數悉載其中。此人巧之足以代天工，故曰“無競維人”也。

〔一〕形體，元史天文志一作“體形”。

六尺爲深，廣自倍也。兼深廣倍，絜[一]釜兑也。

　　釜形是半渾圓，而其深六尺，是渾圓之半徑也。倍之爲廣，則渾圓之全徑也。兼深與廣之度而又倍之，渾圓之周也。蓋仰儀之口，圓徑一丈二尺，周三丈六尺也。兑爲口，故曰“釜兑”。絜，猶度也。〔此雖亦徑一圍三古率，然其器果圓，則畸零在其中矣。〕

振溉不洩，繚以澮也[二]。正位辨方[三]，曰[四]子卦也。

　　釜口周圍爲水渠環繞，注水取平，故曰“振溉不洩，繚以澮也”。釜口之面，均列二十四方位，而從子半起，子午正則諸方皆正，故曰“正位辨方，曰子卦也”。

横縮度中，平斜載[五]也。斜起南極，平釜鐵也。〔度，入聲。〕

　　縮，直也。仰儀象地平下半周之渾天，其度必皆與地平上之天度相對待，故先平度之，從儀面之卯酉作弧線相聯，必過儀心，以横剖釜形爲二，地平下卯酉半規也。又直度之，從儀面之子午作弧線相聯，亦過儀心，而直剖釜形爲二，地平下子午半規也。兩半規交於儀心正中，天在地平下，正對天頂處也，故曰

──────────

〔一〕絜，元文類作“挈”。

〔二〕振溉不洩繚以澮也，元史天文志一作“環鑿爲沼，準以溉也”。

〔三〕正位辨方，元史天文志一作“辨方正位”。

〔四〕曰，元文類作“日”。

〔五〕載，元文類、元史天文志一俱作“再”。

“衡縮度中”。然此所謂中，乃平度之中。〔其衡縮度之者，並自地平之子午卯酉出弧線，而會於地平下之中心。〕若在天之度，固自斜轉，即非以此爲中。故既平度之，復斜度之，有兩種取中之法，故曰“平斜載也”。〔載，猶再也。〕斜度奈何？曰：宗南極也。法於地平下子午半規，勻分半周天度，乃用此度，自地平午數至南極入地度，命爲斜度之中心，故曰“斜起南極”。〔言緯度從此起。〕釜鐬者，釜之鐬，即儀心也。〔鐬，徒對切。矛戟底平者曰鐬。曲禮：“進矛戟者前其鐬。”類篇：“矛戟柲下銅也。”儀類釜而形仰，最㘞深處爲其底心，故謂之鐬。〕爲地平下兩半規十字交處，而下半渾圓之心，平度以此爲宗，亦如斜度之宗南極，故曰“平釜鐬也”。蓋以此二句釋上二句也。〔不言起，省文。〕

小大必周[一]**，入地畫也。始周浸斷，浸極外也。**

　　此言斜度之法也。斜畫之度既宗南極，則其緯度之常隱不見者，每度皆繞極環行而成圓象。〔每度相去約一寸弱。〕雖有大小，皆全圓也，〔近南極旁則小，漸遠漸大，每度相離一寸，其圓徑之大小每度必加二寸。〕故曰“小大必周”。而明其爲入地之畫也，在南極常隱界內故也。若過此以往，則離極益遠，緯度之圓益大，其圓之在地平下者，漸不能成全圓，而其闕如玦，以其漸出南極常隱界外也，故曰“始周浸斷，浸極外也”。〔亦是以

〔一〕周，元文類作“用”。

〔下句釋上句。〕

極入地深，四十太也。北九十一，赤道齘也。列刻五十，六時配也。

儀設於元大都，大都北極出地四十度太，〔四分之三爲太。〕則南極入地亦然。仰儀準之，近南極四十度內，皆常隱界也。若四十一度以上，則所謂始周浸斷者也。至於離南極一象限，〔四分天周各九十一度奇，爲象限，銘蓋舉成數也。〕則爲赤道之齘，而居渾天腰圍矣。〔齘，齒相切之界縫也。考工記："函人衣之，欲其無齘也。"仰觀經緯之度，入算處並只一綫，故曰齘。〕凡晝夜時刻並宗赤道，赤道全周勻分百刻，以配十二時。仰儀赤道乃地平下半周，故列刻五十，配六時也。六時者，起卯正初刻，畢酉初四刻，皆晝時。仰儀赤道半周居地平下，而紀晝時者，日光所射，必在其衝也。〔日在卯，光必射酉；日在午，光必射子。餘時亦皆若是。〕

衡竿加卦，巽坤內也。以負縮竿，子午對也。〔子，元史作"本"。〕末旋機杖[一]，〔機杖，元史作"璣板"。〕籔納芥也。上下懸直，與鐝會也。視日漏[二]光，何度在也。

此仰儀上事件也。巽東南，坤西南，所定釜口之卦位也。橫竿之兩端加此二卦者，以負直竿也。直竿正與口爲平面，承之者必稍下，故曰"內"也。直

〔一〕末旋機杖，元史天文志一作"首旋璣板"。

〔二〕漏，元史天文志一作"透"。

竿加橫竿上如十字，其本在午，而末指子，故曰“對”也。直竿必圓，取其可以旋轉。而竿末則方，其形類板，板之心爲圓竅甚小，僅可容芥子，故曰“竅納芥”。竅即窾也。然必上下懸直，以爲之準。蓋直竿之長，適如半徑，其末端雖自午指子，實不至子，而納芥之竅正在釜口平圓之心。於此懸繩取正，則直線下垂，亦正直釜底鐡心，故曰“與鐡會也”。既上下相應，無豪髮之差殊，則竅納芥處亦即爲渾圓心矣。凡所以爲此者，以取日光，求真度也。何則？仰儀爲釜形，以象地平下之半天，而所測者地平上之天也，故必取其衝度以命之。而渾圓上經緯之相衝，必過其心。茲也璣板之竅，既在渾圓之最中中央，從此透日光以至釜底，視其光之在何度分，即可以知天上日躔之度分矣。漏，即透也。

暘谷朝賓，夕餞昧也。寒暑發斂，驗進退也。

　此詳言測日度之用也。虞書分命羲仲宅嵎夷，曰暘谷，寅賓出日；分命和仲宅西，曰昧谷，寅餞內日。此古人測日用里差之法也。今有此器，則隨地隨時可測日度，即里差已在其中，不必暘谷、昧谷，而寅餞之用已全矣。周禮以土圭致日，日至之影尺有五寸，爲土中。又取最長之影，以定冬至。此古人冬夏致日之法也。今有此器，以測日道之發南斂北，〔日躔在赤道以南謂之發，在赤道以北謂之斂，皆以其遠近於北極而立之名。〕則每日可知其進退之數，〔二分前後黃赤斜交，故緯度之

進退速；二至前後黄赤平行,故緯度之進退緩。細攷之,亦逐日各有差
數。〕不必待南至北至,而可得真度,視表影所測,尤爲
親切矣。

薄蝕終起,鑒生殺也。以避赫曦,奪目害也。

　　言仰儀又可以測交食也。〔日月交食,一曰薄蝕。〕曆
家之測驗,莫大於交食;而測算之難,亦莫如交食。
是故測食者,有食之分秒,有食之時刻,有食之方位。
必測其何時何刻於何方位初虧,爲食之起;何時何刻
於何方位復圓,爲食之終;何時何刻於何方位食分最
深,爲食之甚。自虧至甚,爲食之進;自甚至復,爲
食之退。凡此數者,一一得其真數,始可以驗曆之疏
密,以爲治曆之資。然太陽之光最盛,難以目窺。今
得此器,透芥子之光於儀底,必成小小圓象,而食分
之淺深進退畢肖其中。〔但蝕於左者,光必闕於右;蝕於右者,
光必闕於左。上下亦然,皆取其對衝方位。〕而時刻亦真,不煩
他器矣。古者日食修德,月食修刑,然春生秋殺之
理,固在寒暑發斂中。而起虧進退,尤測閾之精理。
此蓋與上文互見相明也。

南北之偏,亦可概也。極淺十七,林邑界也。深五十二,
〔元史作"五十奇"。〕**鐵勒塞也**[一]。**淺赤道高**[二],**人所載**[三]**也。夏永**

〔一〕深五十二鐵勒塞也,元史 天文志一在"猶少差也"句後,"深五十二"作
"深五十奇"。
〔二〕淺赤道高,元史 天文志一作"黄道夏高"。
〔三〕載,元文類作"戴"。

冬短,猶少差也。深故赤平[一],冬晝晦也。夏則不没,永短最也。〔載,當作"戴"。〕

　　此言仰儀之法,不特可施之大都,而推之各方,並可施用。因舉二處,以概其餘也。蓋時刻宗赤道,赤道宗兩極,而各方之人,所居有南北,北極之出地遂有高卑,而南極之入地因之有深淺。則有地偏於南,如林邑者,其地在交趾之南,是爲最南,故其見北極之高只十七度,即南極之入地亦只十七度,而爲最淺。又有地偏於北,如鐵勒者,其地在朔漠之北,是爲最北,故其見北極之高至五十餘度,即南極之入地亦五十餘度,而爲最深。南極入地淺,則赤道入地深,而成立勢,其赤道之半在地上者,漸近天頂,爲人所戴,故夏日亦不甚長,冬日亦不甚短,而永短之差少也。南極入地深,則赤道入地淺,而成眠勢,其赤道之半在地上者,漸近地平,繞地平轉,故冬日甚短而或至晝晦,夏晝甚長而日或不没,永短之最,斯爲極致也。〔按元史,鐵勒北極高五十五度,夏至晝七十刻,夜三十刻;北海北極高六十五度,夏至晝八十二刻,夜十八刻。未至於夏日不没,則冬亦不至晝晦。然北海之北尚有其北,北極有漸直人上之時。遠徵之周髀所言,近驗之西海所測,夏不没,冬晝晦,容當有之。銘蓋因二方差度,而遂以推極其變也。〕

〔一〕深故赤平,元史天文志一作"黄道浸平"。

二天之書，曰渾蓋也。一儀即揆，何不悖也〔一〕。以指爲告，無煩喙也。闇資以明，疑者沛也。智者是之，膠者怪也。

此言仰儀之有裨於推步也。渾天、蓋天，並古者測天之法，蓋同出於一源，傳久而分，遂成岐指。近代蓋天之說浸微，惟周髀算經猶存十一於千百，而習之者稀。今得此器，以肖地平下之天，雖常隱不見之南極，其度數皆如掌紋，而渾天之理賴以益明。即蓋天家所言七衡之說，並可相通，初無齟齬。然後知渾、蓋兩家，實有先後一揆，並行而不悖者矣。所以者何也？多言亂聽，喙愈煩而心惑。一儀惟肖，指相授而目喻也。由是而理之闇者，資之以明，從來疑義，渙然冰釋。雖其器創作，或爲膠固者之所怪，而其理不易，終爲明智者之所服矣。〔周髀算經云：“北極之左右，物有朝生暮穫。”趙爽注曰：“北極之下，從春分至秋分爲晝，從秋分至春分爲夜。”是北極直人上，而南極益深，爲人所履，赤道平偃，與地面平，日遂有時而不沒地，爲永短之最。觀於仰儀，可信其理。〕

過者〔二〕巧曆，不億輩也。非讓不爲，思不逮也。將窺天聯，造物〔三〕愛也。其有俟然〔四〕，昭聖代也。泰山厲〔五〕兮，

〔一〕“二天之書”至“何不悖也”，元史 天文志一作“安渾宣夜，昕穹蓋也。六天之書，言殊話也。一儀一揆，孰善悖也”。

〔二〕過者，元史 天文志一作“古今”。

〔三〕造物，元史 天文志一作“造化”。

〔四〕俟然，元史 天文志一作“俊明”。

〔五〕厲，元文類作“礪”。

河如帶也。黃金不磨，悠久賴也。鬼神禁訶，庶勿壞也〔一〕。

　　此承上文而深贊之也。言古來巧曆不可數計，然不知爲此者，豈其謙讓不遑乎？無亦精思有所未及耳。抑天道幽遠，將造物者不欲以朕兆令人窺測，而或有愛惜耶？其或待人而行，非時不顯，故若有所俟，必至聖代而始昭耶？然則茲器也，實振古所未有，而茲器之在宇宙間，亦當與天地而常存。雖泰山如礪，長河如帶，而茲器也悠久賴之，如黃金之不磨，而鬼神且爲之呵護，以庶幾勿壞矣。

　　按：史載斯銘，引古六天之説，而謂仰儀可衷其得失，是等蓋天於宣夜諸家，而歸重渾天也。然郭太史有異方渾蓋圖，固已觀其會通。茲則並舉渾、蓋，且以仰儀信其揆之一，蓋牧菴之曆學深矣，愚故以斷其爲重定之本也。學無止法，理愈析益精，古之人皆如是。上海徐公之治西曆也，開局後數年，推宗郭法，乃重於前。惟公則明，惟虛受益。好學深思者，其知所取法哉！

簡儀〔儀製詳元史。茲約舉爲銘，而文章爾雅，能略所詳，詳所略，與史相備，因併釋之。〕

舊儀昆侖，六合包外。經緯縱橫，天常衺帶。三辰内

〔一〕庶勿壞也，元史 天文志一作“勿銘壞也”。

循，黃赤道交。其中四遊，頮仰鈞簫。

　　此將言簡儀，而先述渾儀也。昆侖即混淪。古
者渾天儀渾圓如球，故曰"舊儀昆侖"也。渾天儀
有三重，外第一重爲六合儀，有地平環，平分廿四方
向，有子午規、卯酉規，與地平相結於四正，又自相結
於天頂，以象宇宙間四方上下之定位，故曰"六合包
外。經緯縱橫"也。又依北極出地，於子午規上數
其度分，命爲南北二極之樞。兩樞間中分其度，斜設
一規，南高北下，以象赤道之位，而分時刻，謂之天常
規，故又曰"天常衺帶"也。內第二重爲三辰儀，亦
有子午規、卯酉規，而相結於兩極，各爲樞軸，以綴於
六合儀之樞。中分兩極間度，設赤道規，與天常相
直。又於赤道內外，數南北二至日度，斜設一規爲黃
道。兩道斜交，以紀宿度，以分節氣，而象天體，故曰
"三辰內循，黃赤道交"也。內第三重爲四遊儀，亦有
圓規，內設直距，以帶橫簫。橫簫有二，並綴於直距，
而能運動，故可以上下轉而周窺；規樞在兩極，又可
以左右旋而徧測，故曰"其中四遊，頮仰鈞簫"也。

凡今改爲，皆析而異。鰇能疏明，無窒於視。

　　此承上文而言作簡儀之大意也。渾天儀經緯相
結，而重重相包。今則析爲單環，以各盡其用，故曰
"皆析而異"。各環無經緯相結，作之既簡，而各儀各
測，無重環掩映之患，故曰"疏明，無窒於視"也。

四遊兩軸，二極是當。南軸攸沓，下乃天常。維北歆

傾，取軸榘應。鏤以百刻，及時初正。赤道上載，周列經星。三百六十，五度奇贏。

　　此以下正言簡儀之製也。簡儀之四遊環，用法與渾儀之四遊同，而厥製迴異。原亦有經緯相結，今只一環，〔雖用雙環，而左右平列，無經緯相結，即如一環。〕又原在渾儀之內，爲第三重。今取出在外，而中分其環，命爲兩極。北極樞軸連於上規之心，南極樞軸在赤道環心，故曰"四遊兩軸，二極是當。南軸攸沓，下乃天常"也。天常即百刻環，與赤道相疊。言天常不言赤道，省文也。上規貫北雲架柱之端，赤道百刻疊置，承以南雲架柱，兩雲架柱斜倚之勢，並準赤道，但言"維北欹傾"者，省文互見也。兩並欹傾，則二軸相應如繩，正指兩極，而四遊環可以運動，其勢恒與上下兩規作正方折，其方中矩，故曰"取軸矩應"。此以上言四遊環也。百刻環勻分百刻，又勻分十二時，時又分初、正。此二句言百刻環也。赤道環疊於百刻環上，故曰"上載"。其環勻分十二次周天全度，於中又細分二十八舍距度，故曰"周列經星。三百六十，五度奇贏"也。〔百刻環，即六合儀上斜帶之天常；赤道環，即三辰儀之赤道。然皆不用子午規，而單環疊置，此其異也。〕

地平安加，立運所履。錯列[一]干隅，若十二子。

　　地平環分二十四方位，與渾儀同。〔干，八干，甲乙丙

丁庚辛壬癸。隅,四維,乾坤艮巽。十二子,支辰,子丑寅卯辰巳午未申
酉戌亥也。〕然彼爲六合儀之一規,此則獨用平環卧置,
以承立運,故曰"立運所履"也。立運環,渾儀所無,
兹特設之,以佐四遊之用。其製亦平環分度,而中分
之爲上下二樞,上樞在北雲架柱之橫軏,下樞在地平
環中心。二樞上下相應,如垂繩之立,而環以之運,
故謂之立運。

五環三旋,四衡絜焉。

　　一四遊,二百刻,三赤道,四地平,五立運,凡爲
環者五也。旋,運轉也。五環之內,百刻、地平不動,
四遊、赤道、立運並能運轉,是能旋者三也。衡即橫
簫,古稱玉衡。絜,猶絜矩之絜。用衡測天,如算家
之更術,絜而度之,以得其度也。簡儀之衡凡四,而
並施於旋環之上,故曰"五環三旋,四衡絜焉"也。
〔下文詳之。〕

兩綴闚距,隨捩留遷。欲知出地,究兹立運。去極幾
何,即遊是問。

　　兩者,兩衡。承上文四衡而分別言之,先舉其兩
也。兩者維何?一在立運環,一在四遊環也。闚,闚
管。距,直距。捩,關捩,即樞軸也。留遷者,言或留
或遷,惟人所用也。闚管綴於直距,有樞軸以轉動,
隨其所測,可以頫仰周闚,此兩衡之所同也,然各有
其用。欲知日月星辰何方出地及其距地平之高下,
則惟立運可以測之。若欲知其去北極遠近、幾何度

分，惟四遊可以測之。此又兩衡之所異也。

赤道重衡，四弦末張。上結北軸，移景相望。測日用一，推星兼二。定距入宿，兩候齊視。

　　前云四衡，而上文已詳其兩，尚有二衡，復於何施？曰：並在赤道環也。赤道一環，何以能施二衡？曰：凡衡之樞在腰，而此二衡者，並以赤道中心之南極軸爲軸，重疊交加，可開可合，故曰“重衡”也。衡既相重，故不曰闚衡，而謂之界衡。界衡之用在綫，不設闚管也。用綫奈何？其法以綫自衡樞間，循衡底之渠，貫衡端小孔上出，至北極軸，穿軸端所結綫，折而下行，至衡之又一端，入貫衡端小孔，順衡底渠，至衡中腰結之。如此，則一綫折而成兩，並自衡端上屬北極，其勢斜直，張而不弛。半衡如句，而綫爲之弦。一衡首尾二綫，重衡則四綫矣，故曰“四弦末張”。末，指衡端。張者，狀其線之弦直也。北軸，即北極之軸，穿綫處也。四弦線並起衡端，而宗北極，故又曰“上結北軸”也。景，謂日影。移衡對日，取前綫之景，正加後綫，則衡之首尾二綫與太陽參直，故曰“移景相望”也。衡上二綫既與太陽參直，則界衡正對太陽。衡端所指，即太陽所到。加時早晚、時初時正、何刻何分，並可得之。〔百刻環中具列其數。〕則一衡已足，故曰“測日用一”也。測星之法，移衡就星，用目睨視，取衡上二綫與其星相參值，則爲正對，與用日景同理。但須二衡並測，故曰“推星兼二”也。

二衡並測奈何？曰：二十八舍皆有距星，以命初度。若欲知各宿距度廣狹者，法當以一衡正對距星，又以一衡正對次宿距星，則兩衡間赤道度分，即本宿赤道度分矣。若欲知中外官星入宿深淺者，法當以一衡對定所入宿距星，復以一衡正對此星，稽兩衡間赤道，即得此星入宿度分矣。既用二衡，即亦可兩人並測，故曰"定距入宿，兩候齊視"也。

巍巍其高，莫莫其遙。蕩蕩其大，赫赫其昭。步仞之間，肆所賾考。明乎制器，運掌有道。法簡而中，用密不窮。歷考〔一〕古陳，未有〔二〕侔功。猗與皇元，發帝之蘊。畀厥羲和，萬世其訓。

　　簡儀之製及其用法，上文已明，此則贊其制作之善，歸美本朝也。言天道如斯高遠，乃今測諸步仞之間，如示諸掌，則制器有道耳。其爲法也，簡而適中；其爲用也，密而不窮。歷攷古制，未有如我皇元斯器之善者，誠可以垂之久遠也。

　　按：郭太史守敬授時曆，得之測驗爲多。所製簡儀，用二綫以代管闚，可得宿度餘分，視古爲密。然推星兼二之用，史志未言，得斯銘以補之，洵有功於來學。

　　或問：渾儀如球，而簡儀之五環三旋，並只單環。何也？曰：渾儀雖如球，而運規以測，亦止在單環之

〔一〕考，元文類作"校"。
〔二〕有，元文類作"與"。

上。今以單環旋而測之，即與渾儀無二，而去其繁複之累與測時掩暎之患，以較渾儀，不啻勝之。今者西器，或用一環之半，爲半周儀；或四分環之一，爲象限儀，並因此而益簡之。以測渾體，初無不足。

然則世有謂郭公陰用回回法者，非與？曰：非也。元世祖初，西域人進萬年曆，稍頒用之。未幾旋罷者，以其疏也。今札馬魯丁之測器，具載史志，其所爲晷景堂、地里志者，無有與郭公相似之端。至於綫代管闚，實出精思創制。今西術本之，亦以二綫施於地平儀，而反謂郭公[一]陰用回曆，是未讀元史也。

〔一〕公，原作“云”，據輯要本改。

兼濟堂纂刻梅勿菴先生曆算全書

曆學駢枝〔一〕

〔一〕該書成於康熙元年,是梅文鼎第一部曆算著作。康熙四十五年,直隸守道金世揚刻於保定,前有金世揚康熙四十五年序。書凡四卷,卷一爲大統曆步氣朔,卷二、卷三爲大統曆步交食,卷四爲立成。其内容與勿庵曆算書目所著録曆學駢枝二卷與元史曆經補注二卷相當。其中,曆學駢枝二卷相當於康熙刻本卷二與卷三,元史曆經補注相當於康熙刻本卷一與卷四。曆算全書本據康熙本收録,删去金世揚序,於卷首增加"日月食食分定用分説""月離定差距差説""月離赤道正交宿度"十一紙内容。四庫全書本删去"日月食食分定用分説"諸目,將"自叙""釋凡"等收入卷二十,正文四卷收入卷二十一至卷二十四。梅瑴成兼濟堂曆算書刊謬云:"此李相國已刻之書,並無訂補處,惟'日月食食分定用分説'及交食各圖共十一頁係新增,宜附四卷末。"梅氏叢書輯要以平立定三差詳説"並爲闡明授時精義之書,故以類附入",增曆學駢枝爲五卷,收入卷四十一至卷四十五。輯要本删除曆算全書本卷首所增"日月食食分定用分説"文字及交食各圖,而將"月離定差距差説""月離赤道正交宿度"兩目文字部分附入卷五末尾。另外,勿庵曆算書目曆學類著録明史曆志擬稿三卷,即四庫全書所收大統曆志八卷,其卷四、卷五立成,與曆學駢枝卷四内容相當;其卷六至卷八步交食,與曆學駢枝卷三、卷二内容相當。二書成非一時,相同内容的文字或有出入,本次點校過程中,對二者重要的異文情況以校勘記形式予以揭示。

曆學駢枝自敘

曆猶易也，易傳象以數；猶律也，律製器以數。數者，法所從出，而理在其中矣。世乃有未習[一]其數，而嘐嘐然自謂能知曆理，雖有高言雄辨，廣引博稽，其不足以折疇人之喙，明矣。而株守成法者，復不能因數求理，以明其立法之根。於是有沿誤傳訛而莫之是正，曆所以成絕學也。然理可以深思而得，數不可鑿空而撰。然則苟非有前人之遺緒，又安所衷乎？

鼎自童年受易於先大父，又側聞先君子餘論，謂象數之學，儒者當知，謹識之不敢忘。壬寅之夏，獲從竹冠倪先生受臺官通軌、大統曆算交食法，歸與兩弟依法推步，疑信相參。乃相與晨夕討論，爲之句櫛字比，不憚往復求詳。遇所難通，則廢眠食以助其憤悱。夫然後氣朔發斂之由、躔離朓朒之序、黃赤道差變之率、交食起虧復滿之算，稍稍闚見藩籬。迺知每一法必有一根，而數因理立，悉本實測爲端，固不必強援鐘律，牽附蓍卦。要其損益進退，消息往來，於易於律，亦靡弗通也。爰取商確之語，錄繫本文之下。義從淺近，俾可共曉；辭取明暢，不厭申重。庶存一時之臆見，以爲異時就正之藉。雖於曆學未必有

〔一〕習，輯要本作“盡”。

裨,亦如駢拇枝指,不欲以無用摺之云爾。

　　康熙元年歲在元黓攝提格相月既望又三日,宣城 山口 梅文鼎書於陵陽之東樓。

釋凡四則

一印心

　　曆生於數，數生於理。理與氣偕，其中有神。賾焉而不亂也，變焉而有常也。於是聖人以數紀之，堯命羲、和，舜在璣衡，皆是物也。中遭秦炬，先憲略亡。自太初以後，作者數十家，人各效才，王、郭肇興，大成斯集。夫天不變，理亦不變。故歷代賢者，往往驗天以立法。要皆積有其畢生之精力，始得其一法之合於理。有聖人雖起，不復能易者，而後垂之不刊以至今。鼎何人也，敢與於斯？夫創起者難爲功，觀成者易爲力。昔人緣理以立數，今兹因數以知理，期以信吾心焉耳矣。所不能信者，不敢知也。其或章句繁複，往復諄然。夫必如是，而後自信以信於古人。僭越獲罪，既無所逃，拘滯固陋，詒誚通方，幸有以教。

一存疑

　　大統曆法所以仍元法不變者，謂其法之善，可以永久也。夫既仍辛巳之元，合用授時之數。乃以今所傳較之曆經，參伍多違，豈別有說？愚故不能無疑也。按：曆經上考往古，則歲實百年長一，周天百年消一；下驗將來，則歲實百年消一，周天百年長一。此其據往以知來，自堯典胤征，降而諸史所載，可以數求者，當時則既一一驗之矣，而今所傳歲實一無消長。此其可疑一也。

又按：曆經諸應等數，隨時推測，不用爲元，固也。今則氣應仍是五十五日〇六百分，周應仍是箕十度。至於閏應，原是二十〇萬一千八百五十分，今改爲二十〇萬二千〇五十分，較授時後二百分。轉應原是一十三萬一千九百〇四分，今改爲一十三萬〇千二百〇五分，較授時先一千六百九十九分。交應原是二十六萬〇千一百八十七分八十六秒，今改爲二十六萬〇千三百八十八分，較授時後二百〇〇分一十四秒。或差而先，或差而後。以之上考辛巳，必與元算不諧。若據曆經以步今茲，亦與今算不合。然則定朔置閏、月離交會之期，又安所取衷也？豈當時定大統曆，有所測驗而改之與？夫改憲則必另立元，今氣應、周應俱同，而獨於數者有更。此其可疑二也。

又按：曆經盈縮、遲疾皆有二術，其一術不用立成，其一術用立成，然只有用之之法而無其圖。其遲疾圖則又仍如古式，只二十八日母數，而無逐限細率。意者當時修史者之遺忽與？抑有所禁秘也？今據此所載立成以求盈縮，二術俱諧；以求遲疾，則自八十三限以至八十六限，與前術有所不合，意其所謂立成者有異與？據元史，王恂先卒，其立成之藁俱未成書，郭公守敬爲之整齊，意者曆經前術爲王公未定之藁與？此其可疑三也。

又如日月食開方數，乃所求食分橫過半徑之數。據曆經，皆五千七百四十乘之，今改月食者爲四千九百二十乘，是所測闇虛小於原所測者二十分也，則其所測月輪圓徑亦小於原測一十分也。苟非實有測驗於天，又何敢據此以非彼與？苟非於交食之際立渾比量，周徑縱橫之數何從而定與？苟非於虧復之際下漏刻以驗之，定用分之多少何自而知與？此其可疑四也。

又有自相背馳，如立成所載日出入半晝分，是自冬至、夏至後順數，只問盈縮，不言初末。而通軌求日出入法，又似有初末二圖，此皆不可意斷者。至於晝夜永短，與元史所載大都刻數不同。則以北極高下，黃道因之，所在而殊，理固然也。然篇首既不言郡省，撰名復載王恂，豈當時九服晷漏之永短皆推有圖，而元史止載其一歟？然畢竟此所列者，據何地爲則也？此其可疑五也。

凡此數端，同異出入，未敢偏據。姑即所傳，略附箋疏，去取是非，俟之君子。

　一刊誤

大抵一書傳經數手，多非其舊，或謄寫魯魚，或簡編蠹蝕，故君子慎闕疑也。乃若專守殘文，習焉不察，有所未解，强入以己意參之，遂使斲輪不傳，糟粕并失，金根輒改，燕郢何憑？今於其尤繆亂者，是正數

條。或據曆經，或據本書，非敢逞私憑臆，以重獲戾[一]
於古今也。

一者日月食限，乃算家所憑以定食不食者也。而
今所載，或失而出，或失而入。失而入，不過虛費籌策
而已；失而出，則將據此以斷不食，其有不合，將以疑
立法之不詳。今皆據陰陽食限，極之諸差所變，以爲常
準。即據本書以定，似爲稍密，脱有不合，其必非本算
所能御矣。其日食夜刻、月食晝刻，亦據本書及曆經所
載時差并定用分得之。其月帶食，若據曆經定用分，尚
有微差，亦不多也。

一者月食時差分，據曆經爲定。蓋歷考古曆，皆與
此所載不合，故斷從曆經。

一者黄道定積度，原以歲差推變，自大衍以後，爲
法略同。今若定鈐，何異膠柱？今斷從曆經，仍以天啓
辛酉一年步定爲式。

一者月食既内分。據曆經，原以既内分與一十分
相減相乘，平方開之也。今則訛爲一十五分。夫月食
十分而既，其既内五分，倍之爲十分而止矣，安得有所
謂既内十五分乎？今以弦較求勾股法，求得既内小平
圓積數，皆與所求相應，一如曆經原法，故斷從之，别有
圖説以證其理。

一者日月帶食。凡日出入分在初虧已上、復圓已

〔一〕戾，四庫本作“戾”，大統曆志卷六作“罪”。

下，是爲帶食而出入也。今則訛爲初虧已上、食甚已
下，是得其半而失其半。求之曆經，亦復仍訛。故愚亦
不敢全據曆經者，謂有此等處也。今據後已復光未復
光條，改爲復圓分已下，厥數實諧，於理亦暢。又月食
通軌前所録數，定望并晨昏分下注誤；又月食分秒定子
法誤；又月食定用分并既内分定子俱誤；又月食更點歸
除法并定數法俱誤；又逐求次年天正交泛分條，誤多有
閏無閏每月加數，今皆刊正。

一補遺

　算有所必不可略，句與字有所必不可無，而或無
之，或略之，則非作法者之故爲秘惜也。如日食交前後
條，正交交定度在七度已下，數雖在正交度下，而實則
陽曆交後度也。法宜加交終度減之，此算之所必不可
略者也。乃此書既不之載，至元曆經亦復闕焉，何也？
夫此亦數之易知，當必非所甚秘，豈非梨棗鉛槧者之責
乎？將謂精於算者自能知之，而無所用書歟？今輒斷
之以理，重爲補定，古人而得見我，何以幸教之也？〔續
讀學曆小辨所載大統交食法，有“在七度以下，食在正交”語，足與愚説相
證。〕又如定子法，爲乘除後進退而設，甚便於初學。其
立法立意，不可謂不至也。乃多有遺去“言十定一，不
滿法去一”二語者，夫定子所以御乘除之變，而此二語
又所以通定子之窮，若無此二語，則何如不定子之爲愈
乎？又如求天正赤道、黄道度二條，皆不用定子。夫赤
道不定子，知其所減者爲度位乎？爲分位乎？黄道乘

除不用定子,固也,然何以處夫除不滿法與夫減過積度
只剩秒微者乎？又如食甚入盈縮條遺食甚"甚"字,卯
酉前後條遺定望"望"字。凡此皆字與句之所必不可
無者也,今皆補定。

曆學源流^{〔一〕}

夫治曆以明時，乃古今之大典。而氣朔爲之首章，以總七政之要。當時有載太史令郭公守敬因氣朔之不齊，遂攷景以驗氣。更立四十尺之表，測至元十八年辛巳歲前天正冬至恒氣，日則己未丑初一而爲元，曰授時，謂授人時而已。距來歲之冬至，則三百六十五萬二千四百二十五分，爲一歲之實。以二十四氣約之，是知每氣一十五萬，餘二千一百八十四分三十七秒半，爲之氣盈。一月凡二氣，計盈四千三百六十八分七十五秒也。其月有遲疾，而三十日之間，與日會之同度曰合朔。然此非交食無以攷也。今朔距來朔，則二十九萬五千三百〇五分九十三秒，爲朔實。是知一朔之實而少四千六百九十四分〇七秒，不及三十日，爲之朔虛。併一月之氣盈，得九千〇百六十二分八十二秒，曰月閏。積一年，凡一十〇萬八千七百五十三分八十四秒，曰歲閏。積三年而過朔實有三萬餘，是三年一閏，而名曰正閏。積五年復成再閏，稍未及二朔之實。積十九年成七閏，爲一章之終，亦不及七朔實之八百餘分也。所以五年之十九年

〔一〕輯要本無此文。

之閏，皆曰餘閏。稽之於韻，閏即餘也，餘即閏也，故曰
"閏餘成歲"。曆之既成，在元凡八十七年。迨至我朝尤
重之，勅太史令王公恂撰之立成，元公統注諸通軌，契曆
經不言之奧，開來學未遇之疑。既而更太史院爲欽天監，
實敬天勤民之盛心；授推步官爲保章正，乃設職從政之美
意，又何以加於是乎？故爲序。

　　右曆學源流一篇，不知誰作。味其語意，首言氣
朔爲首章，蓋即首章之序也。案元史授時曆經本有七
章，曰氣朔，曰發斂，曰日躔，曰月離，曰中星，曰交會，
曰五星。而本書合氣朔、發斂爲一章，又取日躔章之盈
縮差、月離章之遲疾差，使相附麗，則經朔之後，即求定
朔，頗便於用，大致亦本曆草也。然不用授時消分，則
元統氏之爲也。元統所傳曆法，於日躔、月離、交會、
五星皆有通軌，而此章獨無。蓋久爲疇人所習，簡明易
知，無煩改作也。作此序者，又在元統之後。其言氣盈
朔虛置閏，甚有原委，字句樸簡，猶存古意，故仍冠其首。

曆學駢枝總目

附日月食食分定用分説

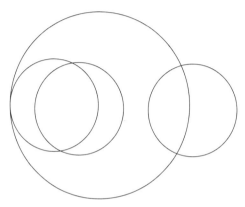

　　日食二十分者，并日月兩圓徑也。日徑十分，月掩日之影亦十分，兩圓徑相掩而過，共二十分，因借爲二十分大圓徑算之也。其法以日體十分爲主，四旁各虚借五分，則二十分矣。虚借五分者何也？是從掩日之月影中心起算也。自月影中心至日體，得五分；又至體中心，得十分。然則自月中心掩日而過，又至月中心^(一)，則二十分矣，以此借爲二十分大圓。假如日食一分，則月心侵入大圓亦一分，以此爲勾較，用減二十分，餘十九分爲勾弦和。和較相乘，平方開之，得四分又九分之三爲股。股者，即是虚借大圓中月心横過之徑也。其在日體與月影相掩横

〔一〕“又至體中心”至“又至月中心”，二年本原作“又至日中心”，底本挖板補刻。

過之徑,實二分又九分之一半,因上下相掩,故其數常倍。以倍故,虛借爲大圓。

本法:半日食分爲勾較,與日體十分相減,餘爲和。和較相乘,平方開之,得數爲股,倍之爲大股。

月食三十分者,并闇虛與月大小兩員徑也。月徑十分爲小員,闇虛徑二十分爲大圓。兩圓徑相掩而過,共三十分,因借爲三十分大圓徑算之也。其法以闇虛二十分爲主,四旁各虛借五分,則三十分矣。虛借亦五分者,何也?是亦從月體中心起算也。自月體中心至闇虛,得五分;又至闇虛中心,得十五分。然則自月中心行過闇虛,又至月中心,則三十分矣。以此借爲三十分大圓。假如月食五分,則月心侵入三十分大圓亦五分,以此爲勾較,用減三十分,餘二十五分爲勾弦和。和較相乘,平方開之,得十一分又二十三分之四爲股。股者,亦即是虛借大圓中月心橫過之徑也。其在闇虛橫過之徑,實七分又二十三分之十,小分三之一。加入月體見食橫過之徑,實三分又二十三分之十六,小分三之二。兩徑相掩而過,合之得大股。以此故,虛借爲三十分。

本法:三除月食分秒爲勾,與月體十分相減,餘爲勾弦和。和較相乘,平方開之,得爲股,三之爲大股。

何以半日食分也?日食分秒是月侵入日體之數,在食甚時見之,其數自南至北;而日月相掩橫過之徑,合初虧至復末見之,其數自西至東,而其南北分數正得食甚之半也。假如日食十分,此所推南北相掩之數也,然必至食

甚時乃有十分。其初虧正西、復末正東,在南北之中正得
五分耳。餘分可推。

　　何以三除月食分也?月食分秒是月侵入闇虛之數,
亦在食甚時見之,其數亦自南而北;而月行過闇虛相掩
之横徑,亦是初虧、復末見之,其數自東而西,而其南北分
數正得食甚三之一也。假如月食十五分,此所推日與闇虛
南北相掩之數也。蓋月食既已得十分,而闇虛倍大於月,
食既後侵入闇虛正中,則四面皆空五分,故曰十五分,此亦
必食甚時見之。其初虧正東、復圓正西,在月體十分南北
之中,亦正得五分,爲三之一耳,故法以月食分三除之也。

日月交蝕圖

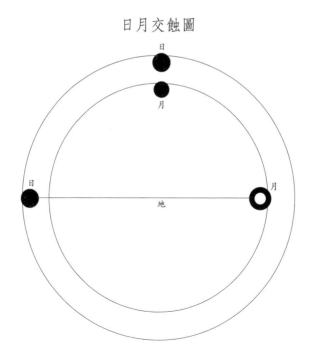

弦較求股圖一

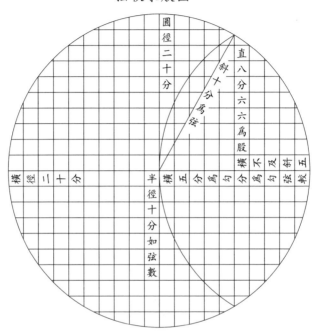

附月離定差距差説〔一〕

定差者，以定月離去極南北之度。距差者，以定月離正交赤道距二分之度也。

初末限度，月正交黄道度距二至黄道之數也。其距二至滿象限數，則其定差十四度六十六分，而無距差；其月正交度若正當二至黄道，則其距差十四度六十六分，而無定差。是故距差者，以距二分之度而差；定差者，以距二至之度而差也。其定差若滿十四度六十六分，則其加減差滿二十四度。蓋此時月之正交適當二分之黄道，則其半交正當二至，其距二至黄道已滿象限九十一度餘也。若月之正交適當二至之黄道，則既無定差，亦更無加減差〔二〕。

若月正交在春分度，則其定差十四度六十六分，其減差二十四度，其定限度七十四度。

月正交在秋分度，則其定差十四度六十六分，其加差二十四度，其定限度一百二十二度。此加減差，是月道半交去極度數。

〔一〕輯要本此條及後條附入平立定三差詳説卷末，此條目下有小字："此定差非平立定三差之定差也。"
〔二〕差，輯要本作"矣"。

月正交在二至度, 無定差, 亦無加減差, 其定限度九十八度。

九十八度是赤道外六度有奇, 乃月道出入黄道度并赤去極度之數。

求月離赤道正交宿度^{〔一〕}

月正交當冬至度，則其距差十四度六十六分，其加差亦十四度六十六分；月正交當夏至度，則其距差十四度六十六分，其減差亦十四度六十六分。

月正交當二分度，則無距差，亦無加減差。

前所推正交初末限度數者，是月道與黃道相交之處。今以所求距差加減春秋二正赤道度，便知月道與赤道相交之處也。蓋春秋二正原是黃道、赤道相交之處，故月道之交於赤道，亦必在此，其差而前後，不過十四度六十六分而止也。

冬至後黃道，是自赤道外而交於其內；月道之正交，是自黃道內而交於其外。故月道之正交黃道若在冬至後初限，則其正交於赤道也，斜而出於春分日道之前，故以差加也。餘倣此。

月正交黃道在二分度，則其半交黃道在二至度，其定差十四度六十六分，則其加減差至六度有零。蓋此時月道之交於赤道，亦正在春秋分度也，故其半交亦正在二至度也。

若月正交黃道在二至度，則其半交在黃道二分度，其

〔一〕月離赤道正交宿度，輯要本訛作"月離正赤道交宿度"。

定差無,則其於二十三度九十分,無所爲加減差。蓋此時月道之交於赤道,差於春秋分十四度餘,故其半交亦差於二至度十四度餘也。

周天六之一者,乃赤道每象九十一度差率之積也。以此除半交白道出入赤道度爲定差,蓋白道半交正在距交一象之度也。

月食定用分圖一

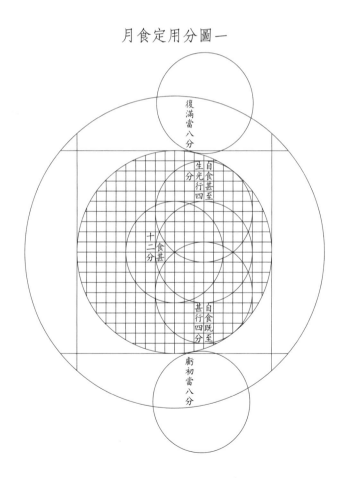

月食定用分圖二

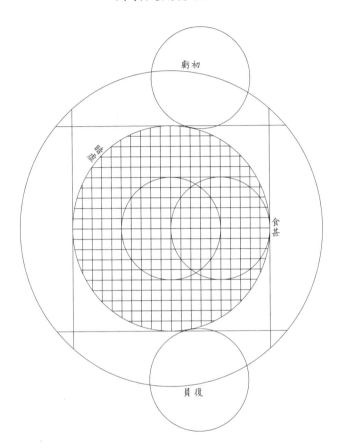

日食甚時差圖

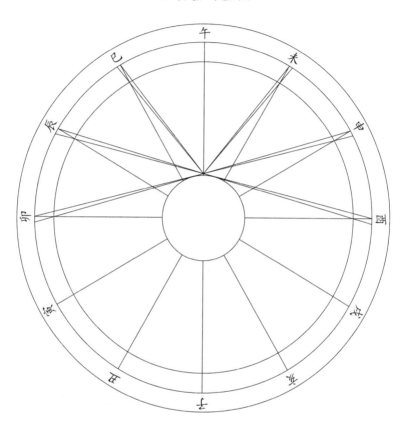

　　中圓者爲地平，外圓者爲天渾，附天渾內圓者爲黃道，黃道內圓者爲白道。黃道、白道平合於十二辰，人自地上觀之，故差也。

黃赤道差變圖

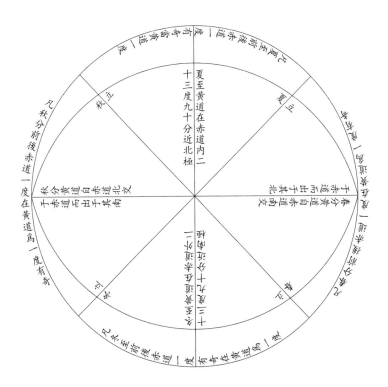

曆學駢枝目次^(一)

〔一〕以下卷一目次原在曆学駢枝總目後，今依序移至此處。

歷學駢枝卷一

宣城梅文鼎定九著　男以燕正謀參　孫　毂[一]成玉汝
　　　　　　　　　　　　　　　　　　玕成肩琳
柏鄉魏荔彤念庭輯　　　　　　　男　乾敫一元
　　　　　　　　　　　　　　　　士敏仲文
　　　　　　　　　　　　　　　　士說崇寬同校
　　　　　　　　錫山後學楊作枚學山訂補

大統曆步氣朔用數目錄

元世祖至元十七年辛巳歲前天正冬至爲曆元。

　　按：古曆並溯太古爲元，各立積年，未免牽合，故久而多差。惟授時曆不用積年，截用至元辛巳爲元，一憑實測，而無假借。故自元迄明，承用三四百年，法無大差。以視漢晉唐宋之屢改屢差，不啻霄壤，故曰授時曆集諸家大成。蓋自西曆以前，未有精於授時者。徐文定公曆書亦截崇禎戊辰爲元，而廢積年，用此法也。〔又按：大統曆以洪武甲子爲元，然易其名，不易其實。故臺官布算，仍用至元辛巳也。〕

周天三百六十五萬二千五百七十五分。

半周一百八十二萬六千二百八十七分半。

〔一〕毂，原作“玕”，據刊謬改。

天體渾員，自角初度順數至軫末度，得周天度
分。均剖之，即半周天〔一〕。

按：天本無度，因日躔而有度。古曆代更，天
度異測。授時曆用簡儀實測當時度分，視古爲密。

度法一萬分。

按：古曆以日法命度，並有畸零。〔如太初曆以
八十一分爲日法，大衍曆以三千四百分爲日法，而度法因之，亦有畸
零。〕惟授時曆不用日法，故一度即爲一萬分。而周
天三百六十五度二五七五，即命爲三百六十五萬
二千五百七十五分。此王、郭諸公之卓見，超越千
古也。又按：授時曆周天百年長一，今大統不用，
此其與授時微異者也。

歲周三百六十五萬二千四百二十五分。

歲周，一名歲實。自今歲冬至數至來歲冬至，
得此日數，實不及天周一百五十分，而歲差生焉。

半歲周一百八十二萬六千二百一十二分半。

均剖歲周也。自天正冬至算至本年夏至，又
自本年夏至數至本年冬至，其日數並同。

氣策一十五萬二千一百八十四分三十七秒半。

置歲周日數，以二十四氣平分之，得此日數，
謂之恒氣。

日周一萬分。〔自今日子正至來日子正，共得此數。〕

───────────────

〔一〕均剖之即半周天，輯要本無。

刻法一百分。〔每日百刻故也。〕

旬周六十萬。〔自甲子至癸亥六十日之積分。〕

紀法六十日。〔即旬周也。〕

　　按：日周一萬分，乃整齊之數，故旬周亦整六十日也。太陽行天，每日一度。前云度法萬分者，亦以此也。並以整萬分立算，而無畸零，故曰不用日法也。又按：授時曆歲周，上考已往，百年長一分；下推將來，百年消一分。大統省不用，故不言也。

通餘五萬二千四百二十五分。

　　置歲周，減六旬周，得餘此數，即五日二十四刻二十五分，乃一年三百六十日常數外之餘日餘分。

氣應五十五萬〇千六百分。

　　此授時曆所用至元辛巳天正冬至爲元之日時也，是爲己未日丑初一刻，乃實測當時恒氣之應。上考已往，下求將來，並距此立算，以此爲根也。其數自甲子日子正初刻算至戊午日夜子初四刻，得五十五日；又自己未日子正初刻算至丑初一刻，得六刻，合之爲五十五萬零六百分。

歲策三百五十四萬三千六百七十一分一十六秒。

　　此十二朔策之積也。自今年正月經朔至來年正月經朔，得此積分。或置歲實，內減歲閏，亦同。

朔策二十九萬五千三百〇五分九十三秒。

　　此太陰與太陽合朔常數，乃晦、朔、弦、望一周也。自本月經朔至次月經朔，得此積分。又謂之朔實,乃十二分歲策之一。

望策一十四萬七千六百五十二分九十六秒半。

　　　此朔策之半,乃二十四分歲策之一。自經朔
　　至經望,又自經望至次月經朔,並得此數。又謂之
　　交望。

弦策七日三千八百二十六分四十八秒二五。

　　　此望策之半,乃四分朔策之一。自經朔至上
　　弦,又自上弦至經望,又自經望至下弦,自下弦至
　　次月經朔,其數並同。

月閏九千〇百六十二分八十二秒。

　　　此一月兩恒氣與一經朔相差之數。置氣策倍
　　之,得三十〇萬四千三百六十八分七十五秒,內減
　　朔策得之。

歲閏一十〇萬八千七百五十三分八十四秒。

　　　此十二個月閏之積也,亦名通閏。

閏應二十〇萬二千〇百五十〇分。

　　　此至元辛巳爲元之天正閏餘也,蓋即己未冬
　　至去經朔之數。當時實測得辛巳歲前天正經朔,
　　是三十四萬八千五百五十分,即至元庚辰年十一
　　月經朔,爲戊戌日八十五刻半,爲戌正二刻也。

閏準一十八萬六千五百五十二分〇九秒。

　　　置朔策,內減歲閏得之。

盈初縮末限八十八日九千〇百九十二分二十五秒。

　　　此冬至前後日行天一象限之日數。蓋冬至前

後一象限,太陽每日之行過於一度故也。〔四分歲周
所行度,得九十一度三一〇六二五,爲一象限。〕

縮初盈末限九十三日七千一百二十〇分二十五秒。

　　　此夏至前後日行天一象限之日數也。蓋夏至
前後一象限,太陽每日之行不及一度故也。

　　　按:盈初者,定氣冬至距定氣春分之日數;縮
末者,定氣秋分距定氣冬至之日數也。此兩限者,
並以八十八日九十一刻稍弱而行天一象限。縮
初者,定氣夏至距定氣秋分日數;盈末者,定氣春
分距定氣夏至日數也。此兩限者,並以九十三日
七十一刻有奇而行天一象限。今現行時憲曆節氣
有長短,即此法也。

　　　又按:古曆,每日行一度,原無盈縮。言盈
縮者,自北齊張子信始也。厥後隋劉焯、唐李淳
風、僧一行言之綦詳。歷宋至元,爲法益密。然不
以之注曆者,爲閏月也。大衍曆議曰:"以恒氣注
曆,定氣算日月食。"由今以觀,固不僅交食用盈
縮也,凡定朔、定望、定弦,無處不用。但每月中
節仍用恒氣,不似西洋之用定氣耳。西洋原無閏
月,祇有閏日,故以定氣注曆爲便。若中土之法,
以無中氣爲閏月,故以恒氣注曆爲宜。治西法者
不諳此意〔一〕,輒訶古法爲不知盈縮,固其所矣。

────────────

〔一〕此意,原作"比氣",輯要本改作"此氣",均與文意不符,今據康熙本改。

轉終二十七萬五千五百四十六分。

　　　此月行遲疾一周之日數也。內分四限，入轉
初日，太陰行最疾，積至六日八十餘刻而復於平
行，謂之疾初限。厥後行漸遲，積至十三日七十七
刻奇而其遲乃極，謂之疾末限。於是太陰又自最
遲以復於平行，亦六日八十餘刻，謂之遲初限。厥
後行又漸疾，亦積至十三日七十七刻奇，其疾乃
極，如初日矣，謂之遲末限。合而言之，共二十七
日五十五刻四十六分而遲疾一周，謂之轉終也。

轉中一十三萬七千七百七十三分。

　　　即轉終之半。〔解見上文。◎其數一名小轉中。〕

轉差一萬九千七百五十九分九十三秒。

　　　置朔策，內減轉終得之。乃相近兩經朔入轉
之相差日數也。

轉應一十三萬〇千二百〇五分。

　　　此至元辛巳天正冬至日入轉日數也。蓋實測
得冬至己未日丑初一刻，太陰之行在疾末限之末
日也。

交終二十七日二千一百二十二分二十四秒。

　　　此太陰出入黃道陽曆、陰曆一周之日數也。

交差二日三千一百八十三分六十九秒。

　　　置朔策，內減交終得之。乃相近兩經朔入交
之相差日數也。

交應二十六萬〇千三百八十八分。

此至元辛巳天正冬至入交泛日也。〔乃實測冬至
己未日丑初一刻月過正交日數。〕

氣盈〇日二千一百八十四分三十七秒半。

此氣策內減十五整日外餘此數。〔一月兩恒氣，共
盈四千三百六十八分七十五秒。〕

朔虛〇日四千六百九十四分〇七秒。

置三十日，內減朔策得之。乃一朔策少於常
數三十日之數。

沒限〇日七千八百一十五分六十二秒半。

置日周一萬，內減氣盈得之。

土王策一十二日一千七百四十七分五十〇秒。
又土王策三日〇千四百三十六分八十七秒半。

按：土王策一名貞策。置歲實，以五除之，得
七十三日〇四八五，爲一歲中五行分王之日數。
又爲實，以四除之，得一十八日二六二一二五，爲
每季中土王日數。內減氣策，得餘三日〔〇四三六
八七五〕，爲土王策，乃自辰、戌、丑、未四季月中氣日
逆推之數。土王策四因之，得十二日〔一七四七五〕，
亦爲土王策，乃自四季月節氣日順數之數。二者
只須用一，今並存者，所以相考也。

宿會二十八萬。
宿餘分一萬五千三百〇五分九十三秒。

日直宿二十八日一周，是爲宿會。以宿會減
朔實，得宿餘。

限策九十〇限〇六八三〇八六五。

　　　置弦策，以十二限二十分乘之，得此數。故以
全加，得次限。

限總一百六十八限〇八三〇六〇。〔一名中限。〕

　　　置小轉中，以十二限二十分乘之，得此數。故
限策加滿，則用以全減。

朔轉限策二十四限一〇七一一四六。

　　　置轉差，以十二限二十分乘之，得此數。故以
全加，得次朔限。

　　　按：以上三者，爲求遲疾限之捷法。然可不
用。蓋既有日率相減之法，則十二限二十分乘之
法，已爲筌蹄，何況限策？

盈策六十九萬六千六百九十五分二十八秒。

　　　置氣盈分爲實，以氣策除之，得每日盈一百
四十三分五三四七七五。轉用爲法，以除日周，得
每六十九日六六九五二八而盈一日，是爲盈策。
故以加盈日，即得次盈。

虛策六十二萬九千一百〇四分二十二秒。

　　　置朔虛分爲實，以朔策除之，得每日虛一百
五十八分九五六一七一。轉用爲法，以除日周，得
六十二日九一〇四二二，而虛一日，是爲虛策。故
以加虛日，即得次虛。

大統曆步氣朔法

求中積分

置歲實三百六十五萬二千四百二十五分爲實，以距至元辛巳爲元之積年減一爲法乘之，即得其年中積分。〔定數：以歲實定六子，以積年視有十年定一子，百年定二子，乘法言十加定一子，得數後，共以八子約之爲億也。〕如徑求次年中積分者，加一歲實，即可得之。

中積分者，自所求年天正冬至逆推至辛巳爲元之天正冬至，中間所有之積日積分也。積年減一者，以歲前天正冬至爲立算之根故也。假如康熙元年壬寅，距至元十七年辛巳，該三百八十二算，法祇以三百八十一年入算，是爲減一用之也。蓋欲算本年之氣朔，必以年前天正冬至爲根，是所求康熙壬寅年之中積分，乃順治辛丑年十一月冬至之數故也。

定子法者，爲珠算定位設也。其法十定一子，百定二子，千定三子，萬定四子，十萬定五子，百萬定六子，千萬定七子，億萬定八子。歲實首位是三百萬，故定六子。積年有十定一，有百定二，皆一法也。言十加定一子者，以乘法首位言之。凡法首位與實首位相呼九九數，有言十之句，則得數進一位，故加定一子。此條原文缺此句，余所補也。得數以八子約之爲億者，謂視原定之子若有八子，則乘得數首位是億也。未乘之先，視法實之數以定子，故既乘之後，即據所定之子以定得數，此法最便初學也。

附歲實鈐

	千百十萬			
一			三六五二四二五
二			七三〇四八五〇
三		一〇九五七二七五
四		一四六〇九七〇〇
五		一八二六二一二五
六		二一九一四五五〇
七		二五五六六九七五
八		二九二一九四〇〇
九		三二八七一八二五

凡用鈐，自單年起，有十年則進一位用之，有百年又進一位，即得所求中積分。並以單年原定之位，推而上之，即算位俱定。

求通積分

置所得其年中積全分，加氣應五十五萬〇千六百分，即得所求通積分。如徑求次年，亦加歲實。

前推中積分，是從辛巳曆元天正冬至起算。今加氣應，是又從辛巳曆元冬至前五十五日〇六刻起，即甲子日子正初刻也。

求天正冬至

　　置通積全分,滿紀法六十萬去之,餘爲所求天正冬至分也。萬以上命起甲子,算外爲冬至日辰。〔欲求時刻,依發斂加時條求之,見後。〕如逐求次年者,不拘有無閏月,並加通餘五萬二四二五,滿紀法去之,即得。

　　　通積分既從甲子起算,故滿紀法去之,即知日辰也。算外命日辰者,以有小餘也。凡滿萬分成一日者,爲大餘;九千分以下,皆爲小餘。大餘爲日,乃先一日之數;小餘爲時刻,乃爲本日,故取算外也。

求天正閏餘分

　　置其年中積全分,加閏應二十〇萬二千〇百五十分,爲閏積。以滿朔實二十九萬五千三百〇五分九十三秒除之,爲積月。其不滿者,即爲所求年天正閏餘分也。閏餘分滿閏準一十八萬六五五二〇九者,其年有閏月。〔補法:閏餘滿十六萬八四二六四五以上者,其年有閏。如用閏準,須加兩月閏。〕如逐求次年天正閏餘者,不拘有無閏月,並加通閏一十〇萬八七五三八四,滿朔策去之,即得。〔如却求前歲閏餘者,置本年閏餘,內減通閏得之。閏餘小於通閏,不及減,加朔實減之,即是。〕

　　　閏餘分者,乃歲前天正冬至距天正經朔數也。法當自辛巳曆元天正經朔起算,故以閏應通之也。

　　　閏準是朔實內去十二個月閏之數,若閏其年十一二月者,此法不能御,故有補法也。若於所得閏餘分加

一萬八千一百二十五分六四,〔兩月閏之數。〕再用閏準取
之,亦同。

附經朔鈐

百十萬

一	二九五三〇五九三
二	五九〇六一一八六
三	八八五九一七七九
四	一一八一二二三七二
五	一四七六五二九六五
六	一七七一八三五五八
七	二〇六七一四一五一
八	二三六二四四七四四
九	二六五七七五三三七

閏積內與經朔鈐數同者減去之,減至不滿一朔實
二十九萬五三〇五九三而止,其餘數即閏餘分。

求天正經朔

置其年通積全分,內減去其年閏餘全分,滿紀法六十
萬去之,餘爲所求天正經朔分。

又法:置冬至,內減閏餘,即得經朔。如冬至小於閏
餘,不及減,加紀法六十萬減之。如逕求次年天正經朔
者,無閏加五十四萬三六七一一六,〔十二朔實去紀法之數。〕有
閏加二十三萬八九七七〇九,〔十三朔實去紀法之數。〕並滿紀

法去之，即得。

朔者，日月同度之日。經者，常也。經朔者，朔之常數，所以別於定朔也。古人只用平朔，故日蝕或在晦、二。唐以後始用定朔，則蝕必於朔，然不知經朔，則定朔無根，故必先求經朔。

先推通積分，自曆元甲子日算至冬至，減去閏餘，是從甲子日算至經朔，故去紀法，即得經朔之大小餘也。

先推冬至分，是以紀法減過通積而得，乃冬至前甲子日距冬至數，內減閏餘，即爲甲子日距經朔數也。如冬至小於閏餘，是此甲子日雖在冬至前，却在經朔後，故加紀法減之，是又從經朔前甲子算起也。

求天正盈縮曆

置半歲周一百八十二日六二一二五，內減去其年閏餘全分，餘爲所求天正縮曆也。〔補法：若其年冬至與經朔同日，而冬至加時在經朔前，則天正經朔入盈曆。〕如逕求次年天正縮曆者，內減去通閏一十〇萬八七五三八四得之。減後，視在一百五十三日〇九以下者，再加一朔策，即是。

按：冬至交盈曆，夏至交縮曆，各得歲周之半。今置半歲周，是減去盈曆半周，祇用縮曆半周，從夏至日算至冬至日之數也。內減閏餘，即爲從夏至算至十一月經朔日數，故恒爲縮曆。

亦有入盈曆者，其年前必有閏月，而至、朔同日。冬至小餘又小於經朔小餘，先交冬至，後交經朔。其經

朔已入盈曆,法當於經朔小餘内減去冬至小餘,命其餘
爲天正盈曆也。若冬至小餘大於經朔小餘,不用此法。
蓋雖至、朔同日,而朔在至前,仍爲縮曆。此處原本所
缺,故備著之。

　　凡閏餘加通閏,即爲次年閏餘。今所得天正縮曆,
是半周内減閏餘之數,於中又減通閏,即如減次年閏
餘矣,故逕得次年天正縮曆也。一百五十三日〇九
以下者,半周内減一朔策也。減後得此,必有閏月在
次年天正經朔前,故必復加朔策,而得次年天正縮
曆[一]也。

求天正遲疾曆

　　置其年中積全分,内加轉應一十三萬〇二〇五,減去
其年閏餘全分爲實,以轉終二十七萬五五四六爲法除之。
其不滿轉終之數,若在小轉中一十三日七七七三以下者,
就爲所求天正疾曆也;若在小轉中以上者,内減去小轉
中,則爲天正遲曆也。

　　如逕求次年天正遲疾曆者,加二十三日七一一九
一六,〔十二轉差積數。〕經閏再加轉差一日九七五九九三,並
滿轉終去之,遲疾各仍其舊。若滿小轉中去之者,遲變
疾、疾變遲也。

　　中積分原從曆元冬至起算,至所求年天正冬至

〔一〕縮曆,“縮”原作“朔”,康熙本同,據輯要本改。

止。今加轉應,減閏餘,是從曆元冬至前十三日初交
疾曆時起算,至所求年天正經朔止,故不滿轉終,即爲
天正疾曆也。轉中者,轉終之半,故疾曆滿此,即變遲
曆也。

附轉終鈔

　　　百十萬
一　　二七五五四六
二　　五五一〇九二
三　　八二六六三八
四　　一一〇二一八四
五　　一三七七七三〇
六　　一六五三二七六
七　　一九二八八二二
八　　二二〇四三六八
九　　二四七九九一四

求天正入交泛日〔原本作交泛分,今依曆經改定。〕

置中積,減閏餘,加交應二十六萬〇三八八爲實,以
交終二十七萬二一二二二四爲法除之。其不滿交終之
數,即爲所求天正入交泛日及分也。

如逕求次年天正入交日者,無閏加六千〇百八二〇
四,〔十二交差內減去交終之數。〕有閏加二萬九千二百六五七
三,〔十三交差內減去交終之數。〕即得。

中積減閏餘，與求遲疾法同。加交應，是從辛巳曆元前二十六日初入正交時算起也，故不滿交終，即爲天正入交日也。泛者，對定而言也。有經朔，有定朔，則入交之深淺亦從之而移。此所得者經朔下數，故別之曰泛。

附交終鈴

百十萬

一	二七二一二二二四
二	五四四二四四四八
三	八一六三六六七二
四	一〇八八四八八九六
五	一三六〇六一一二〇
六	一六三二七三三四四
七	一九〇四八五五六八
八	二一七六九七七九二
九	二四四九一〇〇一六

推經朔次氣及弦望法

置天正經朔全分，加五十九萬〇六一一八六，〔即二朔策。〕滿紀法六十萬去之，爲所求年正月經朔。累加朔策二十九萬五千三百〇五九三，爲逐月經朔。累至次年天正經朔，必相同也。〔次年天正經朔在本年爲十一月。〕復以望策一十四萬七六五二九六五累加各月經

朔,得經望。又加之,即得次月經朔。復以弦策七萬
三八二六四八二五累加經朔,得上弦。加上弦,即復得
經望。又加之,得下弦。又加之,復得次月經朔。凡累
加時,並滿紀法去之,其復得數必與原推分秒不異。〔或
先加弦策,次加望策,亦同。〕

　　前有逐求次年天正經朔法,與此挨次累加之數互
相參考,即知無誤,算法還原之理也。以後並同。

推恒氣次氣法

　　置天正冬至日及分,加四十五萬六五五三一二五,
〔即三氣策。〕滿紀法去之,爲所求年立春恒氣。累加氣策
一十五萬二一八四三七五,滿紀法去之,得各恒氣。加至
本年冬至,即與前逐推次年天正冬至相同也。

　　附二十四恒氣鈐

立春	正月	節	四十五萬六五五三一二五
雨水		中	〇　〇萬八七三七五〇〇
驚蟄	二月	節	一十六萬〇九_一一八七五
春分		中	三十一萬三一〇六二五〇
清明	三月	節	四十六萬五二九〇六二五
穀雨		中	〇　一萬七四七五〇〇〇
立夏	四月	節	一十六萬九六五九三七五
小滿		中	三十二萬一八四三七五〇

芒種	五月	節	四十七萬四〇二八一二五
夏至		中	〇　二萬六二一二五〇〇
小暑	六月	節	一十七萬八三九六八七五
大暑		中	三十三萬〇五八一二五〇
立秋	七月	節	四十八萬二七六五六二五
處暑		中	〇　三萬四九五〇〇〇〇
白露	八月	節	一十八萬七一三四三七五
秋分		中	三十三萬九三一八七五〇
寒露	九月	節	四十九萬一五〇三一二五
霜降		中	〇　四萬三六八七五〇〇
立冬	十月	節	一十九萬五八七一八七五
小雪		中	三十四萬八〇五六二五〇
大雪	十一月	節	五十〇萬〇二四〇六二五
冬至		中	〇　五萬二四二五〇〇〇
小寒	十二月	節	二十〇萬四六〇九三七五
大寒		中	三十五萬六七九三七五〇
立春〔次年〕	正月	節	五十〇萬八九七八一二五

　　右鈐以加天正冬至,滿紀法去之,即逓得各月恒氣大小餘。

　　凡恒氣大餘,命起甲子,算外得日辰,小餘命時刻。

〔依發斂〔一〕加時條取之。〕並同冬至法。

〔一〕發斂,"發"原作"法",據四庫本改。

推盈縮曆次氣法

置天正盈縮曆日及分，加五十九萬〇六一一八六，滿半歲周一百八十二日六二一二五去之，爲所求年正月經朔下盈曆也。累加朔策二十九萬五三〇五九三，爲逐月經朔盈曆也。盈曆加滿半歲周去之，交縮曆；又累加之，滿半歲周去之，復交盈曆也。〔累加至十一月，即與次年天正盈縮曆相同。〕復以弦策七萬三八二六四八二五累加之，各得弦、望及次朔之盈縮曆也。〔至次朔亦必相同。〕

盈曆滿初限八十八日九〇九二二五，爲有末之盈。

縮曆滿初限九十三日七一二〇二五，爲有末之縮。

推初末限法

置半歲周一百八十二日六二一二五，內減有末之盈縮曆全分，餘爲所求各末限日分也。復於各盈縮末限日分累減弦策七萬三八二六四八二五，得各弦、望及次朔下盈縮末限必相同也。若不及減弦策者，末限已盡，盈交縮、縮交盈也。〔補法：置弦策，以不及減之餘末轉減之，即各得所交盈縮初限日分相同也。〕

凡盈曆算起冬至，縮曆算起夏至，並從盈縮初日順推至所求日時。若盈末則算起夏至，縮末則算起冬至，並從盈縮盡日逆推至所求日時。故置半歲周減之，而得末限日分也。所得末限日分，是所求日時距盈縮末盡日遠近之數，朔而弦、望，入曆益深，則其距末

盡日益近。故在初限累加弦策者，在末限即用累減而
得也。

推盈縮差法

　　置盈縮曆全分，〔若係末限，只置所得末限全分。〕減去大餘不
用，只用小餘，〔有千分定三，有百定二，有十定一。〕並以立成相同
日數下，取其盈縮加分爲法乘之，〔加分有百定二，有十定一，言十
加定一子。〕得數，以所定八子約之爲度位。乃於立成取本
日下所有盈縮積，與得數相併，即得所求盈縮差。

　　　凡言八子或九子約之爲度者，乃是於得數上定此虛
位，以便與盈縮積度相加，非言得數有八子、九子也。假
如八子爲度位，而原所定只有五子，即得數爲度下三位。
若盈縮積有度，即於得數上第三位加之。法於得數首位
呼五字，逆上數之，曰五、六、七、八，至八字住，於此加積
度，即無誤也。遲疾曆同。

　　　　盈縮加分，是本日太陽行度或過或不及於一度之
分也。〔或日行過於一度而有餘分，是爲盈加分；或日行不及一度而有
欠分，是爲縮加分。〕盈縮積度，則是本日以前加分累積之數
也。〔總計逐日盈加分爲盈積度，總計逐日縮加分爲縮積度。〕法當以
小餘乘本日加分爲實，日周一萬分爲法除之，即得小餘
時刻內所有之加分。乃以得數併入本日以前原有之積
度，則爲本日本時之盈縮差矣。〔曆經云萬約爲分，即是以日周
一萬除，乃本法也。〕茲以定子法約之，故以八子爲度，所得
亦同。〔假如以千乘百，共定五子，則所得乘數爲十萬分。就用爲實，以

日周一萬爲法除之，當去四子，剩一子，則所得除數成十分，是於度下爲第三位也。何以言之〔一〕？蓋度下有千有百，故十分爲第三位。今於所定五子虛進三位，至八子位命爲度，以加積度，即得數十分，適居度下第三之位，而相加無誤矣。前條八子命億，而此以八子約爲度，何也？曰：無二理也。八子於乘得數原是億位，蓋億即一萬萬。用萬萬爲實，以一萬爲法除之，當去四子，剩四子，則除後得數爲萬，而成度位。今不去子，故以八子爲度，其實即曆經萬約爲分之法，非有二也。〕

問：初限是從盈縮初日順推，〔盈初從冬至起算，縮初從夏至起算，並數其已過之日。〕其小餘亦順推。〔並自本日子正刻起，順下丑寅，數至所求時刻。〕若末限則是從盈縮末盡日逆數，〔盈末距夏至立算，縮末距冬至立算，皆數其末到之日。〕其小餘亦逆數。〔並自本日夜子初刻，逆轉亥戌，數至所求時刻。〕而加分乘小餘加積度之法，並無有異，且盈縮互用，〔盈末所用之加分積度，即縮初之數；縮末所用之加分積度，即盈初之數。〕何也？曰：凡初限所積之盈縮度分，並爲末限之所消。〔假如盈初限共有積盈度二度四十分，一交盈末，即每日有所縮，以消其積盈，直至盈末盡日，其盈消盡，而交夏至，爲縮曆矣。又如縮初限共有積縮度二度四十分，一交縮末，即每日有所盈，以消其積縮，直至縮末盡日，其縮消盡，而交冬至，復爲盈曆矣。〕故同一加分也，在初限爲日增之分，在末限則爲日消之分。〔假如盈末限未到夏至若干日，與縮初限已過夏至之日數等，則其日行度之所縮亦等，故盈末日即用縮加分。又如縮末日與盈初限之日數等，則其距冬至等，而日行之所盈亦等，故縮

〔一〕何以言之，輯要本作"何也"。

末日即用盈加分。〕同一積度也，在初限爲已積之度分，若末限則爲未消之度分。〔假如盈末每日內各有縮加分以消其盈，而今盈末尚有若干日，則其縮加分未用，而積盈亦未消，累而計之，其數必與縮初限相同日數下之積度等，故即用縮積度爲盈積度也。縮末即用盈積度爲未消之縮積度，其理亦同。〕今末限既有小餘，則此時刻內亦必有未消之零分在積度外，故以小餘乘加分，而萬約之，〔即八子爲度之法，解已見前。〕併入積度，即知此日此時尚有未經消盡之積度共若干度分，而命之爲盈縮差矣。〔盈末日雖用縮加分、縮積度取數，而仍爲盈差；縮末日雖用盈加分、盈積度取數，而仍爲縮差。蓋其加分積度爲逐日之盈縮，而盈縮差分是總計初日以來之盈縮故也。〕

推遲疾曆次氣法

置天正遲疾曆日及分，加三日九五一九八六，〔兩轉差數。〕爲所求年正月經朔下遲疾曆也。以後累加轉差，即得各月經朔下遲疾曆也。凡加後如滿小轉中一十三萬七七七三者去之，疾變爲遲，遲變爲疾；不滿者，遲疾不變。累加至十一月，即與次年天正遲疾曆相同也。復以弦策七日三八二六四八二五累加之，各得弦、望及次朔之遲疾曆。亦滿小轉中去之，變遲疾也。

本宜累加朔策而去轉終，今用轉差，是捷法，其得數同也。

附轉差鈔

一	一日九七五九九三	用鈔加正月經朔下遲疾
二	三日九五一九八六	曆，可逐求各月遲疾曆。
三	五日九二七九七九	若加滿小轉中去之，疾變
四	七日九〇三九七二	遲、遲變疾也。
五	九日八七九九六五	
六	十一日八五五九五八	
七	〇〇日〇五四六五一	自七個月以後，爲減過
八	二日〇三〇六四四	小轉中之數，加後即變
九	四日〇〇六六三七	遲疾。若加滿小轉中去
十	五日九八二六三〇	之，反不變也。
十一	七日九五八六二三	
十二	九日九三四六一六	

推遲疾曆限數法

置遲疾曆日及分，〔十日定五，單日定四，〇日有千定三，〇日〇千有百定二，有十定一。〕以十二限二十分〔定一。〕爲法乘之，〔言十一。〕得數，以所定有四子爲單限，五子爲十限，六子爲百限，即得各遲疾曆限數。如逐求次弦望之限數者，〔如自朔求上弦，自上弦求望之類。〕每加限策九十限，即得。加滿中限一百六十八限去之，則變遲疾。如超次月，〔如以朔求次朔，以上弦求次月上弦之類。〕累加朔轉限策二十四限一〇，即得。〔亦滿中限去之，而變遲疾。〕如累加之，至十個月間，有多一限，乃二十分尾數積成，故有退一限減之之法，不必致疑，皆以日率爲定也。

遲疾分限數，何也？太陰行天有遲疾，其遲疾又有初末，與太陽之盈縮同。所不同者，太陽之盈縮以半歲周分初末，而其盈縮之度止於二度奇；太陰之遲疾以十三日七十七刻奇分初末，而其遲疾之度至於五度奇。〔疾初只六日八十八刻奇，而疾五度；遲初只六日八十八刻奇，而遲五度。〕曆家以八百二十分爲一限，〔即八刻奇。〕一日分十二限二十分，而自朝至暮逐限之遲疾細分，可得而求矣。

捷法：以所得遲疾曆與立成中遲疾日率相較，擇其相近者用之，〔或所得遲疾曆日及分與立成內日率相同，或稍强於日率，即可取用。〕即可逕得限數。〔此法可免十二限乘，亦即無退一限減之之事，余所補也。〕

推遲疾差法

置遲疾曆日及分，以立成內相同限下日率減之。〔如立成日率大，不及減，即退一限減之。〕用其餘分爲實，〔有百分定四子，十分定三子，單分定二子，十秒定一子。〕以其下損益分〔十分定五子，單分定四子，十秒定三子，單秒定二子。〕爲法乘之，〔言十定一。〕得數，又爲實，以八百二十分〔去二子。〕爲法除之，〔不滿法又去一子。〕得數。取所定八子爲度位，視立成是益分，即於得數上依位加本限下遲疾積度；〔如盈縮差加積度法。〕若是損分，即置遲疾積度，內減去得數。〔如八子爲度位，而所定只五子，則於度下第三位減之。餘倣此。〕即各得所求遲疾差。

遲疾日率者，每限八百二十分之積數也。〔如滿八百二十分，則爲一限；滿兩個八百二十分，則爲二限；乃至滿十個八百二十分，即爲十限；百個八百二十分，即爲百限。故曰日率。〕而所得遲疾曆未必能與各限之日率巧合，而無零分。故以此日率減之，即知此刻太陰之行度，已足過若干限，而尚餘若干時刻也。〔每限八百二十分，即八刻奇，未滿此數，皆爲零分。〕

損益分者，各限内遲疾進退之差也。自初限至八十三限爲益分，其遲疾爲進也。〔在疾曆則益其疾，在遲曆亦益其遲，故並爲益分。〕自八十四限至一百六十八限爲損分，其遲疾爲退也。〔在疾曆則損其疾，在遲曆亦損其遲，故並爲損分。〕此損益分皆整限八百二十分之數。零分所有之損益，必小於八百二十分之損益，故以零分乘、八百二十分除也。

遲疾積度者，是本限以前所積之遲疾度分也。〔如在八十三限以前，則爲日益之積數；八十四限以後，則爲日損之餘數。〕於是以所得零分内之損益分損之益之，便知此時此刻内太陰之遲疾所不同於平行者，共有若干度分，而命之爲遲疾差也。

定子之法：千三百二，則萬四常爲度位。而此與盈縮差並用八子者，盈縮差原是萬約爲分，宜去四子，今省不去，故八子即是四子也。此求遲疾之損益，是以八百二十除，原非萬約爲分，而亦用八子爲度者，因乘時加定四子，〔餘分百定四子，是加定二子也。損益分之十分，是度下一位,宜定千三,今定五子,是又加二子也,合之共加定四子。〕則八子亦是四子,其故何也?遲疾曆遇八十一限至八十六,其損益分多爲單秒,則定子之法窮,故加四數以豫爲之地也。

不滿法又去一子者,亦以相除時算位言之。〔假如法是八,實亦是八或八以上,可以除得一數,即爲滿法。若實在八以下,即不能除得一數,當退位除之,即爲不滿法也。此不論十百千萬之等,惟論自一至九之數。假如以八十除六百,亦爲不滿法;若以八百除九十,亦爲滿法。皆以得數有進位不進位而分,算中精理也。〕蓋除法本是降位,〔如用十爲除法,是以十爲一,當降一位,故去一子;百爲除法,是以百爲一,當降兩位,故去二子。〕今不能除得一數,而退位除之,是又降一位,故再去一子也。

按:古曆,太陽朓朒之行,但有各恒氣十五日奇之總率,而無每日細數。太陰朓朒之行,但有每一日之總率,而無一日內分十二限奇之細數。有之皆自授時始,皆以平立定三差得之。授時之密於古法,此一大端也。

推加減差法

視各經朔、弦、望下盈縮差與遲疾差,如是盈遲縮疾爲同名,則相併用之;如是盈疾縮遲爲異名,則兩數相較,用其餘分。〔有萬定四子,千定三子,百定二,十定一。〕以八百二十分〔定二子。〕乘之,〔言十定一。〕得數爲實,以立成本限下遲疾行度爲法,〔遲用遲行度,疾用疾行度,並以萬去四子,千去三子。〕除之,〔不滿法,又去一子。〕得數。以所定有三子爲千分,二子爲百分，即得所求加減差。

同名者	盈、遲爲加差	縮、疾爲減差
異名者	盈多疾少爲加差 遲多縮少爲加差	疾多盈少爲減差 縮多遲少爲減差

加減差者，時刻之進退也。前論盈縮、遲疾二差，則行度之進退也。因日月之行度各有紓亟，而時刻因之進退，故前既分求之，茲乃論之也。

以右旋之度言之，日每日平行一度，月每日平行十三度有奇。合朔時日月同度，歷弦策七日〔三八二六四八二五〕，而月度超前，離日一象限，是爲上弦。又歷弦策，而月度離日半周天，與日對度，是爲望。自此以後，月向日行，又歷弦策，而距日一象限，是爲下弦。更歷弦策，而月追日及之，又復同度，而爲合朔矣。凡此者皆有常度，有常期，故謂之經朔、經望、經弦也。乃若定朔、定望、定弦，則有時而後於常期，故有加差焉；有時而先於常期，故有減差焉。

凡加差之因有二，一因於日度之盈。夫日行既越於常度，則月不能及。一因於月度之遲。夫月行既遲於常度，則不能及日。二者皆必於常期之外更增時刻，而後能及於朔、望、弦之度，故時刻加也。

減差之因亦有二，一因於日度之縮。夫日行既緩於常度，則月[一]易及之。一因於月度之速。夫月行既

〔一〕月，原作"奇"，據康熙本、二年本、輯要本及刊謬改。

速於常度,則易及於日。二者皆不待常期之至〔一〕,而已
及於朔、弦、望之度,故時刻減也。

乃若以日之盈遇月之遲,二者皆宜有加差;以日之
縮遇月之疾,二者皆宜有減差,故〔盈與遲、縮與疾〕並爲同
名,而其度宜併。

若以日之盈遇月之疾,在日宜加,在月則宜減;以
日之縮遇月之遲,在日宜減,在月宜加,故〔盈與疾、縮與遲〕
並爲異名,而其度宜相減,用其多者爲主也。

如上所論,既以〔盈縮、遲疾〕二差同名相從,異名相
消,則加減差之大致已定。然而又有乘除者,上所言者
度也,非時刻也,故必以此所得之度分,〔即同名相從、異名相
消之度分。〕用每限之時刻〔八百二十分。〕乘之爲實,每限之
月行度爲法〔即遲疾行度。〕除之,即變爲時刻,而命之爲加
減差矣。

以異乘同除之理言之,月行遲疾行度,則所歷時刻
爲八百二十分。今加減之度有幾個遲疾行度,則月行
時刻亦當有幾個八百二十分,故以此乘除而知加減差
之時刻。

推定朔法

各置經朔、弦、望大小餘,各以其加減差加者加之,
減者減之,即各得所推定朔、弦、望大小餘。大餘命起甲

〔一〕之至,輯要本無。

子,算外得定日支干;小餘命時刻,〔依發斂加時條求之。〕其定
弦、望日小餘若在本日日出分以下者,退一日命之,惟朔
不退。

定朔日,干名與次月同者其月大,不同者其月小。內
無中氣者爲閏月。

弦、望退一日者,以候月當用更點也。假如定望在
乙丑日日未出前,則仍是甲子日之更點故也。

按:節氣爲兩月相交之界,故謂之節。中氣爲一月
三十日之正中,故謂之中。月有中氣,然後可正其名曰
某月。〔如有冬至則爲十一月,有大寒則爲十二月,有雨水則爲正月。
他皆若是。〕若月內無中氣,而但有節氣,則在兩月交界之
間,不能名其爲何月,而謂之閏月矣。

凡閏月,前一月中氣必在晦,後一月中氣必在朔,
則前後兩月各有定名,而此月居其間,不得復以前後月
之名名之,不得不爲閏月。〔如月內但有立春節而無中氣,則大
寒中氣在前月之晦,定其爲十二月;雨水中氣在後月之朔,定其爲正月。
前後兩月各有本名,不可移動,而本月無中氣,即無月名,必爲閏月也。〕
曆家以無中氣爲閏月,則各月之中氣必在本月,而不可
稍移,所謂“舉正於中,民則不惑”也。然惟以恒氣注
曆,始能若是。唐一行之説所以確不可易,而歷代遵守
以爲常法,非不知有定氣而但知恒氣也。〔定氣即日行盈
縮。若於各恒氣求其盈縮差,而以盈差爲減差,縮差爲加差,即得各定氣
日及分,然而不用者,爲閏月也。〕

推入交次氣法

　　置天正入交泛日及分,加四日六三六七三八,〔即兩交差。〕即爲所求年正月經朔下入交泛日及分也。以後累加交差二日三一八三六九,滿交終二十七日二一二二二四去之,即各月經朔下入交泛日也。累加至其年十一月,即與次年天正入交泛日相同也。復以交望一十四日七六五二九六五累加之,亦滿交終去之,即得各月經望下入交泛日。加朔得望,加望得次朔,亦必相同也。

　　　附交差鈐

一	二日三一八三六九
二	四日六三六七三八
三	六日九五五一〇七
四	九日二七三四七六
五	十一日五九一八四五
六	十三日九一〇二一四
七	十六日二二八五八三
八	十八日五四六九五二
九	廿〇日八六五三二一
十	廿三日一八三六九〇
十一	廿五日五〇二〇五九
十二	〇〇日六〇八二〇四

　　用鈐加正月經朔下入交泛日,可逐得所求某月經朔下入交泛日。若加正月經望下入交泛日,亦可逐得所求

某月經望下入交泛日。加滿交終二十七日二一二二二四
並去之，用其餘數。

推盈日法

視各恒氣之小餘，在没限七千八百一五六二五以上
者，爲有盈之氣也。置策餘分一萬〇一四五，〔以十五日除氣
策，得一萬〇一四五六二五，止用四位，取大數也。〕內減有盈之氣小餘
四位，用其餘分爲實，〔以千三百二定之。〕以六十八分六十秒〔以
氣盈除十五日，得六十八分六十六秒九五，今亦止用三位。〕定一爲法乘
之，〔言十定一。〕得數。取定四子爲日位，用加恒氣大餘日，
滿紀法去之，命起甲子，算外爲所推盈日也。

又法：亦以有盈之恒氣小餘去減策餘分，餘以一氣
十五日乘之爲實，氣盈二千一百八四三七五爲法除之，得
數。以加恒氣大餘，滿紀法去之，命爲盈日，亦同。

若逕求次盈日者，置所得盈日，每加盈策六十九萬
六六九五二八，即得第二盈日。亦滿紀法去之，命干支也。

盈日即古曆之没日也，凡氣內有盈日者多一日。
假如甲子日立春，則己卯日雨水，今盈一日，爲庚辰日
雨水，故謂之盈日。

策餘分者，十五日除氣策之數也。蓋謂每大餘一
日，即帶有盈分〇千一百四十五分，故必足得策餘分〔一
萬〇一四五〕之數，則爲十五分氣策之一也。

六十八分六十秒者，氣盈除十五日之數也。蓋謂
每盈一分，在恒氣爲六十八分六十秒，即六十八分六十

秒盈一分也。今有盈之恒氣小餘，尚不及策餘分有若干分，則必更歷若干六十八分六十秒，而其盈分始足，命之盈日也。

又法：以十五日乘、氣盈除，即六十八分六十秒乘也，故其得數同。

捷次盈以盈策加者，率六十九日奇而有盈日，則每一歲周只有五盈日，或四日也。餘詳用數。

推虛日法

視各經朔之小餘，在朔虛四千六百九四〇七以下者，爲有虛之朔也。置有虛之朔小餘四位〔千定三，百定二。〕爲實，以六十三分九十秒〔朔虛除三十日，得六十三分九十一秒奇。此用大數，故只三位。〕定一爲法乘之，〔言十定一。〕得數。取定四子爲日位，用與經朔大餘相加，滿紀法去之，命起甲子，算外爲所推虛日也。

又法：以三十日乘有虛之小餘爲實，朔虛四千六百九四〇七爲法除之，得數。以加經朔大餘，滿紀法去之，爲虛日，亦同。

若逐求次虛日者，置所得虛日，每加虛策六十二日九一〇四二二，即得第二虛日。其命干支，亦滿紀去之也。

虛日即古曆之滅日也。凡月內有虛日者，其月小，〔以經朔言之。〕故謂之虛日。

六十三分九十秒者，朔虛除三十日之數也。蓋謂每虛一分，在月內爲六十三分九十秒，即每六十三分九十秒當虛一分也。今經朔小餘尚有若干分，則必更歷若干六十三分九〇，而其虛分始盡，命之虛日也。

其又法以三十日乘、朔虛除，即六十三分九〇乘也，故得數亦同。

捷次虛日以虛策加者，率六十三日弱而有虛日，則每一歲策亦只五虛日也。餘亦詳用數。

推土王用事法

置四季月節氣大小餘，〔三月用清明，六月小暑，九月寒露，十二月小寒。〕各加土王策一十二萬一七四七五。滿紀法去之，大餘命起甲子，算外各得所推土王用事日辰也。

又法：置四季月中氣大小餘，〔三月用穀雨，六月大暑，九月霜降，十二月大寒。〕內各減第二土王策三日〇四三六八七五。如不及減，加紀法減之，所得亦同。

天有五行，而土無專位。以體之立者言之，則居中；以用之行者言之，則在隅。土者，木火金水之所以成終而成始也。參同契曰：“土旺四季，羅絡始終。青赤白黑，各居一方，皆稟中宮，戊己之功。”蓋謂此也。曆家以春木、夏火、秋金、冬水分旺者，各得氣策四又十二日〔一七四七五〕。而土寄旺於四季之末者，各得氣策一又三日〔〇四三六八七五〕。與四行之數，適以相等，而歲功成焉。前法用加節氣者，是於四行之末而要其終；後法用減中氣者，是據土王用事之初而原其始。餘詳用數。

推發斂加時法

各置定朔、弦、望及恒氣之小餘爲實，以十二時爲法乘之，〔法實並以千三百二定之，言十定一，以所定四子爲萬。〕取萬爲時，命起子正，有五千起作一時，命起子初，並以算外命時。其不滿五千者，取一千二百爲刻，命起〔初正。〕初刻，算外爲某刻。

又法：各置小餘，加二爲時，減二爲刻，不須定數。就以千位爲時，百位爲刻，有五百起作一時，命起子初初刻，不起者命起子正初刻也。

按：古法以日行赤道外，去北極遠，謂之發；日行赤道內，去北極近，謂之斂。"發斂"字義並主北極爲言。日道之自近而遠，遠而復近，皆以漸致，故不曰遠近，而曰發斂也。古諸家曆法並有步發斂一章，其所列者，月卦、律呂、氣候之類，而加時之法附焉，授時亦然，故曰步發斂加時也。〔授時雖不用律呂、月卦，惟存七十二候，而統以廿四中節，蓋即其所謂"發斂"。而所謂"步發斂加時"者，以推各氣候初交之時刻，"發斂"字義蒙上文而爲說，猶云"步氣候加時"云爾。〕大統則省去步發斂一章，故加時之法在氣朔章後，而猶云"推發斂加時"，因仍舊名，無他義也。

以十二乘者，何也？蓋以日周一萬分十二時，則各得八百三十三分三三不盡，故以十二乘之，通日周一萬爲十二萬，則可以勻分，乃算術通分法也。日周既通爲十二萬，故以一萬爲一時，以一千二百爲一刻也。有五千起作一時者,因時有初、正,則各得五千,其子初四刻爲前半個子時,乃先一日之數,謂之夜子時。子正四刻爲後半個子時,乃本日之數。本日十二時並從茲起,故滿一萬者,命起子正也。命起子正,則算外爲丑正矣。〔因所滿一萬數中,有子正四刻、丑初四刻在內,則前半個丑時已滿,而算外爲丑正。〕若但滿五千,則算外爲丑初。〔但滿五千,則所滿者是後半個子時,而交前半個丑時,是爲丑初,非丑正也。〕故起作一時,而命起子初,此是從先日夜子初刻算起,借前半個子時輳合成整,以便入算也。

其又法加二爲時、減二爲刻者,加是就身加二,即十二乘,但不變千位,不定子,故即以一千爲一時,而起子正;有五百起作一時,而起子初也。減二即十二除,而挨身減二,不動算位,所謂定身除法也。故即以一百爲一刻。

附十二時鈐

	千百十分十秒		千百十分十秒
子正	○○○○○○	午正	五○○○○○
丑初	○四一六六六	未初	五四一六六六
丑正	○八三三三三	未正	五八三三三三
寅初	一二五○○○	申初	六二五○○○
寅正	一六六六六六	申正	六六六六六六
卯初	二○八三三三	酉初	七○八三三三
卯正	二五○○○○	酉正	七五○○○○

辰初	二九一六六六	戌初	七九一六六六
辰正	三三三三三三	戌正	八三三三三三
巳初	三七五〇〇〇	亥初	八七五〇〇〇
巳正	四一六六六六	亥正	九一六六六六
午初	四五八三三三	夜子初	九五八三三三

凡日下小餘分，並以十二時鈐相減命時，〔如滿四一六六者，即命其時爲丑初；滿八三三三者，即命其時爲丑正。〕減不盡者，以一百分爲一刻。如不滿百分，即命初刻；滿一百分，即命一刻；滿二百分命二刻，滿三百分命三刻，滿四百分命四刻。〔如小餘可減二千五百分，命其時爲卯正，減過餘數有一百分，即爲卯正一刻；有二百分爲卯正二刻，有三百分爲卯正三刻，有四百分爲卯正四刻。若減餘不滿百分，只爲卯正初刻。他皆若是。〕初、正並同。

推朔值宿法

置辛巳爲元，求到其年通積全分，内減去其年閏餘全分，加三萬〇六一一八六，〔即兩宿餘。〕滿宿會二十八萬去之，命起虛宿，算外即得所求年正月經朔直宿。以後累加宿餘一萬五三〇五九三，滿宿會去之，即得各月經朔直宿。再以各朔下加減差，加者加之，減者減之，亦滿宿會去之，命起虛宿，算外即得各月定朔直宿。〔其加減過小餘，亦必與定朔小餘相同爲準。〕

此蓋以辛巳爲元之天正冬至前甲子日正直虛宿，故逕以通積取之，即得直宿。

按：日直宿法乃演禽之用，占家之一種也，故諸家
曆法無之，授時曆經亦所未載，而大統曆有之。蓋元統
之所增，其實無關曆法。

推閏月所在

置朔實，〔二十九萬五三〇五九三。〕內減去有閏之天正閏
餘全分，〔即所推天正閏餘在閏準以上者，其年有閏是也。〕餘爲實，以
月閏九千〇百六二八二爲法除之，滿法爲月，視所得有幾
月，命起歲前十一月，算外得閏在何月。此法仍多未的，
然祇在其月之前後，皆以定朔爲準也。

滿法爲月者，滿得一個月閏之數，即爲一月；若滿
兩個月閏，即爲兩月。此只求整月，不除分秒，故不必
定子。

附六十甲子鈐

初日〔甲子〕	一日〔乙丑〕	二日〔丙寅〕	三日〔丁卯〕
四日〔戊辰〕	五日〔己巳〕	六日〔庚午〕	七日〔辛未〕
八日〔壬申〕	九日〔癸酉〕	十日〔甲戌〕	十一〔乙亥〕
十二〔丙子〕	十三〔丁丑〕	十四〔戊寅〕	十五〔己卯〕
十六〔庚辰〕	十七〔辛巳〕	十八〔壬午〕	十九〔癸未〕
二十〔甲申〕	廿一〔乙酉〕	廿二〔丙戌〕	廿三〔丁亥〕
廿四〔戊子〕	廿五〔己丑〕	廿六〔庚寅〕	廿七〔辛卯〕
廿八〔壬辰〕	廿九〔癸巳〕	三十〔甲午〕	卅一〔乙未〕
卅二〔丙申〕	卅三〔丁酉〕	卅四〔戊戌〕	卅五〔己亥〕

卅六〔庚子〕　卅七〔辛丑〕　卅八〔壬寅〕　卅九〔癸卯〕

四十〔甲辰〕　四一〔乙巳〕　四二〔丙午〕　四三〔丁未〕

四四〔戊申〕　四五〔己酉〕　四六〔庚戌〕　四七〔辛亥〕

四八〔壬子〕　四九〔癸丑〕　五十〔甲寅〕　五一〔乙卯〕

五二〔丙辰〕　五三〔丁巳〕　五四〔戊午〕　五五〔己未〕

五六〔庚申〕　五七〔辛酉〕　五八〔壬戌〕　五九〔癸亥〕

二十八宿鈐〔一〕

初日〔虛〕　一日〔危〕　二日〔室〕　三日〔壁〕

四日〔奎〕　五日〔婁〕　六日〔胃〕　七日〔昴〕

八日〔畢〕　九日〔觜〕　十日〔參〕　十一〔井〕

十二〔鬼〕　十三〔柳〕　十四〔星〕　十五〔張〕

十六〔翼〕　十七〔軫〕　十八〔角〕　十九〔亢〕

二十〔氐〕　廿一〔房〕　廿二〔心〕　廿三〔尾〕

廿四〔箕〕　廿五〔斗〕　廿六〔牛〕　廿七〔女〕

〔一〕六十甲子鈐、二十八宿鈐，輯要本並删。

曆學駢枝目次

推時差分法

推食甚定分法

推距午定分法

推食甚入盈縮定度法

推食甚入盈縮差度法

推食甚入盈縮曆行定度法

推南北泛差度法

推南北定差度法

推東西泛差度法

推東西定差度法

推日食在正交中交定限度

推日食入陰陽曆去交前交後度法

推日食分秒法

推日食定用分法

推初虧復圓分法

推日食起復方位法

推帶食分法

日有帶食例

推黃道定積度法

推食甚日距黃道宿次度法

黃道各宿次積度鈐

赤道四象積度

黃道積度

黃道各宿度〔并宿次積度鈐〕

曆學駢枝卷二

大統曆交食通軌用數目録

周天三百六十五度二十五分七十五秒。

> 按：此即步氣朔章用數，但彼以萬分爲度法，此以百分爲度法，故百分爲分，而分爲秒，名異而實同也。

半周天一百八十二度六十二分八十七秒半。

周天象限九十一度三十一分四十三秒七十五微。

> 平分周天度爲半周天，又平分之，則爲象限，乃四分周天之一，如兩儀之分四象也。

半歲周一百八十二度六十二分一十二秒半。

> 此太陽行天半歲之度也，亦以度爲百分，與氣朔章異，而以日命度則同。以較半周天，不及七十五秒，乃歲差所自生。

歲差一分五十秒。

> 若以萬分命度，則爲一百五十分。

交終度三百六十三度七十九分三十四秒一十九微〔六〕。

> 此以月平行度乘交終之數，月入交一轉，凡行天度有此數也。

交中度一百八十一度八十九分六十七秒〔〇九八〕。

　　此以月平行乘半交之數，月入交一半，凡行天
　度有此數也。

正交度三百五十七度六十四分。

　　此於交終度內減去六度一五有奇也。

中交度一百八十八度〇五分。

　　此於交中度內加入六度一五有奇也。◎日食
　入交度有加減者，日既高於月，黃道在天，亦高於
　月道。故當其初入陰曆六度時，月之行天雖在日
　北，而人之見月尚在日南，中交度所以有加也。及
　其將入陽曆尚差六度時，月之行天雖在日內，而人
　之見月已出日外，正交度所以有減也。此皆由測
　驗而得也〔一〕。其所以然，則亦中國地勢爲之。

前準一百六十六度三十九分六十八秒。

　　前者，交前也。入陰曆滿此，是在正交前也；入
　陽曆滿此，是在中交前也。以後準減交中，即得。

後準一十五度五十分。

　　後者，交後也。入陽曆在此數以下，是正交後
　也；入陰曆在此數以下，是中交後也。準者，定也。
　凡月食在交前後，以此爲定，蓋無論交前交後，皆
　以十五度五十分爲定，過此則不食也。前準數雖

────────────

〔一〕此皆由測驗而得也，大統曆志卷六作“此古人測驗之密也”。

多，以減交中度，則亦〔一〕十五度五十分也〔二〕。

月平行分一十三度三十六分八十七秒半。

　　　置月行極遲極疾度數一轉之積，以月行一轉
　　之日平分之，得此數。

日行分八分二十秒。

　　　此乃一限之日行分也。月行一限，在日周一
　　萬内得八百二十分也。蓋萬分日之百，即百分度
　　之一分也。

日食分二十分。

　　　此置日食十分倍之。〔併日體、月影各十分，即二十分。〕

月食分三十分。

　　　此置月食一十五分倍之。〔併月體十分、闇虚二十
　　分，共三十分。〕

陰食限八度。定法八十分。

　　　陰者，月入陰曆，是在黄道北，在日内也。在
　　日内則易爲揜，故八度食也。◎陰食八度，故陰定
　　法亦八十分。以八十分除八度，即得陰食十分也。

陽食限六度。定法六十分。

　　　陽者，月入陽曆，是在黄道南，在日外也。在
　　日外則難爲揜，故六度食，較陰食近也。◎陽食六
　　度，故陽定法亦六十分。以六十分除六度，即得陽

_____

〔一〕亦，原作“以”，據輯要本、大統曆志卷六及刊謬改。
〔二〕大統曆志卷六此後有“日周一萬分”“半日周五千分”兩條。

食十分也。

月食限一十三度〇五分。定法八十七分。

以定法八十七除一十三度〇五分,即得月食一十五分也。◎月既小於闇虛,闇虛所至即月所至,無高下,故不論陰陽曆,皆十三度即食也。闇虛者日之影,倍大於月,故月食十有五分,所謂既內、既外也。

日月食限數〔凡數滿萬爲日,千爲十刻,百爲單刻。〕

陽食入交

在〇日五十刻已下,日月不食。

在二十六日〇二刻已上,日月皆食。

在一十三日〇〇刻已上,日月皆食。

在一十四日七十五刻已〔下上〕,日月皆食。

在〇日五千四百五五已〔下上〕,日月皆食。

在二十五日六一五一已上,日月不食。

在一十二日〇〇八九已上,日月不食。

在一十四日一五一六已下,日月皆食。

陰食入交

在一日二十五刻已下,不食。

在一十二日四十二刻已〔上下〕,月食。

在一日一八七二已下,日食。

在二十六日〇二四九已上,日月皆食。

在一十二日四一八九已上;

在一十四日七九三三已下;

又在交望一十四日七六五二九六五已下,日月皆食。

又在交終二十七日二一二二二四已下,日月皆食。

又在交中一十三日六〇六一一二已下,日月皆食。

　　右各日月食限,如日食視其定朔小餘在夜刻者,如月食視其定望小餘在晝刻者,即同不食,亦不必推算也。又與各交泛日〔一〕數同則食也,不同者不食。其已上已下,皆指小餘而言。凡數自萬已上爲大餘,自千已下爲小餘。◎凡日食視其定朔小餘在一千二四九以下、八千八百已上,皆在夜刻也。起亥初初刻,止丑正四刻。◎凡月食視其定望小餘在三千〇一六已上、七千〇八三已下,皆在晝刻也。起辰初初刻,止申正四刻。〔晝夜刻仍宜以日出入分與定朔望小餘相較而定之。〕

　　按:自定朔之法行,而日食必在朔。曆家以是驗其疏密者,千有餘年矣。曆至授時,法益密,數益簡。雖然,月有交也,逐逐〔二〕步算,雖簡亦繁。許學士之譏世

〔一〕交泛日,原作"交泛者",各本同,刊謬云:"交泛日,訛'交泛者'。"據改。

〔二〕逐逐,各本同,大統曆志卷六作"逐交"。

醫，謂獵不知兔，廣絡原埜，術已疏矣。今通軌所載食限，顛倒繆亂，殆不可以數求，其誤後學將何已乎！今爲訂定如左〔一〕。

今考定日月入交食限

朔汎交入陽曆

在〇日五〇一六已下爲入食限，已上者日不食〔二〕。
在一十三日一〇四五已上爲入食限，已下者日不食〔三〕。

朔汎交入陰曆

在一十四日不問小餘，皆入食限〔四〕。
　其小餘在一五一六已下、一三〇七已上者，的食。
在一十五日一七七九已下爲入食限，已上者日不食。
在二十五日六四〇四已上爲入食限，已下者日不食。
在二十六日不問小餘，皆入食限。
　其小餘在六六六七已上、六八七六已下者，的食。

〔一〕今爲訂定如左，大統曆志卷六作"愚不自揣，輒爲訂定如左"。
〔二〕大統曆志卷六此後有小字注："月平行乘之，得六度七〇五七六五，爲陽曆距正交後度。"
〔三〕大統曆志卷六此後有小字注："月平行乘之，得一百七十五度一九〇一百四三七五，爲陽曆距中交前度。"
〔四〕大統曆志卷六此後有小字注："月平行一百八十七度一六二五。"

又在交終二十七日二一二二二四已下爲入食限。

又在交中一十三日六〇六一一二已上爲入食限。

望汎交不問陰陽曆

在〇日不問小餘，皆入食限。

其小餘在七九六六已下者，月的食。

在一日一五五六已下爲入食限，已上者不食。

在一十二日四五〇五已上爲入食限，已下者不食。

其小餘在八〇九五已上者，月的食。

在一十四日七六一七已下爲入食限，已上者不食。

其小餘在四〇二七已下者，月的食。

在二十六日〇五六六已上爲入食限，已下者不食。

其小餘在四一五六已上者，月的食。

又在交終二十七日二一二二二四已下，月的食。

又在交中一十三日，不問小餘，皆的食。

右日月食限皆視其朔望入交汎日。其不入食限者，即不必布算也；其入的食限者，必食也。其入食限不言“的”者，或食或不食也，是皆以算御之也。凡言“已上”“已下”者，皆指小餘。有“不問小餘”者，則只以大餘命之也。又視其定朔小餘如在日入分後及日出分前十分已上者，夜刻也；定望小餘如在日入分前及日出分後七百三十分已上者，晝刻也。日食在夜刻，月食在晝刻，即不得見初虧、復圓，同不食限，不必布算也。

按：日食陰曆，距交前後二十一度而止，以月平行除

之，得一日五七一八；日食陽曆，距交前後六度七十一
分而止，以月平行除之，得〇日五〇一六，即各其食限
也。其陰曆距交前後七度〇一三四至七度二九三四，
爲日的食限。月平行除之，得〇日五千二百四六至〇
日五千四百五五也。其陽曆則無的食，何也？蓋日食
雖有陽食限六度、陰食限八度，其實總在陰曆，陽曆本
無蝕法也。今所定陽曆食限以諸差得之，皆或限也。
諸差者何？一曰盈縮差，加減之極，至二度四十分。一
曰南北、東西差，加減之極，至四度四十六分。并二數
六度八十六分，內除未交陽曆前原空有一十五分，餘
六度七十一分，是爲陽曆食限也。其陰曆的食起七度
〇一至七度二九止者，正交、中交限距交皆六度一十五
分，而陽食限只六度，是原空一十五分也。加入盈縮差
并南北、東西差六度八十六分，共七度〇一，而差變極
矣，故的限以此起。置正交、中交距交數，加陰食限八
度，共一十四度一十五分。內減去盈縮差，并減去南
北、東西差，餘七度二九，而差變極矣，故的限以此終。
不入此限度，皆或限也。置正交、中交距交數，加陰食
限，共一十四度一十五分。又加入盈縮差，又加入南
北、東西差，共二十一度，是爲陰曆食限也。蓋極其變
可以得其常，執其常可以追其變。今所訂定食限，皆要
其變之極者言之，而其常可知也。

　又按：月食不問陰陽曆，只距交前後一十五度
四十五分而止，在月平行得一日一五五六爲食限

也。其距交前後一十〇度六十五分，在月平行得〇日七九六六爲的食限也。夫月食何以不問陰陽曆也？月之掩日以形，形則有所不周；日之掩月以氣，氣則無所不及。故日必以陰曆食，月不問陰陽曆皆食，陽全陰半之理也。又月雖掩日，尚不能直至於日之所也，故有東西、南北差；日以闇虚掩月，則直至於月之所也，故亦無東西、南北差。惟其不用東西、南北差也，故只以盈縮差二度四十分加其食限一十三度〇五分，而得食限一十五度四十五分，或食之數止此，而差變極也。只以盈縮差二度四十分減其食限一十三度〇五分，而得的食限一十〇度六十五分，或不食之數亦至此，而差變極也。

又按：夜刻不見日食，以時差分與定用分相較知之。大約日出入卯正、酉正，合朔當之，時差之多至六百五十分。若當二至日出入，其差乃極，亦不下六百三十分。故定朔分若與日出入同者，其食甚皆在日出前、日入後六百三十分以上也。假如日食十分，當月行極遲之限，定用分極多至六百三十五分止矣。故知定朔在日出分前一十分以下者，即不得見未復光；定朔在日入分後一十分以上者，即不得見初虧；斷爲夜刻無疑也。其晝刻不見月食，亦以時差分與定用分相較知之。依授時時差法，望在卯、酉正，時差之多至一百三十分。若當二至日出入，其差爲極，亦不下八十九分。故定望若與日出入分同者，其食甚皆在日入前、日出後^{〔一〕}八十九分已上也。假如月食十五分，當月行極遲之限，定用分多至八百十六分止矣。故知定望在日出分後七百三十分已上者，即不得見初虧；定望在日入分前七百三十分已上者，即不得見未復光，斷爲晝刻無疑也。〔授時算月食時差法，見後時差條。〕

又按：大衍曆有九服交食法，庚午元曆有里差，自宋以前曆法，皆有晷漏，所在差數。今所定只據授時曆經所載大都食法，其日出入據立成所載，蓋是應天^{〔二〕}漏刻也。元統作通軌，是洪武中，故用南都漏刻。〔授時立法時，宜有諸方漏刻及里差推步之術，今皆失傳，故只據通軌。〕^{〔三〕}

日食通軌^{〔四〕}

録各有食之朔下數：

經朔全分	盈縮曆全分	盈縮差全分
遲疾曆全分	遲疾限數	遲疾差全分
加減差全分	定朔全分	入交汎日全分^{〔五〕}

按：有食之朔，即所推其朔入交汎日入食限者也，

〔一〕日入前日出後，大統曆志卷六作"日出前日入後"。

〔二〕應天，大統曆志卷六作"順天"。

〔三〕"元統作通軌"至段末，大統曆志卷六作"餘處再消息之"。

〔四〕大統曆志卷七此後有小字注："按：軌者，法也。算月食者，以此爲通行必用之法也。"

〔五〕入交汎日全分，大統曆志卷七作"交泛全分"。

故其下所有數〔一〕皆全録之〔二〕。蓋數以倚數，參伍相求，此所録皆母數，原定朔時俱已推定故也〔三〕。月食傚此。

推定入遲疾曆法

置所推或遲曆或疾曆全分，以本日下加減差，加者加之，減者減之，得爲定入遲疾曆分也。

按：原推遲疾是經朔，今以差加減之，則是定朔下遲疾也。

推定入遲疾曆限數法

置所推定入遲疾曆全分，依朔下限數法推之，即得。

按：定朔遲疾既不同經朔，則其入轉限數亦異〔四〕，故復定之。

推定限行度法

視所推定入遲疾限與太陰立成相同限下遲疾行度。〔遲用遲行度，疾用疾行度。〕內減日行分八分二十秒，〔於度下二位減。〕即爲定限行度也。

定限行度〔五〕內減去八分二十秒者，月行一限，日行

〔一〕大統曆志卷六"數"下有"如經朔等"四字。
〔二〕大統曆志卷六"之"下有"以爲算日食用也"七字。
〔三〕大統曆志卷七無"故也"二字，"推定"下作"更不必復算，只全録取用也"。
〔四〕大統曆志卷七此後有"其月行遲疾行度之數亦異"。
〔五〕大統曆志卷七"定限行度"後有"即定朔所入限月行遲疾之數也"。

八百二十分,於百分度法爲八分二十秒也。蓋右旋之度,月速於日^{〔一〕}。立成中遲疾行度,月行於天之數;此所推定限行度,乃月行距日之數,即日月兩行之較也。假如一限內月行一度,日亦行八分二十秒,則月行之多於日行,爲九十一分八十秒。

推日出入半晝分法

視有食之朔下是盈曆^{〔二〕}者大餘若干,用立成內冬至後相同積日下日出入半晝分全錄之;是縮曆^{〔三〕}者大餘若干,用立成內夏至後相同積日下日出入半晝分全錄之。

　　按:日出入者,所以定帶食也。以全晝之分半之爲半晝分,所以定午也。只用經朔盈縮曆,不加減者,所差半日而極,無甚差數也^{〔四〕}。

推歲前冬至天正赤道宿次度分法

　　置歲差一分五十秒〔定二子。〕爲實,以所距積年減一算〔十定一,百定二。〕爲法乘之,〔言十定一。〕得數。〔定有四子爲度。〕置箕宿^{〔五〕}十度相減,餘爲赤道箕宿度分也。

〔一〕蓋右旋之度月速於日,大統曆志卷七作"蓋日月並行於天,皆自西而東"。
〔二〕盈曆,大統曆志卷七作"盈初盈末"。
〔三〕縮曆,大統曆志卷七作"縮初縮末"。
〔四〕大統曆志卷七此後有"據此,則日出入立成當亦如盈縮立成法,皆始於二至,順逆推之。今立成只是順求,故其圖爲二也。若盈初縮末、縮初盈末法,則以二圖爲四圖"。
〔五〕箕宿,大統曆志卷七作"度率"。

　　按：歲差者，日行黃道之度所每歲遷徙不常者也。堯時冬至在虛一度，至元冬至在箕十度，漸差而西也。歲差一分五十秒者，凡六十六年有八月而差一度也。原至元冬至在箕十度，至今所求年又差幾度，故以距算乘歲差而得所差之數，以減箕宿十度，便知退在箕宿幾度也。歲差之度，自東而西，其數爲退，故用減也。

推歲前冬至天正黃道宿次度分法

　　置所推赤道度分，內減去黃道立成相同積度下第三格積度全分，餘〔有十定三子，有分定二子，十秒定一子。〕爲實，以同度下第四格度率爲法除之，〔不去子，只不滿法去一子。〕得數。〔定有三子爲十分，二子爲單分，一子爲十秒。於十分前一位加積度。〕加入同度第一格積度，得爲天正黃道箕宿度分也。

　　按：此以箕宿赤道度變黃道也〔一〕。欲明其交變之

─────────

〔一〕“按此以箕宿赤道度變黃道也”以下至“黃道立成”前六段，大統曆志卷七作“按：赤道之勢平，黃道較赤道其勢有斜有平。當其斜則宿度多於赤道，當其平則宿度少於赤道，故赤道終古不變，而黃道宿度每歲不同。要之，以二至平二分斜，則無不同也。所積赤道度即箕宿度，乃逆推今冬至所距箕宿初度之數也，於是以第三格積度減之，便知此所距箕宿度已滿黃道有幾度也。其減不盡者，以第四格度率除之，便知此未滿於黃道一度者在黃道爲幾十幾分也。於是加入第一格積度，便知今冬至距箕初度之黃道凡有幾度幾十幾分也。第三格積度至後赤道也，第一格積度至後黃道也，凡至後赤道積幾度幾十幾分，於黃道爲幾度整數也。第二格度率至後黃道也，第四格度率至後赤道也，凡至後赤道率一度零幾分，於黃道爲一度整數。蓋至前後黃道平，故其數少於赤道如此也。原法以黃道度率乘減餘，然後以赤道度率除之。今黃道率是一度，乘過仍是本位，故不用乘，只用除之。惟其不用乘，故除亦不去子，只不滿法去一子也”。

理,當先知渾天之形。蓋天體渾員,而赤道紘[一]帶天腰,其南北極皆等。赤道度勻分如瓜瓣,離赤道遠,則其度漸斂漸狹,以會於兩極。若黃道之度,雖亦勻分,然半出赤道之外,半在赤道之內,與赤道有平斜之別。若自兩極作經度,縱剖赤道,必過黃道。則有時赤道一度當黃道一度有奇,以黃道度斜也;〔二分黃道斜穿赤道而過,故赤道平而黃道斜。〕有時赤道一度當黃道則不及一度,以赤道度小也。〔二至黃道所經,離赤道二十四度弱,在赤道度則已爲瓜瓣漸斂之時,其度瘦小,故不能當黃道之一度。〕古諸家曆法各有黃赤變率,惟授時依割員句股之法,剖渾度爲之,於古爲密也。

　　黃赤立成起二至畢二分,起二分畢二至,並於一象限內互相乘除,各有定率。〔詳第三卷。〕箕宿近冬至,故用至後立成。

　　立成第四格,赤道度率也;第二格,所變黃道度率也。凡至後赤道一度零若干分,始可當黃道一度也。〔以赤道小度當黃道之平度,則一度不能當一度,必加零分,始可相當。〕第三格,赤道積度也;第一格,所變黃道積度也。凡至後赤道幾度幾十幾分,始可當黃道幾度也。

　　歲差之法,每年冬至西移,則冬至所在宿,每年之距度不同。〔如至元辛巳冬至在箕十度,則箕初距冬至亦十度。今康熙壬寅冬至退至四度奇,則箕初距冬至亦只四度奇。〕故必每年變

―――――――――

〔一〕紘,原作“絃”,據四庫本改。

之，始爲準的。〔如康熙壬寅箕宿赤道距冬至四度奇，以變黃道，則不足四度。冬至愈退，則距度愈近，而每度之加率愈多。〕

今以所推箕宿赤道度分〔是從本年天正冬至逆數至箕宿初度。〕與第二格積度相減，其滿積度數，即變成黃道積度。〔第三格赤道積度俱帶零分，第一格黃道積度並爲整度。以此相變，是以帶零分之赤道幾度變爲無零分之黃道幾度也。〕其減不盡者，以第四格赤道度率爲法除之，則此赤道零分亦變爲黃道零分。〔所變零分必少於赤道零分。〕乃以所變零分併入所變積度，爲箕宿初度距冬至之黃道度，即知天正黃道實躔箕宿若干度分也。

以異乘同除之理言之，赤道一度零幾分，於黃道爲一度；今有赤道零分若干，於黃道亦當爲零分若干。法當置赤道零分，以黃道度率乘之爲實，赤道度率爲法除之，得數爲所變黃道零分。今因黃道率是一度，乘訖數不動，故省不乘，而只用除，是捷法也。〔惟其省乘，故除亦不去子，惟不滿法去一子。蓋不去子則實位暗陞，與乘過之得數無兩。〕

黃道立成

黃積度 〔加此〕	度率 〔此乘黃道〕	赤積度 〔減此〕	度率 〔此除黃道〕
初度	一度	初度〇〇〇〇	一度〇八六五
一度	一度	一度〇八六五	一度〇八六三
二度	一度	二度一七二八	一度〇八六〇
三度	一度	三度二五八八	一度〇八五七
四度	一度	四度三四四五	一度〇八四九
五度	一度	五度四二九四	一度〇八四三

六度	一度	六度五一三七	一度〇八三三
七度	一度	七度五九七〇	一度〇八二三
八度	一度	八度六七九三	一度〇八一二
九度	一度	九度七六〇五	一度〇八〇一
十度	一度	十度八四〇六	一度〇七八六

按：黄赤道交變立成原有九十一度，今只用十度
者，以箕宿只十度也。〔若再過二三百年，歲差於箕度退完，交入尾度，則立成數宜用二十度。〕箕宿度在冬至前，而今用至後立成者，赤道變黄道之率，至前與至後本同一法，故可通用也。〔至後是從冬至順數，至前是從冬至逆溯，其距冬至度同，則赤黄之變率不異。〕大致與縮末盈初二限共一加分積度者同理。近乃有名家撰述，輒譏此條爲錯用立成，是未嘗深思而得其意也[一]。

推交常度法

置有交食之入交汎日全分，〔十日定五子，單日定四子，空日定三子，空千定二子，空百定一子，空十不定子。〕以月平行一十三度三六八七五〔定一。〕爲法乘之，〔言十定一，乘過定有四子爲單度，五子爲十度，六子爲百度。〕即得所推交常度分也。

按：交常度者，經朔太陽躔度距黄道白道相交之

〔一〕"按黄赤道交變立成原有九十一度"段，大統曆志卷七作"按：此圖原有九十一度，以二至二分爲端。蓋二分之黄道與赤道相交，故其度斜徑，而每度之數加多於黄道；二至之黄道與赤道相遠，故其度平直，而每度之數加少於赤道。此所存十度，乃至後者，故其黄道之率皆少於赤道也。只用十度者，因箕宿只十度故也。此算家等按暫時省力之法，蓋至後黄赤道率與至前則同。此圖原是順推。今則用之逆溯，其理同，其數同也"。

度也〔一〕。

推交定度法

置所推交常度全分，内盈加縮減其朔下盈縮差度分，爲交定度分。如遇交常度數少，不及減縮差者，加交終度三百六十三度七九三四一九減之，餘爲交定度分也，遇滿交終度去之。

　　按：交定度者，定朔太陽所在距黄道白道相交之度也。闇虚爲日對度，故只用太陽盈縮差加減之也〔二〕。如遇交常度數少，不及減縮差者，是以常數言之，雖已在交後，計日行盈縮，則仍在交前，故加入交終度減之，即仍作交前算也〔三〕。

推日食在正交中交度

視交定度分如在七度已下、三百四十二度已上者，爲食在正交；如在一百七十五度已上、二百〇二度已下者，爲食在中交。

　　按：正交者，月自陰曆入陽曆，交之始也。中交者，

〔一〕經朔太陽躔度距黄道白道相交之度也，大統曆志卷七作“以常數言之，合朔去交凡有若干度也”。
〔二〕闇虚爲日對度故只用太陽盈縮差加減之也，大統曆志卷七作“以太陽爲主，故只用盈縮差加減之而得也。月食求闇虚即日所衝，是亦以日爲主也”。
〔三〕大統曆志卷七此後有“愚意交定度當以定朔入盈縮曆求之盈縮差分，以加減交常度，於理較親也。存之以質高明”。

月自陽曆復入陰曆，交之中也。交終之度於此始，即於
此終，故爲正交也。交中[一]之度於此適半，故爲中交也。
七度已下、三百四十二度已上者，正交食限，陽曆距交初
七度、陰曆距交終二十一度而止也。一百七十五度者，
陽曆距交中亦七度而止，爲食限；二百〇二度者，陰曆距
交中亦二十一度而止，爲食限也。

推中前中後分法

視定朔小餘，如在半日周五千分已下者，就置五千
分，内減去定朔小餘，而餘爲中前分也。如在半日周已上
者，就於定朔小餘内減去半日周，餘爲中後分也。

按：中前是從午逆推前所距分也，故以小餘減半日
周；中後是從午順求後所距分也，故以半日周減小餘。
順數逆推，皆自午正起算也。

推時差分法

置半日周，内減去所推或中前或中後分，餘〔千定三，百
定二。〕爲實，復以中前或中後〔千三、百二定之。〕爲法乘之，〔言
十定一。〕得數。又以九十六分〔去三子。◎按：九十六分宜去一子，
今去三子者，經所謂退二位也。〕爲法除之，〔不滿法去一子，除過定有
二子爲百分，一子爲十分。〕得爲時差分也。中前爲減差，中後
爲加差。

──────────

〔一〕交中，大統曆志卷七作“交終”。

　　按：時差分者，食甚之時刻有進退於定朔者也。蓋
經朔本有一定之期，既以月遲疾、日盈縮加減之爲定
朔矣，而猶有差者，則以合朔加時有中前中後之不同
也。其所以不同者何也？大約日在外，月在內，故能掩
之。人又在月內，故見其掩而有食，當其正相當一度，
謂之食甚。如其合朔午正，則以人當月，以月當日，相
當繩直，故無所差。若在午前以至於卯，則漸差而早。
假如定朔卯正一刻，日月合在一度，是日月合朔本等時
刻也。人自地上觀之，則不待其月之至於此度也。當
其卯初初刻，月未及日一度時，已見其合於日，是差而
早六刻有奇也。若在午後以至於酉，則漸差而遲。假
如定朔酉正一刻，日月合在一度，是日月合朔本等時刻
也。人自地上觀之，則月雖已至此度，尚未見其合也，
直至戌初一刻，月行過於日將一度時，始見其合於日，
是差而遲六刻有奇也。其自卯而辰而巳，所差漸少，至
午正則復於無差也。其自午而未而申，積差以漸而多，
至酉則差而極於六刻有奇也。蓋天體至圓，其行至健，
運乎四虛。地在其中，爲氣所團，結而不散，若卵之有
黃。夫卵既圓矣，黃安得獨方？故地之方者其德，其體
則必不正方如碁局也。夫日月並附天行，而月在日下，
當其合時，去日尚不知有幾許，人自地上左右窺之，與
天心所見不同，故日月平合在卯酉，皆不能見。所見食
甚，日稍在下，月稍在上，斜弦所當，差近一度，在月平
行爲六百餘分。惟午則自下仰觀，所見正當繩直，與在

左右旁視者異，故無差也。昔人常云：人能凌倒景以瞰
日月，則晦月之表，光應如望。吾亦云：使人能逐景而
行，與日相偕，則舉頭所見，常如在午。又使地如琉璃
光，人居其最中央，旋而觀日，八面皆平。時差之法，可以
不設矣。是其所差，不問盈縮遲疾，而只在本日之加時，
故曰時差。

推食甚定分法

視時差分如是中前分推得者，置定朔小餘，內減去
時差分，餘爲食甚定分也。如是中後分推得者，置定朔小
餘，內加入時差分，共得爲食甚定分也。滿日周去之，至
入盈縮度，再加之。

按：食甚，食而甚也。食甚分是自虧至復之中，日
月正相當於一度之時刻也。中前減小餘者，差而早也；
中後加小餘者，差而遲也。若夜刻不算者，恐無滿日周
去之之理。末二句疑有誤。

推距午定分法

置所推中前或中後分，內加入時差分，共得爲距午定
分也。

按：距午定分，是食甚時刻距午正之數也。食甚以
時差加減，距午則不減只加者，蓋食甚原是順推，故有
加減；距午分則一自午順推，一自午逆溯，總是差而漸
遠於午正故也。

推食甚入盈縮定度法

置前推或盈曆或縮曆初末全分，加入定朔大餘及食甚定分，內減去經朔全分，餘爲食甚入盈縮曆定度分也。

按：原推盈縮曆是經朔下者，故以定朔大餘及食甚分加之，減去經朔全分。如以經朔大小餘加減作食甚大小餘，故即得食甚所入盈縮曆數也。

推食甚入盈縮差度法

置所推食甚盈曆或縮曆全分，減去大餘，依朔下盈縮差法推入，得食甚入盈縮差度分也。如遇末限，亦用反減半歲周之數。〔數止秒。〕

按：食甚盈縮曆既異經朔，則其所積盈縮之差亦不同，故復求也。

推食甚入盈縮曆行定度法

置食甚入盈縮曆全分，以萬爲度，內盈加縮減其所推食甚入盈縮差，得爲食甚入盈縮曆行定度分也。〔末限不用，數止秒。〕

按：凡盈曆若干日，即是常數日行距冬至宿之度數也；凡縮曆若干日，即是常數日行距夏至宿之度數也。以其差加減之，即得所推食甚日躔距二至宿之度數也。凡用末限者，所以紀其差，是逆從二至推至二分，其差整齊易知也。今不用末限者，所以積其度，是順從冬至數至夏至,從夏至數至冬至也。

推南北泛差度法

視所推食甚入盈縮曆行定度,如在周天象限九十一度三一四三七五已下者,爲初限也;如在已上者,置半歲周內減去行定度,餘爲末限也。或得初限,或得末限,俱自相乘之,〔初末限有十度,上下各定三子,單度各定二子,言十加定一子。〕得數,以一千八百七十度〔去三子。〕爲法除之。〔不滿法去一子,除過定有四子爲度,三子爲十分。◎按:上下各定二子,則四子矣,故四子爲度。〕復置四度四十六分,〔按:四度四十六分者,即周天象限自乘,復以一千八百七十度除之者。〕內減去得數,餘爲南北汎差度分也。

推南北定差度法

置所推南北泛差全分,〔度定四子,十分定三。〕以所推距午定分〔千定三子,百定二子。〕爲法乘之,〔言十定一。〕得數,復以其所錄半晝分〔去二子。〕爲法除之。〔不滿法去一子,除過定有四子爲度,三子爲十分。〕仍置泛差,減去得數,餘爲南北定差也。若遇泛差數少不及減者,反減之而得也。又視其盈縮曆及所推正交、中交限度,如是盈初縮末者,食在正交爲減差,中交爲加差也。如是縮初盈末者,食在正交爲加差,中交爲減差也。若遇反減泛差者,應加作減,應減作加,不可忽略也。

　　按：南北差者，古人所謂氣差也，易之曰南北，所以
著其差之理也。蓋日行盈初縮末限，則在赤道南，其遠
於赤道也至二十三度九十分；日行縮初盈末限，則在赤
道北，其遠於赤道也亦二十三度九十分。日之行天，在
月之上而高，故月道與黃道相交之度有此差數，以南北
而殊也。假如盈初縮末限一日空日間，日行赤道外極
南，去人極遠，去地益近，日道所高於月道之中間，人皆
從旁〔一〕觀之，易得而見，故月道之出黃道而南也，較常
期〔所謂常期，皆南北、東西差折中之數〔二〕，即所定大都〔三〕正交度、中交
度也。〕早四度有奇；其入黃道而北也，較常期遲四度有
奇。由是以漸而至於盈初縮末八十八日，行天漸滿一
象限之時，黃道之在赤道南者，去赤道以漸而近，去地
之數以漸而遠，其日高月下相去之數，人所從旁見者以
漸而少，故其所差四度有奇以漸而殺也。又如縮初盈
末限一日空日間，日行赤道內極北，去人益近，去地極
遠，日道所高於月道之中間，人仰面視之，難得而見，故
月道之出黃道南而爲正交也，較常期遲四度有奇；其入
黃道北而爲中交也，較常期早四度有奇。由是以漸而
至於縮初盈末九十三日，行天漸滿一象限之時，黃道之
在赤道北者，去赤道以漸而近，去地之數亦以漸而近，
其日高月下相懸之數，人所從旁見者又以漸而多，故其

─────────────

〔一〕旁，原作“南”，據大統曆志卷七改。
〔二〕皆南北東西差折中之數，大統曆志卷七作“皆主春秋分日道而言”。
〔三〕大都，大統曆志卷七作“中國”。

所差四度有奇亦以漸而殺也。四度四十六分者,據其極差者言也,以得數減之,便是今所有差也。然此皆據午地而言,故以距午分乘之,以半晝分除之,便知今距午之地應分得差數凡幾許。而今已距午幾許,則此所有之差已不可用,故以減原得汎差數,而知其尚餘幾許之差,爲定差也。蓋於天則冬至夏至之黃道爲南北,於地則加時在正子午爲南北。今汎差之數近二至則多,近二分則少,是以天之南北而差也;定差之數近午正則多,近日出没時刻則少,是以加時之南北而差也,故曰南北差。◎月自黃道北出黃道南,謂之正交,即經所謂交前陰曆,交後陽曆也。月自黃道南入黃道北,謂之中交,即經所謂交後陰曆,交前陽曆也。◎其南北泛差不及減反減者,此帶食出入方有之,何也?此必是食甚定分在日入分已上,或日出分已下,則其距午定分多於半晝分,故乘除後得數亦多於泛差也。不則,以多除,以少乘,其數且不能與〔一〕泛差相等,況能多於泛差乎?愚故斷其爲帶食也。泛差數少不及減,是距午定分已過於半晝,是在夜刻,故反算其距子之數。夫距子與距午,其盈縮南北遠近,并旁視仰視之理正相反,故加者減之,減者加之,以爲定差也。

〔一〕與,原無,據大統曆志卷七補。

推東西泛差度法

置所推食甚入盈縮曆行定度,就爲初限也。去減半歲周,餘爲末限也。以初末二限互相乘之,〔百度定四子,十度定三子,言十定一是也。〕得數,復以一千八百七十度〔去三子。〕爲法除之,〔不滿法去一子,除過定有四子爲度,三子爲十分。〕即得所推東西泛差也。

推東西定差度法

置所推東西泛差全分,〔度定四子,千定三子。〕以所推距午定分〔千定三子,百定二子。〕爲法乘之,〔言十定一。〕得數,以二千五百度〔去三子。〕爲法除之。〔不滿法去一子,除過定有四子爲度,三子爲十分。〕視所推如在東西泛差已下者,就爲東西定差度分也;如在已上者,倍其泛差,內減去得數,餘爲東西定差度分也。又視其盈縮曆及中前中後分與正交中交限度,若是盈曆中前、縮曆中後者,正交爲減差,中交爲加差也;若是盈曆中後、縮曆中前者,正交爲加差,中交爲減差也。

按:東西差即古所謂刻差也,易其名曰東西者,其差只在東西也。於天則近二分之黃道爲東西,於地則近卯酉之時刻爲東西。蓋日行在二至前後,其勢平直;日行在二分前後,則其黃道與赤道縱橫相交,其勢斜徑。當其斜徑,加時又在卯酉,則有差也。假如春分日在盈曆九十餘度,其黃道之交於赤道,自南而北,勢甚

斜徑。若加時中前，則是赤道倚而黃道橫也；加時中
後，則是赤道倚而黃道縱也。又如秋分日在縮曆九十
餘度，其黃道之交於赤道，自北而南，勢甚斜徑。若加
時中前，則是赤道倚而黃道縱，與盈曆中後仝也；加時
中後，則是赤道倚而黃道橫，與盈曆中前仝也。黃道縱
立於卯酉，月道之出入亦從而縱。正面視之，繩直相
當，其日內月外相去之中間，人所見者少，意與南北差
縮初盈末正在人頂者同也。故月道之出黃道南而爲正
交也，較常期遲四度有奇；其入黃道北而爲中交也，較
常期早四度有奇。此盈曆中後、縮曆中前皆於正交以
差加，中交以差減也。黃道橫偃於卯酉，月道之出入
亦從而橫。人在赤道之北斜而望之，其日內月外相去
之中間，皆得而見，意與南北差盈初縮末橫偃南上漸近
於地者同也。故月道之出黃道南而爲正交也，較常期
早四度有奇；其入黃道北而爲中交也，較常期遲四度
有奇。此盈曆中前、縮曆中後皆於正交以差減，中交以
差加也。若盈縮曆當二分，加時又在卯酉，則其差之極
四度有奇。迨至二分前後，黃道之斜徑以漸而平，故其
差亦以漸而少。由是而至於二至，黃道之斜徑依平，而
差亦復於平，故曰二至無刻差也。若加時不在卯酉，則
雖二分之黃道，其差却與他氣不殊，蓋其斜徑之勢亦以
漸而平故也。假如二分加時辰巳之間，其定差則正與
四立泛差等，漸而至於午中，則其差亦漸而復於平，是
其所差只在東西，故曰東西差。◎凡東西泛差近二分

多，是以天之東西而差也；其定差以加時卯酉而多，是以地之東西而差也。以距午分乘之者，距卯酉之數也。以二千五百除之者，日周四分之一，乃卯酉距午之數也。蓋此所爲〔一〕泛差，乃距午二千五百分時所有之差也。乘除後得數若多於泛差，是食甚距午分其數亦多於日周四分之一，其加時乃在卯前酉後也。卯前酉後之差於正卯酉者，其數正與卯後酉前等，故倍泛差減得數，即爲定差也。◎凡差於南北者復於東西，差於東西者復於南北，并二差加減數，總無過四度四十六分，以是爲交度進退之極也。蓋原所謂正交、中交限各損陰曆六度，餘爲陽曆者，乃是據中國地勢所差於南戴赤道之下者言。人在赤道〔二〕之北，故所見黃道交處皆差而近北六度餘，此常數也。若黃道在冬至，橫於南上，去人益遠，故其交處差而北者又四度餘而極，是共差十度餘矣。若黃道在夏至，去人反近，正在中國人頂，故其交處原差而北者，乃復而南，亦四度餘而極，是只差一度餘矣。此南北差之理，據午上言也。若移而至日出入時，則其橫於南上者已斜縱於卯酉，其正當人頂者已橫斜於卯酉，所見差度以漸而平如常數，故南北差近午多，近日出沒則少也。若黃道在春分而加時卯，黃道在秋分而加時酉，其勢皆橫偃於東西，而與地相依，故其

〔一〕爲，大統曆志卷七作“謂”。
〔二〕赤道，原作“北道”，據大統曆志卷七改。

交處益差而北又四度餘而極，是亦共差十度餘矣。若
黃道在春分而加時酉，黃道在秋分而加時卯，其勢皆縱
立於東西，而與人相當，故其交處原差而北者，亦皆復
而南四度餘而極，是亦只差一度餘矣。此東西泛差之
理，據卯酉而言也。若移而至午，則其橫偃於卯酉者反
斜縱於午上，其縱立於卯酉者反橫斜於午上。所見差
度自以漸而平如常數，故東西差近卯酉多，近午則少
也。假使人能正當赤道之下，則兩極平見，相望子午，
赤道平分，界乎卯酉，則凡正交只在交終，中交則在交
中。其氣刻之差減正交加中交者，則差而北；其加正
交減中交者，則差而南，當亦各四度有奇也。今中國地
勢則正在赤道之北，故所見赤道皆斜倚於人之南，其所
見正交、中交度常數，亦皆因其赤道之斜倚者而斷。惟
其黃道交在四立之宿，加時在巽坤之維，則黃道之勢正
自斜倚，適如赤道之理，而南北東西之差皆少，與常數
相依。若黃道橫，則其勢視赤道加偃，故正交、中交之
度益差而北；若黃道縱，則其勢視赤道反直，幾有類於
南戴日下之赤道，故正交、中交之度雖曰復差而南，其
實乃復於無差也。凡縮初盈末而加時午，盈曆而加時
中後，縮曆而加時中前，皆黃道縱之類也。其縮初盈末
當午，雖橫在天心，然東西視之，則亦縱也。凡盈初縮
末而加時午，盈曆而加時中前，縮曆而加時中後，皆黃
道橫之類也。其冬夏至黃道當日出入，其二分黃道當

午〔一〕，皆黃道斜倚之類也。

推日食在正交中交定限度

視所推日食在正交、中交限度，如食在正交者，置正交度三百五十七度六十四分；在中交者，置中交度一百八十八度〇五分。俱以所推南北東西定差，是加者加之，減者減之，即爲所推正交、中交定限度分也。

　按：正交本在交終三百六十三度七十九分，今曰三百五十七度六十四分者，於陰曆本數內損六度，餘爲陽曆也；中交本在交中一百八十一度八十九分，今曰一百八十八度〇五分者，於陽曆本數外增六度，餘侵入陰曆也。蓋黃道於月道，如大環包小環〔二〕，月在日內，中間相去空隙猶多〔三〕。人在月內稍北，日月交其南，人自北斜望，得見其間空隙〔四〕，故其交處皆差而北也。惟其交處差而北，故其交而南也早六度，其交而北也遲六度。此據地勢〔五〕爲言，在授時立法，原在大都〔六〕。若迤而漸南，至於戴日之下，所差漸平〔七〕；迤而向北，差當益

〔一〕午，大統曆志卷七作“子”。

〔二〕大環包小環，大統曆志卷七兩“環”字均作“圓輪”。

〔三〕中間相去空隙猶多，大統曆志卷七無。

〔四〕得見其間空隙，大統曆志卷七作“其月日相去中間獨得而見”。

〔五〕大統曆志卷七“地勢”前有“中國”二字。

〔六〕原在大都，大統曆志卷七作“當只是據大都北極高度斷之也”。

〔七〕所差漸平，大統曆志卷七作“所差當以漸而復其本度”。

大,當亦必有各方差數,而不可攷矣〔一〕。◎又按：此正交、中交度增損六度者,只是地勢使然,已爲常數。其因時而差者,又有南北、東西二差,於是復以加之減之,而後乃今所推正交、中交之度可得而定,而後乃今交前、交後陰陽曆可得而定矣。

推日食入陰陽曆去交前交後度法

視所推交定度若在正交定限度已下者,就於定限度內減去交定度,餘爲陰曆交前度也;若在正交定限度已上者,於交定度內減去正交定限度,餘爲陽曆交後度也。又視其交定度若在中交定限度已下者,就於定限度內減去交定度,餘爲陽曆交前度也;若在中交定限度已上者,於交定度內減去中交定限度,餘爲陰曆交後度也。◎按：若交定度在七度以下者,數雖在正交定限度下,而實則爲陽曆交後度也。法當置交定度,加入交終度,復減去正交定限度,餘爲陽曆交後度也。〔勿庵補。〕

按：凡交定度在正交後中交前者,陽曆也;其在正交前中交後者,陰曆也。若以東西、南北差定之,而正交度有加,中交度有減者,是陽曆變爲陰曆也;其正交度有減,中交度有加者,是陰曆變爲陽曆也。正交陽變陰,中交陰變陽,是交後變爲交前也;正交陰變陽,中

〔一〕“迤而向北”至“不可攷矣”,大統曆志卷七作“若迤而漸北,以至於戴極之下,所差當不知更有幾許也”。

交陽變陰，是交前變爲交後也。故必以所推正交中交
定限度爲則，與交定度相較，而得合朔日躔距交前後的
數也。凡以交定度去減正交中交定限度者爲交前，是
逆從交處數來也；其於交定度内減去正交中交定限度
者爲交後，是順從交處數去也。◎又按：交定度在七度
已下，食在正交也。若以減正交定限度，其所餘者當在
三百五十度内外，爲陰曆交前度也。勿菴曰：非也。若
然，則凡正交七度已下者永不入食限，不必布算矣。況
所謂陰陽曆者，自正交、中交而斷，〔正交後爲陽，中交後爲
陰。〕所謂交前後者，皆附近正交、中交前後而斷。〔正交
後爲陽曆交後，正交前爲陰曆交前；中交後爲陰曆交後，中交前爲陽曆交
前。〕交終度〔一〕分爲陰陽曆，陰陽曆又各分前後，安得有
陰曆交前度乃多至三百五十餘度者乎？此必無之理，
亦必不可通之數也。然則何以通之？曰：有法焉。凡
交定度在七度已下，是其數不特在正交度下，并在中交
度下也。然而又與中交數遠，并亦不得減中交爲交前
也。夫在中交數下，是陽曆，非陰曆也，不在交前，是交
後也。夫陽曆交後度，法當置交定度，内減去正交定限
度。而此交定度數少不及減，故必加入交終度，而後可
以減之也。加入交終度減之，則陽曆交後之度復其本
位也。則凡距交七度已下者，皆得入陽食之限也。然
則曆經何以不云，通軌何以闕載也？曰：是偶爾之遺

─────────────

〔一〕交終度，大統曆志卷七作“通交度”。

也。或姑略之，以俟人之變通也；或傳之久而失其真，原有闕文也。夫夏五傳疑，三豕徵信，各行其是而已。爲其恐誤後學也，故訂之[一]。

推日食分秒法

視日食入陰陽曆交前交後度，是陰者置陰食限八度，是陽者置陽食限六度，皆減去陰曆或陽曆交前交後度，餘〔度定四，十定三。〕爲實。各以其定法，是陰者置八十分，陽者置六十分，〔去一。〕爲法約之，〔不滿法去一子，所定有二子爲單分，一子爲十秒。〕即得所推日食分秒也。如陰陽食限不及減交前交後度者，皆爲不食也。

按：陰食限八度者，陰曆距交八度內有食也；陽食限六度者，陽曆距交六度內有食也。凡合朔若正當交度，其食十分，漸離其處，食分漸少。假如陽曆距交一度二十分，則於食十分內減二分，只食八分也。又如陰曆距交二度四十分，則於食十分內減三分，只食七分也。故各置陰陽食限，以距交前後度減之，即是於食十分內減去若干分秒也。其減不盡者，則正是今所推合食之數，故各以定法除之而得也。凡陰陽定法，皆十分食限之一也。如食限不及減爲不食者，是距交前後之度多於陰陽食限，其去交甚遠，不能相掩，斷爲不食也。

〔一〕大統曆志卷七此後有“然而古人不作，吾安所取正乎？可爲長歎”。

推日食定用分法

置日食分二十分，内减去推得日食分秒，餘〔十分定三，單分定二。〕爲實，即以日食分秒〔單分定二。〕爲法乘之，〔言十定一，所定有六子爲百分，五子爲十分。〕即爲所推開方積也。立天元一於單微之下，依平方法開之，得爲開方數。〔有十定一。〕復以五千七百四十分〔定五。〕爲法乘開方數，〔言十定一。〕得數。又以所推定限行度〔去四子，空度去三子。〕爲法除之，〔不滿法去一子，所定有二子爲百分，一子爲十分。〕即爲所推定用分也。

按：定用分者，日食虧初、復末中距食甚所定用之時刻也。凡日食若干分，則其所經歷凡有若干刻。食分深者歷時久，以月所行之白道長也；食分淺者歷時暫，以月所行之白道短也。今所求開方之數，即自虧至甚或自甚至復月行白道之率也。

日食只十分，今用二十分者，何也？日月各徑十分，其半徑五分。凡兩圓相切，則兩半徑聯爲一直線，正得十分爲兩心之距。以此兩心之距爲半徑，從太陽心爲心，運規作大圓，其外周各距日之邊五分，爲日月相切時太陰心所到之界，其大圓全徑正得二十分也。

以日食分秒相減相乘，何也？此句股術中弦較求股法也。依前所論，初虧時兩圓相切，其兩心之距十分，此大圓之半徑，常爲句股之弦。食甚時兩心之距如句，而太陰心侵入大圓邊之數如句弦較。自虧至甚太陰心所行白道如股，而太陰心侵入大圓邊之數與食分

正同,蓋月邊掩日一分,則月心亦移進一分也。故即以
日食分秒爲句弦較,與大圓全徑二十分相減,其餘即爲
句弦和。和較相乘爲開方積,即股實也,其開方數即
股,亦即自虧至甚月心所行之白道矣。其自食甚至復
光理同。

五千七百四十分乘者,何也? 先求日食分秒及句
股開方等率,皆就日體分爲十分。其實日體不滿一度,
大約爲十之七耳。五千七百四十者,七因八百二十也。
月行一限得八百二十分,其十之七則五百七十四分矣。
故以五百七十四分乘開方爲實,以定限行度除之,爲定
用分之時刻也。

以異乘同除之理言之,月行定限行度歷時八百二
十分,則月行虧至甚之白道,〔即開方數。〕該歷時有若干
分。然此所得開方數,於度分爲十之七,法當置開方
數,七因退位,〔如有十分,只作七分。〕然後乘除。今開方數
不動,而七因八百二十爲五千七百四十,得數亦同。〔即
算術中異乘同乘之用^(一)。〕

開方數之分,是度下一位,宜定三子。七因八百二十
而退位,實爲五百七十四,宜定二子。今開方數不定子,

〔一〕"以異乘同除之理言之"至段末,大統曆志卷七作"一率定限行度,〔爲本
限月行遲疾之定率。〕二率五百七十四分;〔爲十分八百二十而用其七。〕三率
開方數,〔即自虧至甚或自甚至復月所形白道。〕四率定用分。〔即自虧至甚、
甚至復月所歷之時刻〕"。

故於五千七百四十加定[一]三子爲五子,其乘除後定數
同也[二]。

日食圖

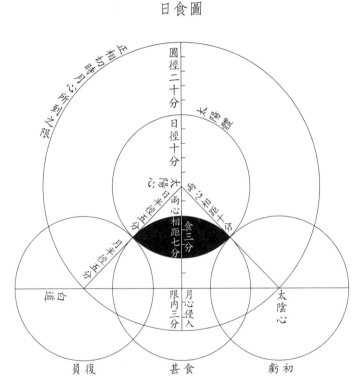

初虧時兩心之距爲弦。〔即大員二十分半徑。〕食甚時兩心

〔一〕定,原作"交",據輯要本及刊謬改。

〔二〕"開方數之分"至段末,大統曆志卷七爲圖下小字,作"五千宜定三子,
（會）[今]定五子者,因此所謂分,乃度下二位分,故加定二子也。立大元
一子單微之下者,如一子於實之微下一位。所以然者,前所推數皆止於秒,
秒以下所棄者尚多,故此於開積加之,以湊平方整齊也。月食倣此"。

之距爲句。食甚時月心侵入限內三分爲句弦較。自虧至
甚月心所行白道爲股。〔甚至復亦同。〕

　　此以月在陽曆日食三分爲例。餘可倣推。

推初虧復圓分法

　　置所推食甚定分，內減去定用分，爲初虧分。不及
減，加日周〔一萬。〕減之。復置食甚定分，如入定用分，爲
復圓分。滿日周去之，時刻依合朔法推之。

　　　按：食甚者，食之甚，食之中也，日月正相當於一度
　　也。初虧者，虧之初，食之始也，月始進而掩日也。復
　　圓者，復於圓，食之終也，月已掩日而退畢也。凡言分
　　者，皆時刻也。蓋初虧在食甚前幾刻，故減小餘；復圓
　　在食甚後幾刻，故加小餘。初虧距食甚時刻，正與食甚
　　距復圓數等，故皆以定用分加減之也。月食倣此。◎又
　　按：據“加日周減”“滿日周去”二語，定用分當不止此
　　數也。

推日食起復方位法

　　視所推日食入陰陽曆，如是陽曆者，初起西南，甚於
正南，復圓於東南也。如是陰曆者，初起西北，甚於正北，
復圓於東北也。若食在八分以上者，無論陰陽曆，皆初起
正西，復圓於正東也。

　　　按：日食起復方位主日體言之，即人所見日之左
　　右上下也；以午位言，則左爲東，右爲西，上爲北，下爲

南也。日食入陰陽曆者,主月道言之,月在日道南爲陽曆,月在日道北爲陰曆也。如是陽曆食,是月在日南掩而過,故食起西南,甚於正南,復於東南也。如是陰曆食,是月在日北掩而過,故食起西北,甚於正北,復於東北也。其食在八分已上者,是月與日相當一度,正相掩而過,故食起正西,復於正東,其食甚時正相掩覆,而無南北,不言可知也。凡日月行天,並自西而東,日速月遲。其有食也,皆日先在東,月自西追而及之。既相及矣,則又行而過於日,出於日東,故日食虧初皆在西,復末皆在東也。◎又按:曆經云:“此所定起復方位,皆自午地言之,其餘處則更當臨時消息也。”

推帶食分法

視朔下盈縮曆與太陽立成同日之日出入分,如在初虧分已上、食甚分〔按:“食甚”當作“復圓”。〕已下,爲帶食之分也。若是食在晨刻者置日出分,昏刻者置日入分,皆與食甚分相減,餘爲帶食差也。置帶食差,〔百定六,十定五。〕以所推日食分秒〔十定五,單定四。〕爲法乘之,〔言十定一。〕得數。復以所推定用分〔百去六子。〕爲法除之,〔不滿法去一子,所定有五子爲十分,四子爲單分,三子爲十秒。〕得數。去減所推日食分秒,餘上下兩處皆爲帶食已見未見之分也。

　按:帶食分者,日出入時所見食分進退之數也。假如日出分在初虧分已上,是初虧在日未出前,但見食甚,不見虧初也;日入分在初虧分已上,是食甚在日入後，但見虧初，不見食甚也。又如日出分在復圓分已下，是食甚在日未出前，不見食甚，但見復末也；日入分在復圓分已下，是復圓在日入後，不見復末，但見食甚也。見食甚不見虧初，是食在未出已有若干，尚有見食若干帶之而出，其食爲進也。見初虧不見食甚，是食在未入見有若干，尚有不見食若干帶之而入，其食亦爲進也。不見食甚，但見復末，是食在未出前已復若干，尚有見復光若干帶之而出，其食爲退也。不見復末，但見食甚，是食在未入前見復若干，尚有未復光若干帶之而入，其食亦爲退也。凡此日出入所帶進退分秒，何以知之？則視其帶食而出爲晨刻者置日出分，其帶食而入爲昏刻者置日入分，皆以食甚分與之相減，而得帶食之差也。假如日出分在初虧分已上，其食甚分又在日出分已上，則以日出分減其食甚分，其減不盡者，則是日出已後距食甚之時刻也。若日入分在初虧分已上，其食甚分又在日入分已上，則以日入分減其食甚分，其減不盡者，則是日入已後距食甚之時刻也。又如日出分在復圓分已下，其食甚分又在日出分已下，則於日出分內減去食甚分，其減不盡者，則是日出已前距食甚之時刻也。若日入分在復圓分已下，其食甚分又在日入分已下，則於日入分內減去食甚分，其減不盡者，則是日入已前距食甚之時刻也。凡此帶食差分用乘日食分秒，又以定用分除之，便知日出入時所距食甚時刻在定用分全數內占得幾許，即知日出入時所帶食分於日食分秒全數内占得幾許也。以得數減食分，所餘分秒即是日出入前距虧初已過食分，或日出入後距復末未見食分也。上下兩處者，得數與減餘兩處之數。已見未見之分，即已復未復、已食未食，如後二條所列也。

日有帶食例

置日出入分，内減去食甚分，謂之已復光、未復光。將所推帶食分錄於前：

晨（日未出已復光若干　日已出見復光若干）　　　　昏（日未入見復光若干　日已入未復光若干）

置食甚分，内減去日出入分，謂之見食、不見食。將所推帶食分錄於後：

晨（日未出已食若干　日已出見食若干）　　　　昏（日未入見食若干　日已入不見食若干）

　按：置日出入分，内減去食甚分者，其日出入分皆在復圓分已下也，故謂之已復光、未復光。假如日食甚五分，在日出入前，其帶食三分，以之相減，尚餘二分。若在晨刻，是日未出前已復光三分，日已出後見復光二分也；若在昏刻，是日未入前見復光三分，日已入後未復光二分也。此二端帶食分，皆是已復光數，故錄於前也。其以帶食分減之而餘者，則是未復光數，故錄於帶食之後也。置食甚分，内減去日出入分者，其日出入分皆在初虧分已上也，故謂之見食、不見食。假如日食甚五分，在日出入後，其帶食三分，以之相減，尚餘二分。若在晨刻，是日未出前已食二分，日已出後見食三

分也；若在昏刻，是日未入前見食二分，日已入後不見
食三分也。此二端帶食分，皆是未食數，故錄於後也。
其以帶食分減之而餘者，則是已食數，故錄於帶食之前
也。月食倣此，但以日之昏爲月之晨，以日之晨爲月之
昏，蓋日出於晨入於昏，月出於昏入於晨也。其餘並同。

推黃道定積度法

　　置所推食甚入盈縮曆行定度，如是盈曆者，內加入天
正黃道箕宿度，共得爲黃道定積度也；如是縮曆者，內加
入半歲周及天正箕宿黃道度，共得爲黃道定積度也。

　　　按：黃道定積度者，逆計食甚日躔度距天正冬至日
躔宿度積數也。盈曆加入天正黃道箕度者，是逆從天
正冬至所躔宿初度積算起也；縮曆復加半歲周者，縮曆
本數是從夏至度起算，今加入半歲周，又加入天正箕
度，是變而加〔一〕盈曆，亦從天正冬至箕宿初度起算也。
所得定積度，即是今所躔宿度與箕宿初度相距遠近之
數也。

推食甚日距黃道宿次度法

　　置所推黃道定積度，無論盈縮曆，皆以黃道各宿次積
度鈐挨及減之，餘爲食甚日躔黃道某宿次度分也。

　　　按：所推黃道定積度，無問盈縮，皆是今食甚躔度

〔一〕加，原作“如”，據大統曆志卷七改。

前距箕宿初度之積數也。然尚未知其爲黃道何宿度
也，故以黃道各宿積度鈐取其相挨及者減之。其減去
者，是今積度內已滿其宿之度，日躔已過此宿，斷爲前
宿也；其不及減而餘者，則是前宿算外所餘度分也，是
日躔正在此宿中未過，故其積度亦未滿，當即以所減算
外之度分斷爲食甚日躔某宿幾度幾分也。假如食甚定
積十度，則以箕宿積度九度五九減之，餘〇度四十一
分，爲箕宿算外餘數，斷爲食甚日躔黃道斗宿初度
四十一分也。餘倣此。

黃道各宿次積度鈐

箕九度〔五九〕　　　　　斗三十三度〔〇六〕

牛三十九度〔九六〕　　　女五十一度〔〇八〕

虛六十〇度〔〇八太〕　　危七十六度〔〇三太〕

室九十四度〔三五太〕　　壁一百〇三度〔六九太〕

奎一百廿一度〔五六太〕　婁一百卅三度〔九二太〕

胃一百四九度〔七三太〕　昴一百六十度〔八一太〕

畢一百七七度〔三一太〕　觜一百七七度〔三六太〕

參一百八七度〔六四太〕　井二百十八度〔六七太〕

鬼二百廿〇度〔七八太〕　柳二百卅三度〔七八太〕

星二百四十度〔〇九太〕　張二百五七度〔八八太〕

翼二百七七度〔九七太〕　軫二百九六度〔七二太〕

角三百〇九度〔五九太〕　亢三百十九度〔一五太〕

氐三百卅五度〔五五太〕　房三百四一度〔〇三太〕

心三百四七度〔三〇太〕　尾三百六五度〔二五太〕

按：黄道積度鈐，皆自箕初度積至其宿垛積之數也。假如日躔斗二十三度四七，加入箕宿九度五九，則已共積得三十三度〇六也。又如日躔牛六度九十分，加入斗二十三度四七，又加入箕九度五九，共積得三十九度九六也。餘倣此。◎又按：凡言鈐者，皆豫將所算之數并其已前之數垛積而成，以便臨算取用，意同立成也。雖然，黄道不可以立鈐算者，當知黄道度之所由生，則可以斷其是非矣。蓋黄道積度生於其宿黄道度，各宿黄道度皆生於赤道。赤道三百六十五度二五七五，黄道亦三百六十五度二五七五，而其各宿度數不同者，則以二至二分所躔不同也。赤道近二至，則其變黄道度也損而少；赤道近二分，則其變黄道度也益而多〔一〕。蓋赤道平分天腹，適當二極之中，所紀之度終古不易。黄道不然，其冬至則近南極，在赤道外二十三度九十分；其夏至則近北極，在赤道內亦二十三度九十分。其自南而北，自赤道外而入於其內也，則交於春分之宿；其自北而南，自赤道內而出於其外也，則交於秋分之宿。交則斜，以斜較平，視赤道之度必多〔二〕。此處既多，則二至黄道視赤道之數必少〔三〕，理勢然也。〔二至

〔一〕“赤道近二至”至“益而多”，大統曆志卷七作“黄道近二至，則其度視赤道損而少；黄道近二分，則其度視赤道益而多”。

〔二〕以斜較平視赤道之度必多，大統曆志卷七作“所占分數多”。

〔三〕則二至黄道視赤道之數必少，大統曆志卷七作“則二至之黄道所占數少”。

赤道以斂小之度當黃道大度,已詳天正箕宿注。〕黃道之損益既係
於分至,分至既以歲而差,黃道積度是必每歲不同,古
人則既言之矣。此所載者,猶據授時曆經所測黃道之
度,乃至元辛巳一年之數也。上考下求,數十年間,則
皆有所不合,況距今三百八十餘算,積差尤多,安得泥
制此鈴,以盡古今之無窮乎?今仍以授時曆經黃赤道
差法,求得天啓辛酉年黃道積度如左。

依授時曆經求得天啓辛酉年黃道積度

天正冬至赤道箕宿四度九〇
　赤道四象積度

箕五度〔五〕　　　　　斗三十〇度〔七〕
牛三十七度〔九〕　　　女四十九度〔二五〕
虛五十八度〔二〇太〕　危七十三度〔一〕〔六〇太〕
室九十〇度〔七〇太〕　壁九十一度〔三一四三太〕
　　右冬至後一象之度。
壁七度〔九九三一少〕　奎二十四度〔五九三一少〕
婁三十六度〔三九三一少〕胃五十一度〔九九三一少〕
昴六十三度〔二九三一少〕畢八十〇度〔六九三一少〕
觜八十〇度〔七四三一少〕參九十一度〔三一四三太〕
　　右春分後一象之度。
參初度〔五二八太〕　　井三十三度〔八二八太〕

〔一〕七十三度,大統曆志作"七十度"。

鬼三十六度〔〇二八太〕　　　柳四十九度〔三二八太〕

星五十五度〔六二八太〕　　　張七十二度〔八七八太〕

翼九十一度〔三一四三太〕

　　右夏至後一象之度。

翼初度〔三一四三太〕　　　　軫一十七度〔六一四三太〕

角二十九度〔七一四三太〕　　亢三十八度〔九一四三太〕

氐五十五度〔二一四三太^{（一）}〕　房六十〇度〔八一四三太〕

心六十七度〔三一四三太〕　　尾八十六度〔四一四二太〕

箕九十一度〔三一四三太〕

　　右秋分後一象之度。

　　黃道積度

箕五度〔〇七〕　　　　　　　斗二十八度〔七一〕

牛三十五度〔六九〕　　　　　女四十六度〔九五〕

虛五十六度〔〇六太〕　　　　危七十二度〔二〇太〕

室九十〇度〔六五太〕　　　　壁九十九度〔九八太〕

奎一百十七度〔七一太〕　　　婁一百廿九度〔九三太〕

胃一百四五度〔五四太〕　　　昴一百五六度〔四八太〕

畢一百七二度〔八二太〕　　　觜一百七二度〔八七太〕

參一百八三度〔一一太〕　　　井二百十四度〔三五太〕

鬼二百十六度〔四八太〕　　　柳二百廿九度〔六五太〕

星二百卅六度〔〇四太〕　　　張二百五四度〔〇五太〕

翼二百七四度〔二八太〕　　　軫二百九二度〔九五太〕

〔一〕二一四三太，大統曆志"二"作"三"。

角三百〇五度〔六八太〕　　亢三百十五度〔一二太〕

氐三百卅一度〔三二太〕　　房三百卅六度〔七三太〕

心三百四二度〔九三太〕　　尾三百六十度〔七四太〕

箕三百六五度〔二五太〕

天正冬至黄道箕宿四度五一二〇

　黄道各宿度

角十二度〔七三〕　亢〇九度〔四四〕　氐十六度〔二〕

房〇五度〔四一〕　心〇六度〔二〕　　尾十七度〔八一〕

箕〇九度〔五八〕

　　右東方七宿七十七度三十七分。

斗廿三度〔六四〕　牛〇六度〔九八〕　女十一度〔二六〕

虚〇九度〔一太^{〔一〕}〕　危十六度〔一四〕　室十八度〔四五〕

壁〇九度〔三三〕

　　右北方七宿九十四度九十一分太。

奎十七度〔七三〕　婁十二度〔二二〕　胃十五度〔六一〕

昴一十度〔九四〕　畢十六度〔三四〕　觜初度〔〇五〕

參一十度〔二四〕

　　右西方七宿八十三度一十三分。

井卅一度〔二四〕　鬼〇二度〔一三〕　柳十三度〔一七〕

星〇六度〔三九〕　張十八度〔〇一〕　翼二十度〔二三〕

軫十八度〔六七〕

　　右南方七宿一百〇九度八十四分。

〔一〕一太，大統曆志卷七作“一一太”。

黄道各宿次積度鈐

箕九度〔五八〕　　　　斗三十三度〔二二〕

牛四十〇度〔二〕　　　女五十一度〔四六〕

虛六十〇度〔五七太〕　危七十六度〔七一太〕

室九十五度〔一六太〕　壁一百〇四度〔四九太〕

奎一百廿二度〔二二太〕　婁一百卅四度〔四四太〕

胃一百五十度〔〇五太〕　昴一百六十度〔九九太〕

畢一百七七度〔三三太〕　觜一百七七度〔三八太〕

參一百八七度〔六二太〕　井二百十八度〔八六太〕

鬼二百二十度〔九九太〕　柳二百卅四度〔一六太〕

星二百四十度〔五五太〕　張二百五八度〔五六太〕

翼二百七八度〔七九太〕　軫二百九七度〔四六太〕

角三百一十度〔一九太〕　亢三百十九度〔六三太〕

氐三百卅五度〔八三太〕　房三百四一度〔二四太〕

心三百四七度〔四四太〕　尾三百六五度〔一〕〔二五太〕

　　已上度鈐,據天啓辛酉歲差所在步定,俟歲差移一度時,再改步之。又按:曆經有增周天加歲差法,因前所推俱依通軌,故仍之。

〔一〕三百六五度,大統曆志卷七"五"作"三"。

曆學駢枝目次

求赤道變黃道

求天正冬至黃道度

求黃道宿積度定鈴

求日月食甚宿次黃道度及分秒法同通軌

赤道宿度

黃赤道立成

曆學駢枝卷三

月食通軌

錄各有食之望下數：

經望全分　　盈縮曆全分　盈縮差全分

遲疾曆全分　遲疾限數　　遲疾差全分

加減差全分

定望全分〔將[一]本日日出分，推在卯時何刻，望在何刻，巳下者退一日也。◎說見定朔望條。卯時，舉例言也[二]。按：其定望退一日，只據小餘在日出分巳下斷之，并不必求時刻。〕

入交泛日全分[三]　定入遲疾曆

定入遲疾限〔此限與前全者，便不必書出損益分并行度。◎按：此處損益分不言何用，似總不必書出。〕

定限行度　晨分〔月入之時刻也，先於復圓有帶食。〕　日出分

日入分　昏分〔月出之時刻也，後於初虧有帶食。〕

〔按：晨昏分，所以定更點也，其帶食分只用日出入分，不用晨昏。蓋晨刻日未出，月則猶見，昏前日巳入，月則巳見也。注誤。〕

〔一〕大統曆志卷八"將"前有"某甲子"三字。

〔二〕大統曆志卷八此後有"即以日出分如發斂條求之，便得某時刻"。

〔三〕入交泛日全分，大統曆志卷八作"交泛全分"。

天正赤道度　　天正黄道度　　交常度　　交定度

已上諸法,皆與日食同。

推卯酉前後分法

視定望小餘,如在二千五百分已下者,就爲卯前分;若已上者,去減半日周五千分,爲卯後分。又如在七千五百分已下者,內減去五千分,爲酉前分;已上者,去減日周一萬分,爲酉後分。

按:凡卯酉前後分,皆距[一]子午言之。卯前分是距子正後之分,故即以小餘定之;卯後分是逆數午正前之距分,故以小餘減半日周。酉前分是順數午正後之距分,故以半日周減小餘;酉後分是逆數子正前之距分,故以小餘減日周。

推時差分法

置日周一萬,內減去卯前卯後分,或酉前酉後分,〔滿千分者命爲十分,滿百分者命爲單分。〕爲時差分。

推食甚定分法

置所推時差分,加入定望小餘,共得爲食甚定分。

按:日食氣、刻、時三差皆起於唐宣明曆,非月食

〔一〕距,大統曆志卷八作"據"。

所用〔一〕。後來諸曆或有用月食時差者〔二〕，皆於近卯酉
則差多，近子午則差少，又皆子前減，子後加〔三〕。今依通
軌所推，則近卯酉者差反少，近子午者差反多。又不問
子前子後，皆以加定望小餘，而無減法，種種與曆經相
反〔四〕。竊依元史月食時差法，定之如左。

依曆經求月食甚定分法

置卯酉前後分，〔有千，法實皆定三；有百，法實皆定二。〕自相
乘，〔言十加定一子。〕退二位，去二子，如四百七十八而一，〔去
二子，不滿法又去一子，以所定二子爲百分，一子爲十分。〕爲時差。子
前以減，子後以加，皆加減定望分，爲食甚定分。依發斂
加時求之，即食甚時刻〔五〕。

按：卯酉前後分即前所推卯前卯後分，或酉前酉
後分。自相乘者，如求南北差法，即以所得卯酉前後
分爲法與實也。凡卯酉前後分皆自子午起算，以自相
乘，則近卯酉差多，近子午差少矣。退二位，法同日食

〔一〕非月食所用，大統曆志卷八作“於日食用之，月食則皆不用”。
〔二〕大統曆志卷八此後有“其數大約與日食相倣”。
〔三〕大統曆志卷八此後有“以加減其定望小餘而得也。所異者，朔食時差多，
望食時差少耳”。
〔四〕大統曆志卷八此後有“則何如不用之爲得乎？且日食何以有時差？以
月之掩日，去日尚遠也，日光尚在，但不見耳。據所不見而言之，故以時而差。
若月食則不然，闇虛者日氣所沖，食則與月相著，譬如呵氣著鏡，光體盡虧，一
如晦朔，安得有左右視之差乎？此唐宋諸曆所以多不用也。即曰用之，所差
不過九十餘分，然亦不至反其所用如此也”。
〔五〕時刻，大統曆志卷八作“辰刻”。

時差,以得數後有百萬退作萬,有十萬退作千,而後除
之也。如四百七十八而一者,是以四百七十八除之,如
四百七十八分爲一分也。子前減子後加者,凡望時之
月在日所衝,故日在子前,月乃在午前,日食午前減,故
月食亦子前減也;日在子後,月乃在午後,日食午後加,
故月食亦子後加也。其差多者不過一百三十分有奇而
止,故以四百七十八爲法除之也。

推食甚入盈縮曆及食甚入盈縮差,併食甚入盈
縮曆行定度,三法俱與日食同,只換望日。

推月食入陰陽曆法

視所推交定度,如在交中度一百八十一度八九六七
已下者,便爲入陽曆也;如在已上者,内減去交中度,餘爲
入陰曆也。

按:交中度數原生於陰陽曆,月入陽曆,則在黄
道南行一百八十一度有奇,畢復入黄道北,而行陰曆
一百八十一度有奇,畢則又復入陽曆矣。行陽曆、陰曆
各一次,謂之交終,半之爲交中。今交定度在交中度[一]
已下,是月在黄道南,就爲入陽曆度數也。其在已上
者,是月在黄道北,故於交定度内減去交中度[二],命其
餘爲入陰曆度數也。陽曆數自交初起算,陰曆數自交

〔一〕交中度,大統曆志卷八作“一百八十一度”。
〔二〕交中度,大統曆志卷八作“一百八十一度八九六七”。

中起算也。

推交前交後度法

視所推月食入陰陽曆,如在後準一十五度五十分已下者,便爲交後度也;如在前準一百六十六度三九六八已上者,置交中度,內減去陰陽曆,餘爲交前度也。

　　按:凡言交者,皆月出入黃道斜十字相交之際也。凡陰曆在後準已下者,是月入陰曆,去交未遠[一],尚在十五度內,故爲陰曆交後度也;凡陰曆在前準已上者,是將交陽曆,距交已近[二],只在十五度內,故爲陰曆交前度也。陽曆同。月食限只一十三度〇五分,而此言十五度五十分者,蓋以盈縮差加減之,則亦十三度有奇,故以十五度五十分爲食準也[三]。

推月食分秒法

置月食限,〔一十三度〇五分。〕內減去交前或交後度,〔十度定三,單度定二。◎按:定子法疑有誤,若如所云,則月食必無十分者,安得有既內外之分乎? 愚意當是十度定五,單度定四也。〕以定法八十七分〔去一。〕爲法除之,〔不滿法去一子,所定有三子爲十分,二子爲單分。〕爲月食分秒,不及減者不食,十分已下者用三限辰刻法,

---

〔一〕月入陰曆去交未遠,大統曆志卷八作"距陽曆交陰曆後未遠"。
〔二〕將交陽曆距交已近,大統曆志卷八作"逆距陰曆交陽曆前已近"。
〔三〕大統曆志卷八此後有"其前準度雖多,逆計其所距後交之數,亦同也"。

已上者用五限辰刻法。

　　按：月食限度多於日食者，闇虚大而月小也，故不問陰陽曆，但距交前後一十三度〇五分内，即能相掩而有食也。定法八十七，即食限十五分之一，故定望正當交度，其食十五分，漸離其處，食分漸殺。假如距交前後一度七十四分，則於食十五分内減二分，只十三分。又如距交前後九度五十七分，則於食十五分内減十一分，只食四分也。故置食限，以距交度減之，即於食十五分内減去若干分秒。減不盡者，如定法而一，爲所食之分秒也。如食限不及減，則是距交前後度多於月食限，〔已在十三度〇五分之外。〕闇虚雖大，至此不能相掩，斷不食也。

推月食定用分法

　　置月食分三十分，内減去所推月食分秒，餘〔十分定三，單分定二。〕爲實，却以月食分秒〔十分定三，單分定二。按：十分宜定一，今加定三子者，以分下有十有秒也，故亦以定六子爲百分，法實共加定四子也。〕爲法乘之，〔言十定一，定有六子爲百分，五子爲十分。〕得爲開方積。立天元一於單微之下，依平方法開之，得爲開方數。〔有十定一。〕復以四千九百二十分〔定五。◎按：以六分乘八百二十分，得四千九百二十分。又按：元史數同日食。〕爲法，乘開方數，〔有十定一。〕得數。又以其前推得定限行度〔去四子，空度去三子。〕爲法除之，〔不滿法去一子，定有二子爲百分，一子爲十分。〕得數，爲所推定用分也。

定用分者，月食自初虧、復滿距食甚之時刻也。然日食只十分，而月食則有十五分者，闇虛大也。闇虛之大幾何？曰：大一倍。何以知之？以算月食用三十分知之也。依日食條論兩圓相切法，闇虛半徑十分，月半徑五分，兩邊相切，則兩半徑聯爲一直線，共十五分，爲兩心之距。以此距線用闇虛心爲心，運作大圓，正得全徑三十分也。此大圓邊距闇虛邊四周各五分，爲兩圓相切時月心所到之界。其兩心之距十五分，即大圓半徑，常用爲弦。而以食甚時兩心之距爲句，食甚時月心侵入大圓邊之數爲句弦較，其數與月食分秒同。以此與大圓全徑相減，餘即句弦和。和較相乘，爲股實開方積也。其開方數爲股，即自虧復至食甚月心所行之白道也。

四千九百二十乘者，何也？依日食條論，又是十分八百二十而用其六也。蓋所得月體又小於日一分也，然曆經所用與日食同，此不同者，蓋改率也，或亦改三應數時所定[一]。

推三限辰刻等法

置所推食甚定分，內減去定用分，餘爲初虧分也。不及減者，加日周減之。復置食甚定分，內加入定用分，共得爲復圓分也。滿日周去之，時刻依合朔推之。

〔一〕大統曆志卷八此後有"而作史時未入如盈縮立成等耳"。

按：三限辰刻同日食理，不復贅。

月食三限之圖

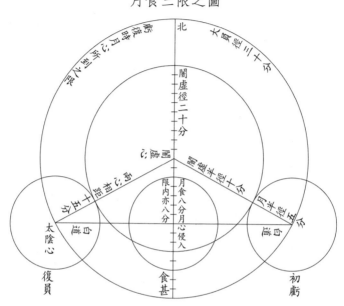

初虧時兩心之距爲弦。〔即大員三十分半徑。〕

食甚時兩心之距爲句。

食甚時月心侵入大員界八分爲句弦較。

自虧至甚月心所行之度分爲股。〔甚至復亦同。〕

此以月食八分爲例。餘可倣推。

又此係陽曆，故月在闇虛南。若陰曆，反此論之。

推既內分法

置月食限一十五分，〔按：曆經作"月食既一十分"，今從之。〕內
減去所推月食分秒自單以下全分，餘〔十分定三，單分定二。◎句

誤。按：此處無十分,當是"有分定二,十秒定一"也。〕爲實。却以月食分秒自單分以下分秒〔單分定二,十秒定一。〕爲法乘之,〔言十定一,所定有五子爲十分,四子爲單分。〕得爲開方積。立天元一於單微之下,依平方法開之,得爲開方數。就置開方數,〔十分定五,單分定四。◎按："十分定五"句誤,此處開方數必無十分,當作"十秒定三,有分定四"也。分加定四子者,以有秒微也。〕復以四千九百二十分〔定五。〕爲法乘之,〔言十定一。〕得數,又以所推定限行度〔去四子,空度去三子。〕爲法除之,〔不滿法去一子,所定有六子爲百分,五子爲十分。〕得爲所推既内分也。

　　按：曆經原是以既内分與一十分相減相乘,此則改爲一十五分。今以大圓掩小圓率,求得既内小平圓徑一十分,與曆經合,故斷從曆經。

　　月食十分則既矣,此時月體十分全入闇虚,而月之邊正切闇虚之心,兩心之距正得五分。以此五分爲半徑,自闇虚心作小平圓,其全徑十分,其邊各距闇虚心五分,爲食既時月心所到之界,過此界則爲既内矣。假如月食十二分,食既時月心正掩小圓之邊,食甚時月體則入闇虚内二分,而月心亦侵入小平圓二分。故即用此二分爲句弦較,以與小平圓全徑相減,餘爲句弦和。和較相乘得積,開方得股,即月心從食既至食甚在闇虚内所行小平圓内之白道也。於是亦如前法變爲度分,而計其行率,則知月入闇虚以後,行至食甚所歷時刻之數,而命爲既内之分也。食甚至復圓同論。

月食五限之圖

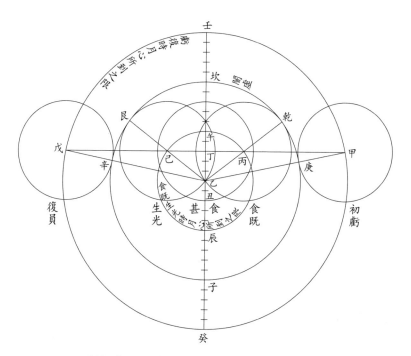

　　乙爲闇虛心。初虧時月心在甲，以其邊切闇虛於庚，兩心[一]之距爲乙甲，與壬乙等，大員半徑十五分也，爲大弦。食甚時月心行至丁，丁甲度分爲自虧至甚之行，與甚至復丁戊之行等，爲大股。丁乙三分，食甚時兩心之距爲句。壬丁十二分，食甚時月心侵入大圓內之數也，爲句弦較。

　　食既時月心在丙，兩心之距乙丙，與生光時己乙之

〔一〕兩心，原作"丙心"，據康熙本、輯要本及刊謬改。

距等,小圓半徑五分也,爲小弦。丙丁爲月心自既至甚之行,與甚至生光己丁之行等,爲小股。丁乙仍爲句。午丁二分,爲食甚時月心侵入小員之數,爲句弦較。丙至丁所歷時刻與己至丁時刻等,是爲既內分。甲至丙所歷時刻與己至戊等,是爲既外分。此以陰曆月食十二分爲式。餘皆倣論。

開方數:

壬丁十二,丁癸十八,相乘二一六,平方開之,得丁甲十四六九。午丁二分,丁辰八分,相乘十六,平方開之,得丁丙四分。

推既外分法

置所推定用分,內減去既內分,餘爲既外分也。

按:既外分者,是月食初虧至食既、生光至復圓所歷時刻也。原所推定用,是自虧初、復末中距食甚之數,乃既內既外總數也,故於其中減去既內時刻,其餘即既外時刻。

推五限辰刻等法

置食甚定分,內減去定用分,爲初虧分。初虧分加既外分,爲食既分。食既分加既內分,爲食甚分。食甚分加既內分,爲生光分。生光分加既外分,爲復圓分也。不及減者,加日周減之,滿日周去之。推時刻同前。

按:月食有五限辰刻異於日食者,日食只十分,故其食而既也即其食甚也。才食而既，其光即生，則其生光之分亦即其食甚也。若月食則十五分，自食既以至生光，歷時且久，爲刻皆殊，中折二數，以知食甚，總計虧復，故有五限也。以定用減小餘者，所算定用原是食甚距初虧之數也，故以減食甚得初虧。以既外加初虧及生光者，所算既外原是初虧距食既及生光距復圓數也，故以加初虧得食既，以加生光得復圓。至於所算既內，原是食既至生光折半之數，即是食既、生光中距食甚之數也，故以加食既得食甚，以加食甚得生光。不及減加日周者，是食甚在子正後，初虧等在子正前也。加滿日周去之者，是食甚等在子正前，復圓等在子正後也。凡言時刻同前者，皆依發斂加時推法也。

推月食入更點法

視望下盈縮曆與太陽立成同日之晨分，就加一倍，得數。用五千分而一，〔句誤。按：當作“五而一”，下同。〕得爲更法分也。〔定數滿法得千分，不滿法得百分也。〕將更法又用五千分而一，得爲點法分也。〔定數滿法得百分，不滿法得十分也。◎句誤甚。按：當作“滿法者百已上，不滿法者二百已上”也。大約更法有千者，則不滿法。〕

　按：更點倍晨分者，凡日入後二刻半而昏，日未出前二刻半而晨。晨則辨色，未昏則不禁行，晨昏啓閉，以此爲節。是益晝五刻，損夜五刻，聖人扶抑之道，無所往而不存也。其晨分皆自子正距晨之數，夜之有晨分，猶日之有半晝分也。逆推子正前距昏之數，正與相等，故倍其晨分，即爲夜刻也。於是以五除之，即其夜每更所占時刻之數也。假如晨分二千五百，倍之五千，五除之，則知每一更中占有一千分也。滿法者是在五千分已上，故知得數爲千分；不滿法者是在五千分已下，故知得數爲百分。於是又置更法，以五除之，即其夜每點所占刻數也。假如更法分一千，五除之，則知每點中占有二百分也。其點法得數無論滿法不滿法，總是百分，不必定數。又除法只是單五，每夜五更，每更五點，故以五除之也。

推初虧等更點法

視初虧分如在晨分已下者，就加入晨分，共爲初虧更分也；如在昏分已上者，內減去昏分，餘爲初虧更分也。却以元推更法分爲法除之，命起一更，算外得爲初虧更數也。其不及更法數者，却以元推點法分爲法除之，命起一點，算外得爲初虧點數也。次四限更點，倣此而推，各得更點也。〔若在日入以上、昏分以下者，命爲昏刻；若在日出以下、晨分以上者，命爲晨刻。皆無更點。〕

　　按：初虧等分如在晨分已下者，是在子後也，加入晨分，是逆從子前昏刻算起也；其在昏分以上，是在昏後也，故減去昏分，是減去晝刻，截從初昏算起也。二者總是從初更初點起算，〔初更初點，即一更一點。〕加減後得數，即知今距初更初點已若干數，於是以本日更法

除之，其滿過更法有幾數，便知已過幾更，故算外命爲
更數也。其不滿更法而餘者，則正是初入此更以來未
滿之數，故又以點法除之。其滿過點法有幾數，便知
在此更中已過幾點，故算外命爲點數，便知所推初虧
等尚在第幾更第幾點中未滿也。其有總不滿更法數
者，則只是初更；其有以點法除總不滿法者，則只是初
點也。

推月食起復方位法

視月食入陰陽曆，如是陽曆者，初起東北，食甚正北，
復圓於西北也；如是陰曆者，初起東南，食甚正南，復圓於
西南也。若食在八分已上者，無論陰陽曆，皆初起正東，
復圓於正西也。

按：月食起復方位主月體言之，即人所見月之上下
左右也。以卯位言之，則東爲下，西爲上，北爲左，南爲
右；以酉位言之，則東爲上，西爲下，南爲左，北爲右也。
月食入陰陽曆，亦主月道言之，如是陽曆食，是月在日
道南，其入闇虛被掩者在北，故食起東北，甚於正北，復
於西北也；如是陰曆食，是月在日道北，其入闇虛被掩
者在南，故食起東南，甚於正南，復於西南也。其食在
八分已上者，是月入闇虛正相掩而過，故食起正東，復
於正西也。凡闇虛在日所沖，太陽每日行一度，闇虛隨
之而移。月之行天，既視闇虛爲速，故其食也，皆闇虛
先在東，月自西來，道有必經，無所於避，遂入其中而爲

所掩。既受掩[一]矣，則行而出於闇虛之東，却視闇虛又在月西，故月食虧初皆在東，復末皆在西也。又按：曆經此亦據午地言之。

推月有帶食分法同日食推

月有帶食例

昏（月未出已復光若干 / 月已出見復光若干）　　晨（月未入見復光若干 / 月已入未復光若干）

昏（月未出已食若干 / 月已出見食若干）　　晨（月未入見食若干 / 月已入不見食若干）

按：月帶食法同日食，而只互易其晨昏書法者，何也？蓋月食於望，望者日月相望，故日出則月入，月出則日入，故易日之昏爲月之晨，易日之晨爲月之昏也。其所以同者，何也？假如日入分在復圓分已下，是復圓在日入月出後，於日爲見食甚不見復末者，於月則爲見復末不見食甚也。若日出分在復圓分已下，是復圓在日出月入後，於日爲見復末不見食甚者，於月則爲見食甚不見復末也。之二者總是以食甚分減日出入分，其所推帶食分則總是日月出入前距食甚之數。其以減食分而餘者，亦總是日月出入後未復光之數，故總謂之已復光、未復光，而以所推帶食分録於前也。又如日入分在初虧分已上，是初虧在日入月出前，於日爲見虧初不見食甚者，於月則爲見食甚不見虧初也。若日出分在

〔一〕掩，大統曆志卷八作“謫”。

初虧分已上，是食甚在日出月入後，於日爲見食甚不見虧初者，於月則爲見虧初不見食甚也。之二者總是以日出入分減食甚分，其所推帶食分則總是日月出入後距食甚之數，其以減食分而餘者，亦總是日月出入前已食之數，故總謂之見食、不見食，而以所推帶食分録於後也。〔餘詳日食。〕

　　又按：曆經月食既者，以既内分減帶食差，餘進一位，如既外分而一，以減既分，即帶食出入所見之分。不及減者，爲帶食既出入。蓋凡所推帶食差，是食甚所距日出入時刻，今以既内分減之，而餘者即是日出入後距食既前，或日出入前距生光後，其間所有時刻也。進一位者，即是以既分乘之也。又以既外分除之，則知其食既、生光距日出入時，於既外全數中分得幾許時刻，即知其於食既全數内分得幾許食分也。故以減食既十分，即爲帶食出入之食分也。不及減者，是帶食差少於既内分，其日出入分已在既内分内，故爲帶食既出入也。

推食甚月離黄道宿次度法

　　置元推食甚入盈縮曆行定度全分，如是盈曆者，加半周天一百八十二度六二八七五，及天正黄道箕宿度，共得爲黄道定積度也；如是縮曆者，止加天正黄道箕宿度，内減去七十五秒，餘爲黄道定積度也。無論盈縮曆，皆以其黄道各宿次積度鈐挨及減之，餘爲食甚月離黄道某宿次度分也。

　　按：月食黃道定積度者，逆計月離度前距天正日
躔宿度之數也。元推食甚入盈縮曆行定度，則是所求
日躔距天正宿度[一]，乃月食所沖也。如日在北正，月食
於南正，故盈曆加半周天，便是食甚月離宿度。又加天
正箕宿度，便知食甚月離距黃道箕宿初度若干也。其
縮曆行定度，則是日躔距夏至[二]度數，故即用其數爲月
離。蓋月食日沖，日躔夏至宿後第幾度，月食即亦在冬
至宿後第幾度，故不必加半周天也。內減去七十五秒
者，盈曆、縮曆相距半歲周，不及半周天七十五秒，減黃
道積度鈐，法全日食，不贅[三]。

依授時曆經黃赤道法〔勿庵補定。〕

求四正後赤道積度

　　置天正冬至所在宿赤道全度，以天正赤道減之，餘爲
距後度，以赤道宿度累加之，即各得其宿距冬至後赤道
積度。加滿象限去之，爲四正宿距後度，亦以赤道宿度
累加之，滿象限去之，即各得其宿距春分、夏至、秋分後赤

〔一〕天正宿度，大統曆志卷八“宿度”下有“數”字。
〔二〕日躔距夏至，大統曆志卷八“至”下有“宿”字。
〔三〕減黃道積度鈐法全日食不贅，大統曆志卷八作“其今歲縮曆以後距來歲
盈曆亦止半歲周。若論其後距本歲盈曆，則反多一分五十秒，即多於半周天
七十五秒也。減此益彼，即各相距半周天平分天度，而相望其沖。其止加
天正箕宿度，意同盈曆。其不問盈縮，皆減黃道積度鈐，是算外命宿度，同日
食，不贅”。

道積度。

　　按：四正者，四仲月中氣〔一〕，即二至二分也。凡天正赤道度，是天正冬至前距其宿初度之數，故以減其宿全度，即各得冬至後距其宿末度之數也。於是以後宿赤道累加之，即知冬至後各宿距冬至度所積之數也。滿象限去之者，加滿象限，是其宿當四正所躔，故減去象限，即知四正後距其宿末度之數也。於是又以赤道各宿度累加之，即各得四正後各宿所距四正度之數也。

求赤道變黃道

　　置各宿距四正後赤道積度，用黃赤道立成，視在至後者，以第三格赤道積度相挨者減之，餘〔有十定三，有分定二。〕爲實，以其上第二格黃道率乘之，〔不用乘，只加定四子。〕以下第四格黃道率爲法除之，〔有度去四，有十去三，不滿法再去一，視定有四子爲度，三子爲十分。〕加入第一格黃道積度，即爲其宿距至後黃道積度。其夏至後再加半周天，即各得其宿距天正黃道積度也。若在分後者，以第一格赤道積度相同者減之，只用小餘〔有十定三，有分定二。〕爲實，以下第四格黃道率爲法〔有度定四，○度定三。〕乘之，〔言十定一。〕得數。以其上第二格赤道率除之，〔不用除，只去四子，視定有四子爲度，三子爲十分。〕加入第三格黃道積度，即得其宿距分後積度。其春分後再加一象限，秋後分再加三象限，即各得其宿距天正黃道

────────────

〔一〕四仲月中氣，大統曆志卷八作“四時正氣”。

積度也。於是各置其宿距天正黃道積度，以相挨前一宿黃道積度減之，即各得其宿黃道本度也。〔秒就近約爲分。〕

　　按：至後不用乘者，其立成黃道率只是一度，乘過數不動，故只加定四子也。分後不用除者，其立成赤道率亦是一度，除過數亦不動，故只虛去四子也。夏至後加半周天，春分後加一象限，秋分後加三象限者，此所求黃道積度，皆距四正起算，故各以四正距天正黃道數加之，即其宿前距天正之數也。蓋至後黃道雖減於赤道，分後黃道雖加於赤道，其實至四立之後，則加之極而反減，減之極而反加，總計一象，皆得九十一度有奇。此天道如環，平陂往復，間不容髮也。減前宿積度爲其宿本度者，積度即是距天正數，原包前宿在內，故減之即得本度也。〔秒就近約爲分者，凡秒五十已上收爲分，已下棄之，就整數也。其七十五秒寄虛度。〕

求天正冬至黃道度

　　置周天度，〔三百六十五度二五七五。〕內減天正前一宿距天正黃道積度，餘命爲天正冬至宿黃道度分也。若逐求者，置象限，以其年天正赤道度減之，餘爲天正前宿距秋分後赤道積度。依赤道變黃道法，求出其宿距分後黃道積度，以減象限，餘爲天正黃道度。

　　按：周天度是自天正後積至天正前黃道總數，故減去前宿距天正黃道積度，即得天正距所在宿初度之數也。逐求法置象限者，即是自天正前距秋分後赤道總數也。內減去天正赤道度,其餘即是前宿距秋分後赤道積度也。赤道變黃道法,即是以立成第一格積度減,餘以第四格度率乘,以第二格度率除,加入第三格積度,而命爲前宿距秋分後黃道積度也。又以減象限者,此所爲象限,即是自天正前距秋分後黃道總數,故減去前宿距秋分黃道積度,其餘即是天正冬至距其宿初度黃道之數也。

求黃道宿積度定鈐

置天正冬至宿黃道度及分,加入其宿距至後黃道積度及分,共得爲天正冬至宿黃道定積度,以各宿黃道度累加之,即各得其宿黃道定積度。

按:分、至每歲有差,黃道因之而易。即不能每歲步之,當於六十六年歲差一度時,更定度鈐,始爲無弊也。凡冬至所在宿,皆有前後距,其黃道皆減於赤道。今所推其宿至後積度,是自冬至日躔後距其宿末度黃道數;其天正黃道宿度,則是自冬至日躔前距其宿初度黃道數也。合二數爲其宿初度距其末度總數,故即命爲天正宿定積度也。於是以各宿黃道度累加之,即各〔一〕得其宿所距天正宿初度之數,而命爲定積度也。

〔一〕各,原作“所”,據康熙本、二年本、大統曆志卷八改。

求日月食甚宿次黃道度及分秒法同通軌

又術：置所推食甚盈縮曆，縮曆加半周天，爲黃道定積度。月食盈縮曆俱加半周天，滿周天分去之，爲黃道定積度。皆逐以距天正黃道積度相挨者減之，即各得日月食甚黃道宿度及分秒。

　　按：此法不用定積度鈐，故亦不加天正黃道度，然必每年步定黃道積度，方可用之也。

赤道宿度

角十二〔一〕度〔一〇〕　亢〇九度〔二〇〕　氐十六度〔三〇〕
房〇五度〔六〇〕　　心〇六度〔五〇〕　尾十九度〔一〇〕
箕一十度〔四〇〕

　　右東方七宿七十九度二十分。

斗廿五度〔二〇〕　　牛〇七度〔二〇〕　女十一度〔三五〕
虛〇八度〔九五太〕　危十五度〔四〇〕　室十七度〔一〇〕
壁〇八度〔六〇〕

　　右北方七宿九十三度八十分太。

奎十六度〔六〇〕　　婁十一度〔八〇〕　胃十五度〔六〇〕
昴十一度〔三〇〕　　畢十七度〔四〇〕　觜〇〇度〔〇五〔二〕〕
參十一度〔一〇〕

　　右西方七宿八十三度八十五分。

〔一〕十二，"二"殘作"一"，據刊謬、大統曆志卷八改。
〔二〕〇五，原作"五"，據輯要本、刊謬補。

井卅三度〔三○〕　鬼○二度〔二○〕　柳十三度〔三○〕

星○六度〔三○〕　張十七度〔二五〕　翼十八度〔七五〕

軫十七度〔三○〕

　右南方七宿一百○八度四十分。

黄赤道立成〔一〕

積度至後黄道分後赤道	度率	積度至後赤道分後黄道	度率
初度	一度		一度○八六五
一度	一度	○一度○八六五	一度○八六三
二度	一度	○二度一七二八	一度○八六○
三度	一度	○三度二五八八	一度○八五七
四度	一度	○四度三四四五	一度○八四九
五度	一度	○五度四二九四	一度○八四三
六度	一度	○六度五一三七	一度○八三三
七度	一度	○七度五九七○	一度○八二三
八度	一度	○八度六七九三	一度○八一二
九度	一度	○九度七六○五	一度○八○一
十度	一度	十○度八四○六	一度○七八六
十一度	一度	十一度九一九二	一度○七七二
十二度	一度	十二度九九六四	一度○七五五
十三度	一度	十四度○七一九	一度○七四○
十四度	一度	十五度一四五九	一度○七二○
十五度	一度	十六度二一七九〔二〕	一度○七○四

〔一〕大統曆志卷八此表多“積差”“差率”兩行。

〔二〕二一七九，“二”原作“一”，據康熙本、輯要本、大統曆志改。

續表

積度 至後黃道 分後赤道	度率	積度 至後赤道 分後黃道	度率
十六度	一度	十七度二八八三	一度〇六八四
十七度	一度	十八度三五六七	一度〇六六三
十八度	一度	十九度四二三〇	一度〇六四二
十九度	一度	廿〇度四八七二	一度〇六二二
廿〇度	一度	廿一度五四九四	一度〇五九九
廿一度	一度	廿二度六〇九三	一度〇五七五
廿二度	一度	廿三度六六六八	一度〇五五四
廿三度	一度	廿四度七二二二	一度〇五三〇
廿四度	一度	廿五度七七五二	一度〇五〇六
廿五度	一度	廿六度八二五八	一度〇四八二
廿六度	一度	廿七度八七四〇	一度〇四五六
廿七度	一度	廿八度九一九六	一度〇四三二
廿八度	一度	廿九度九六二八	一度〇四〇八
廿九度	一度	卅一度〇〇三六	一度〇三八二
卅〇度	一度	卅二度〇四一八	一度〇三五五
卅一度	一度	卅三度〇七七三	一度〇三三二
卅二度	一度	卅四度一一〇五	一度〇三〇六
卅三度	一度	卅五度一四一一	一度〇二八〇
卅四度	一度	卅六度一六九一	一度〇二五四
卅五度	一度	卅七度一九四五	一度〇二二九
卅六度	一度	卅八度二一七四	一度〇二〇三
卅七度	一度	卅九度二三七七	一度〇一七七
卅八度	一度	四〇度二五五四	一度〇一五二
卅九度	一度	四一度二七〇六	一度〇一二六

續表

積度_{至後黃道 分後赤道}	度率	積度_{至後赤道 分後黃道}	度率
四〇度	一度	四二度二八三二	一度〇一〇二
四一度	一度	四三度二九三四	一度〇〇七五
四二度	一度	四四度三〇〇九	一度〇〇四九
四三度	一度	四五度三〇五八	一度〇〇二七
四四度	一度	四六度三〇八五	一度〇〇〇〇
四五度	一度	四七度三〇八五	〇度九九七四
四六度	一度	四八度三〇五九	〇度九九五一
四七度	一度	四九度三〇一〇	〇度九九二五
四八度	一度	五〇度二九三五	〇度九九〇一
四九度	一度	五一度二八三六	〇度九八七六
五〇度	一度	五二度二七一二	〇度九八五一
五一度	一度	五三度二五六三	〇度九八二七〔一〕
五二度	一度	五四度二三九〇	〇度九八〇三
五三度	一度	五五度二一九三	〇度九七八〇
五四度	一度	五六度一九七三	〇度九七五五
五五度	一度	五七度一七二八	〇度九七三一
五六度	一度	五八度一四五九	〇度九七〇八
五七度	一度	五九度一一六七	〇度九六八五
五八度	一度	六〇度〇八五二	〇度九六六一
五九度	一度	六一度〇五一三	〇度九六三九
六〇度	一度	六二度〇一五二	〇度九六一六
六一度	一度	六二度九七六八	〇度九五九四
六二度	一度	六三度九三六二	〇度九五七二

〔一〕九八二七，"二七" 原作 "七二"，據康熙本、大統曆志及刊謬改。

續表

積度 至後黄道 分後赤道	度率	積度 至後赤道 分後黄道	度率
六三度	一度	六四度八九三四〔一〕	〇度九五五一
六四度	一度	六五度八四八五	〇度九五二九
六五度	一度	六六度八〇一四	〇度九五〇九
六六度	一度	六七度七五二三	〇度九四八七
六七度	一度	六八度七〇一〇	〇度九四七〇
六八度	一度	六九度六四八〇	〇度九四五〇
六九度	一度	七〇度五九三〇	〇度九四二七
七〇度	一度	七一度五三五七	〇度九四一二
七一度	一度	七二度四七六九	〇度九三九二
七二度	一度	七三度四一六一	〇度九三八五
七三度	一度	七四度三五四六	〇度九三五三
七四度	一度	七五度二八九九	〇度九三四三
七五度	一度	七六度二二四二	〇度九三二九
七六度	一度	七七度一五七一	〇度九三一五
七七度	一度	七八度〇八八六	〇度九三〇四
七八度	一度	七九度〇一九〇	〇度九二八六
七九度	一度	七九度九四七六	〇度九二七五
八〇度	一度	八〇度八七五一	〇度九二六五
八一度	一度	八一度八〇一六	〇度九二五五
八二度	一度	八二度七二七一	〇度九二四四
八三度	一度	八三度六五一五	〇度九二三八
八四度	一度	八四度五七五三	〇度九二二八

〔一〕八九三四，“三四”原作“四三”，據康熙本、輯要本及刊謬改。

積度 至後黃道分後赤道	度率	積度 至後赤道分後黃道	度率
八五度	一度	八五度四九八一	〇度九二二二
八六度	一度	八六度四二〇三	〇度九二一五
八七度	一度	八七度三四一八	〇度九二一二
八八度	一度	八八度二六三〇	〇度九二一〇
八九度	一度	八九度一八四〇	〇度九二〇四
九〇度	一度	九〇度一〇四四	〇度九二〇四
九一度	一度	九一度〇二四八	〇度二八七七
		九一度三一二五	

曆學駢枝目次

曆學駢枝卷四

盈縮曆立成

太陽冬至前後二象盈初縮末限

積日	平立合差⁽一⁾	盈縮加分	盈縮積	行度
初日	四分 九三八六	五百一〇 八五六九	空	一度 〇五一〇八五
一日	四分 九五七二	五百〇五 九一八三	〇萬 〇五一〇八五六九	一度 〇五〇五九一
二日	四分 九七五八	五百〇〇 九六一一	〇萬 一〇一六七七五二	一度 〇五〇〇九六
三日	四分 九九四四	四百九五 九八五三	〇萬 一五一七七三六三	一度 〇四九五九八
四日	五分 〇一三〇	四百九〇 九九〇九	〇萬 二〇一三七二一六	一度 〇四九〇九九
五日	五分 〇三一六	四百八五 九七七九	〇萬 二五〇四七一二五	一度 〇四八五九七
六日	五分 〇五〇二	四百八〇 九四六三	〇萬 二九九〇六九〇四	一度 〇四八〇九四
七日	五分 〇六八八	四百七五 八九六一	〇萬 三四七一六三六七	一度 〇四七五八九
八日	五分 〇八七四	四百七〇 八二七三	〇萬 三九四七五三二八	一度 〇四七〇八二

〔一〕大統曆志卷四"積日"與"平立合差"併作一行。下表同。

續表

積日	平立合差	盈縮加分	盈縮積	行度
九日	五分 一〇六〇	四百六五 七三九九	〇萬 四四一八三六〇一	一度 〇四六五七三
十〇日	五分 一二四六	四百六〇 六三三九	〇萬 四八八四一〇〇〇	一度 〇四六〇六三
十一日	五分 一四三二	四百五五 五〇九三	〇萬 五三四四七三三九	一度 〇四五五五〇
十二日	五分 一六一八	四百五〇 三六六一	〇萬 五八〇〇二四三二	一度 〇四五〇三六
十三日	五分 一八〇四	四百四五 二〇四三	〇萬 六二五〇六〇九三	一度 〇四四五二〇
十四日	五分 一九九〇	四百四〇 〇二三九	〇萬 六六九五八一三六	一度 〇四四〇〇二
十五日	五分 二一七六	四百三四 八二四九	〇萬 七一三五八三七五	一度 〇四三四八二
十六日	五分 二三六二	四百二九 六〇七三	〇萬 七五七〇六六二四	一度 〇四二九六〇
十七日	五分 二五四八	四百二四 三七一一	〇萬 八〇〇〇二六九七	一度 〇四二四三七
十八日	五分 二七三四	四百一九 一一六三	〇萬 八四二四六四〇八	一度 〇四一九一一
十九日	五分 二九二〇	四百一三 八四二九	〇萬 八八四三七五七一	一度 〇四一三八四
二〇日	五分 三一〇六	四百〇八 五五〇九	〇萬 九二五七六〇〇〇	一度 〇四〇八五五
廿一日	五分 三二九二	四百〇三 二四〇三	〇萬 九六六六一五〇九	一度 〇四〇三二四
廿二日	五分 三四七八	三百九七 九一一一	一萬 〇〇六九三五一二	一度 〇三九七九一
廿三日	五分 三六六四	三百九二 五六三三	一萬 〇四六七三〇二三	一度 〇三九二五六

積日	平立合差	盈縮加分	盈縮積	行度
廿四日	五分 三八五〇	三百八七 一九六九	一萬 〇八五九八六五六	一度 〇三八七一九
廿五日	五分 四〇三六	三百八一 八一一九	一萬 一二四七〇六二五	一度 〇三八一八一
廿六日	五分 四二二二	三百七六 四〇八三	一萬 一六二八八七四四	一度 〇三七六四〇
廿七日	五分 四四〇八	三百七〇 九八六一	一萬 二〇〇五二八二七	一度 〇三七〇九八
廿八日	五分 四五九四	三百六五 五四五三	一萬 二三七六二六八八	一度 〇三六五五四
廿九日	五分 四七八〇	三百六〇 〇八五九	一萬 二七四一八一一一	一度 〇三六〇〇八
卅〇日	五分 四九六六	三百五四 六〇七九	一萬 三一〇一九〇〇〇	一度 〇三五四六〇
卅一日	五分 五一五二	三百四九 一一一三	一萬 三四五六五〇七九	一度 〇三四九一一
卅二日	五分 五三三八	三百四三 五九六一	一萬 三八〇五六一九二	一度 〇三四三五九
卅三日	五分 五五二四	三百三八 〇六二三	一萬 四一四九二一五三	一度 〇三三八〇六
卅四日	五分 五七一〇	三百三二 五〇九九	萬 四四八七二七七六	度 〇三三二五〇
卅五日	五分 五八九六	三百二六 九三八九	一萬 四八一九七八七五	一度 〇三二六九三
卅六日	五分 六〇八二	三百二一 三四九三	一萬 五一四六七二六四	一度 〇三二一三四
卅七日	五分 六二六八	三百一五 七四一一	一萬 五四六八〇七五七	一度 〇三一五七四
卅八日	五分 六四五四	三百一〇 一一四三	一萬 五七八三八一六八	一度 〇三一〇一一

續表

積日	平立合差	盈縮加分	盈縮積	行度
卅九日	五分 六六四〇	三百〇四 四六八九	一萬 六〇九三九三一一	一度 〇三〇四四六
四〇日	五分 六八二六	二百九八 八〇四九	一萬 六三九八四〇〇〇	一度 〇二九八八〇
四一日	五分 七〇一二	二百九三 一一二三	一萬 六六九七二〇四九	一度 〇二九三一二
四二日	五分 七一九八	二百八七 四二一二	一萬 六九九〇三二七二	一度 〇二八七四二
四三日	五分 七三八四	二百八一 七〇一三	一萬 七二七七七四八三	一度 〇二八一七〇
四四日	五分 七五七〇	二百七五 九六二九	一萬 七五五九四四九六	一度 〇二七五九六
四五日	五分 七七五六	二百七〇 二〇五九	一萬 七八三五四一二五	一度 〇二七〇二〇
四六日	五分 七九四二	二百六四 四三〇三	一萬 八一〇五六一八四	一度 〇二六四四三
四七日	五分 八一二八	二百五八 六三六一	一萬 八三七〇〇四八七	一度 〇二五八六三
四八日	五分 八三一四	二百五二 八二三三	一萬 八六二八六八四八	一度 〇二五二八二
四九日	五分 八五〇〇	二百四六 九九一九	一萬 八八八一五〇八一	一度 〇二四六九九
五〇日	五分 八六八六	二百四一 一四一九	一萬 九一二八五〇〇〇	一度 〇二四一一四
五一日	五分 八八七二	二百三五 二七三三	一萬 九三六九六四一九	一度 〇二三五二七
五二日	五分 九〇五八	二百二九 三八六一	一萬 九六〇四九一五二	一度 〇二二九三八
五三日	五分 九二四四	二百二三 四八〇三	一萬 九八三四三〇一三	一度 〇二二三四八

續表

積日	平立合差	盈縮加分	盈縮積	行度
五四日	五分 九四三〇	二百一七 五五五九	二萬 〇〇五七七八一六	一度 〇二一七五五
五五日	五分 九六一六	二百一一 六一二九	二萬 〇二七五三三七五	一度 〇二一一六一
五六日	五分 九八〇二	二百〇五 六五一三	二萬 〇四八六九五〇四	一度 〇二〇五六五
五七日	五分 九九八八	一百九九 六七一一	二萬 〇六九二六〇一七	一度 〇一九九六七
五八日	五分 〇一七四	一百九三 六七二三	二萬 〇八九二二七二八	一度 〇一九三六七
五九日	六分 〇三六〇	一百八七 六五四九	二萬 一〇八五九四五一	一度 〇一八七六五
六〇日	六分 〇五四六	一百八一 六一八九	二萬 一二七三六〇〇〇	一度 〇一八一六一
六一日	六分 〇七三二	一百七五 五六四三	二萬 一四五五二一八九	一度 〇一七五五六
六二日	六分 〇九一八	一百六九 四九一一	二萬 一六三〇七八三二	一度 〇一六九四九
六三日	六分 一一〇四	一百六三 三九九三	二萬 一八〇〇二七四三	一度 〇一六三三九
六四日	六分 一二九〇	一百五七 二八八九	二萬 一九六三六七三六	一度 〇一五七二八
六五日	六分 一四七六	一百五一 一五九九	二萬 二一二〇九六二五	一度 〇一五一一五
六六日	六分 一六六二	一百四五 〇一二三	二萬 二二七二一一二四	一度 〇一四五〇一
六七日	六分 一八四八	一百三八 八四六一	二萬 二四一七一三四七	一度 〇一三八八四

續表

積日	平立合差	盈縮加分	盈縮積	行度
六八日	六分二〇三四	一百三二六六一三	二萬二五五五九八〇八 [一]	一度〇一三二六六
六九日	六分二二二〇	一百二六四五七九	二萬二六八八六四二一	一度〇一二六四五
七〇日	六分二四〇六	一百二〇二三五九	二萬二八一五一〇〇〇	一度〇一二〇二三
七一日	六分二五九二	一百一三九九五三	二萬二九三五三三五九	一度〇一一三九九
七二日	六分二七七八	一百〇七七三六一	二萬三〇四九三三一二	一度〇一〇七七三
七三日	六分二九六四	一百〇一四五八三	二萬三一五七〇六七三	一度〇一〇一四五
七四日	六分三一五〇	〇百九五一六一九	二萬三二五八五二五六	一度〇〇九五一六
七五日	六分三三三六	〇百八八八四六九	二萬三三五三六八七五	一度〇〇八八八四
七六日	六分三五二二	〇百八二五一三三	二萬三四四二五三四四	一度〇〇八二五一
七七日	六分三七〇八	〇百七六一六一一	二萬三五二五〇四七七	一度〇〇七六一六
七八日	六分三八九四	〇百六九七九〇三	二萬三六〇一二〇八八	一度〇〇六九七九
七九日	六分四〇八〇	〇百六三四〇〇九	二萬三六七〇九九九一	一度〇〇六三四〇
八〇日	六分四二六六	〇百五六九二九	二萬三七三四四〇〇〇	一度〇〇五六九九

〔一〕九八〇八，原作"〇八〇八"，據康熙本、二年本、大統曆志卷四及刊謬改。

續表

積日	平立合差	盈縮加分	盈縮積	行度
八一日	六分 四四五二	○百五○ 五六六三	二萬 三七九一三九二九	一度 ○○五○五六
八二日	六分 四六三八	○百四四 一二一一	二萬 三八四一九五九二	一度 ○○四四一二
八三日	六分 四八二四	○百三七 六五七三	二萬 三八八六○八○三	一度 ○○三七六五
八四日	六分 五○一○	○百三一 一七四九	二萬 三九二三七三七六	一度 ○○三一一七
八五日	六分 五一九六	○百二四 六七三九	二萬 三九五四九一二五	一度 ○○二四六七
八六日	六分 五三八二	○百一八 一五四三	二萬 三九七九五八六四	一度 ○○一八一五
八七日	六分 五五六八	○百一一 六一六一	二萬 三九九七七四○七	一度 ○○一一六一
八八日	六分 五七五四	○百○五 ○五九三	二萬 四○○九三五六八	一度 ○○○五○五
八九日			二萬 四○一四四一六一	一度 ○○○○○○

〔置本限八十八度九○九二二五，加入盈積度二度四○一四，即合周歲一象限九十一度三一○六二五之數。〕

太陽夏至前後二象縮初盈末限

積日	平立合差	盈縮加分	盈縮積	行度
初日	四分 四三六二	四百八四 八四七三	空	○度 九五一五一六
一日	四分 四五二四	四百八○ 四一一一	○萬 ○四八四八四七三	○度 九五一九五九

積日	平立合差	盈縮加分	盈縮積	行度
二日	四分 四六八六	四百七五 九五八七	○萬 ○九六五二五八四	○度 九五二四○五
三日	四分 四八四八	四百七一 四九○一	○萬 一四四一二一七一	○度 九五二八五一
四日	四分 五○一○	四百六七 ○○五三	○萬 一九一二七○七二	○度 九五三三○○
五日	四分 五一七二	四百六二 五○四三	○萬 二三七九七一二五	○度 九五三七五○
六日	四分 五三三四	四百五七 九八七一	○萬 二八四二二一六八	○度 九五四二○二
七日	四分 五四九六	四百五三 四五三七	○萬 三三○○二○三九	○度 九五四六五五
八日	四分 五六五八	四百四八 九○四一	○萬 三七五三六五七六	○度 九五五一一○
九日	四分 五八二○	四百四四 三三八三	○萬 四二○二五六一七	○度 九五五五六七
十○日	四分 五九八二	四百三九 七五六三	○萬 四六四六九○○○	○度 九五六○二五
十一日	四分 六一四四	四百三五 一五八一	○萬 五○八六六五六三	○度 九五六四八五
十二日	四分 六三○六	四百三○ 五四三七	○萬 五五二一八一四四	○度 九五六九四六
十三日	四分 六四六八	四百二五 九一三一	○萬 五九五二三五八一	○度 九五七四○九
十四日	四分 六六三○	四百二一 二六六三	○萬 六三七八二七一二	○度 九五七八七四
十五日	四分 六七九二	四百一六 六○三三	○萬 六七九九五三七五	○度 九五八三四○
十六日	四分 六九五四	四百一一 九二四一	○萬 七二一六一四○八	○度 九五八八○八

續表

積日	平立合差	盈縮加分	盈縮積	行度
十七日	四分 七一一六	四百〇七 二二八七	〇萬 七六二八〇六四九	〇度 九五九二七八
十八日	四分 七二七八	四百〇二 五一七一	〇萬 八〇三五二九三六	〇度 九五九七四九
十九日	四分 七四四〇	三百九七 七八九三	〇萬 八四三七八一〇七	〇度 九六〇二二 二〔一〕
廿〇日	四分 七六〇二	三百九三 〇四五三	〇萬 八八三五六〇〇〇	〇度 九六〇六九六
廿一日	四分 七七六四	三百八八 二八五一	〇萬 九二二八六四五三	〇度 九六一一七二
廿二日	四分 七九二六	三百八三 五〇八七	〇萬 九六一六九三〇四	〇度 九六一六五〇
廿三日	四分 八〇八八	三百七八 七一六一	一萬 〇〇〇〇四三九一	〇度 九六二一二九
廿四日	四分 八二五〇	三百七三 九〇七三	一萬 〇三七九一五五二	〇度 九六二六一〇
廿五日	四分 八四一二	三百六九 〇八二三	一萬 〇七五三〇六二五	〇度 九六三〇九二
廿六日	四分 八五七四	三百六四 二四一一	一萬 一一二二一四四八	〇度 九六三五七六
廿七日	四分 八七三六	三百五九 三八三七	一萬 一四八六三八五九	〇度 九六四〇六二
廿八日	四分 八八九八	三百五四 五一〇一	一萬 一八四五七六九六	〇度 九六四五四九
廿九日	四分 九〇六〇	三百四九 六二〇三	一萬 二二〇〇二七九七	〇度 九六五〇三八

〔一〕九六〇二二二，原作"九六〇二二一"，大統曆志卷四作"九六〇二二二"，與校算合，據改。

續表

積日	平立合差	盈縮加分	盈縮積	行度
卅〇日	四分 九二二二	三百四四 七一四三	一萬 二五四九九〇〇〇	〇度 九六五五二九
卅一日	四分 九三八四	三百三九 七九二一	一萬 二八九四六一四三	〇度 九六六〇二一
卅二日	四分 九五四六	三百三四 八五三七	一萬 三二三四四〇六四	〇度 九六六五一五
卅三日	四分 九七〇八	三百二九 八九九一	一萬 三五六九二六〇一	〇度 九六七〇一一
卅四日	四分 九八七〇	三百二四 九二八三	一萬 三八九九一五九二	〇度 九六七五〇八
卅五日	五分 〇〇三二	三百一九 九四一三	一萬 四二二四〇八七五	〇度 九六八〇〇六
卅六日	五分 〇一九四	三百一四 九三八一	一萬 四五四四〇二八八	〇度 九六八五〇七
卅七日	五分 〇三五六	三百〇九 九一八七	一萬 四八五八九六六九	〇度 九六九〇〇九
卅八日	五分 〇五一八	三百〇四 八八三一	一萬 五一六八八八五六	〇度 九六九五一二
卅九日	五分 〇六八〇	二百九九 八三一三	一萬 五四七三七六八七	〇度 九七〇〇一七
四〇日	五分 〇八四二	二百九四 七六三三	一萬 五七七三六〇〇〇	〇度 九七〇五二四
四一日	五分 一〇〇四	二百八九 六七九一	一萬 六〇六八三六三三	〇度 九七一〇三三
四二日	五分 一一六六	二百八四 五七八七[一]	一萬 六三五八〇四二四	〇度 九七一五四三
四三日	五分 一三二八	二百七九 四六二一	一萬 六六四二六二一一	〇度 九七二〇五四

〔一〕五七八七，原作"五七八九"，大統曆志卷四作"五七八七"，與校算合，據改。

積日	平立合差	盈縮加分	盈縮積	行度
四四日	五分 一四九〇	二百七四 三二九三	一萬 六九二二〇八三二	〇度 九七二五六八
四五日	五分 一六五二	二百六九 一八〇三	一萬 七一九六四一二五	〇度 九七三〇八二
四六日	五分 一八一四	二百六四 〇一五一	一萬 七四六五五九二八	〇度 九七三五九九
四七日	五分 一九七六	二百五八 八三三七	一萬 七七二九六〇七九	〇度 九七四一一七
四八日	五分 二一三八	二百五三 六三六一	一萬 七九八八四四一六	〇度 九七四六三七
四九日	五分 二三〇〇	二百四八 四二二三	一萬 八二四二〇七七七	〇度 九七五一五八
五〇日	五分 二四六二	二百四三 一九二三	一萬 八四九〇五〇〇〇	〇度 九七五六八一
五一日	五分 二六二四	二百三七 九四六一	一萬 八七三三六九二三	〇度 九七六二〇六
五二日	五分 二七八六	二百三二 六八三七	一萬 八九七一六三八四	〇度 九七六七三二
五三日	五分 二九四八	二百二七 四〇五一	一萬 九二〇四三二二一	〇度 九七七二六〇
五四日	五分 三一一〇	二百二二 一一〇三	一萬 九四三一七二七二	〇度 九七七七八九
五五日	五分 三二七二	二百一六 七九九三	一萬 九六五三八三七五	〇度 九七八三二一
五六日	五分 三四三四	二百一一 四七二一	一萬 九八七〇六三六八	〇度 九七八八五三
五七日	五分 三五九六	二百〇六 一二八七	二萬 〇〇八二一〇八九	〇度 九七九三八八

續表

積日	平立合差	盈縮加分	盈縮積	行度
五八日	五分 三七五八	二百〇〇 七六九一	二萬 〇二八一二三七六^(一)	〇度 九七九九二四
五九日	五分 三九二〇	一百九五 三九三三^(二)	二萬 〇四八九〇〇六七	〇度 九八〇四六一
六〇日	五分 四〇八二	一百九〇 〇〇一三	二萬 〇六八四四〇〇〇	〇度 九八一〇〇〇
六一日	五分 四二四四	一百八四 五九三一	二萬 〇八七四四〇一三	〇度 九八一五四一
六二日	五分 四四〇六	一百七九 一六八七	二萬 一〇五八九九四四	〇度 九八二〇八四
六三日	五分 四五六八	一百七三 七二八一	二萬 一二三八一六三一	〇度 九八二六二八
六四日	五分 四七三〇	一百六八 二七一三	二萬 一四一一八九一二	〇度 九八三一七三
六五日	五分 四八九二	一百六二 七九八三	二萬 一五八〇一六二五	〇度 九八三七二一
六六日	五分 五〇五四	一百五七 三〇九一	二萬 一七四二九六〇八	〇度 九八四二七〇
六七日	五分 五二一六	一百五一 八〇三七	二萬 一九〇〇二六九九	〇度 九八四八二〇
六八日	五分 五三七八	一百四六 二八二一	二萬 二〇五二〇七三六	〇度 九八五三七二
六九日	五分 五五四〇	一百四〇 七四四三	二萬 二一九八三五五七	〇度 九八五九二六
七〇日	五分 五七〇二	一百三五 一九〇三	二萬 二三三九一〇〇〇	〇度 九八六四八一

〔一〕二三七六，原作"二三七八"，大統曆志卷四作"二三七六"，與校算合，據改。

〔二〕三九三三，原作"三三三三"，據康熙本、二年本、大統曆志卷四及刊謬改。

續表

積日	平立合差	盈縮加分	盈縮積	行度
七一日	五分 五八六四	一百二九 六二○一	二萬 二四七四二九○三	○度 九八七○三八
七二日	五分 六○二六	一百二四 ○三三七	二萬 二六○三九一○四	○度 九八七五九七
七三日	五分 六一八八	一百一八 四三一一	二萬 二七二七九四四一	○度 九八八一五七
七四日	五分 六三五○	一百一二 八一二三	二萬 二八四六三七五二	○度 九八八七一九
七五日	五分 六五一二	一百○七 一七七三	二萬 二九五九一八七五	○度 九八九二八三
七六日	五分 六六七四	一百○一 五二六一	二萬 三○六六三六四八	○度 九八九八四八
七七日	五分 六八三六	○百九五 八五八七	二萬 三一六七八九○九	○度 九九○四一五
七八日	五分 六九九八	○百九○ 一七五一	二萬 三二六三七四九六	○度 九九○九八三
七九日	五分 七一六○	○百八四 四七五三	二萬 三三五三九二四七	○度 九九一五五三
八○日	五分 七三二二	○百七八 七五九三	二萬 三四三八四○○○	○度 九九二一二五
八一日	五分 七四八四	○百七三 ○二七一	二萬 三五一七一五九三	○度 九九二六九八
八二日	五分 七六四六	○百六七 二七八七	二萬 三五九○一八六四	○度 九九三二七三
八三日	五分 七八○八	○百六一 五一四一	二萬 三六五七四六五一	○度 九九三八四九
八四日	五分 七九七○	○百五五 七三三三	二萬 三七一八九七二	○度 九九四二二七
八五日	五分 八一三二	○百四九 九三六三	二萬 三七七四七一二五	○度 九九五○○七

續表

積日	平立合差	盈縮加分	盈縮積	行度
八六日	五分 八二九四	○百四四 一二三一	二萬 三八二四六四八八	○度 九九五五八八
八七日	五分 八四五六	○百三八 二九三七	二萬 三八六八七七一九	○度 九九六一七一
八八日	五分 八六一八	○百三二 四四八一	二萬 三九○七○六五六	○度 九九六七五六
八九日	五分 八七八○	○百二六 五八六三	二萬 三九三九五一三七	○度 九九七三四二
九○日	五分 八九四二	○百二○ 七○八三	二萬 三九六六一○○○	○度 九九七九三○
九一日	五分 九一○四	○百一四 八一四一	二萬 三九八六八○八三	○度 九九八五一九
九二日	五分 九二六六	○百○八 九○三七	二萬 四○○一六二二四	○度 九九九一一○
九三日	五分 九四二八	○百○二 九七七一	二萬 四○一○五二六一	○度 九九九七○三
九四日		空	二萬 四○一三五○三二	一度 ○○○○○○

〔置本限九十三度七一二○二五,減去縮積度二度四○一四,即合周歲一象限九十一度三一○六二五之數。〕

布立成法

先依曆經盈縮招差,各以其日平差、立差,求到每日盈縮積。次以相挨兩日盈縮積相減,餘爲每日盈縮加分。以其日加分盈加縮減一度,即每日日行度。又以兩日加分相減,餘爲每日平立合差。再置末日平立合差,以初日平立合差減之,餘爲實,末日日數爲法,法除實,即得每日平立合差之差數也。〔如盈初置八十七日下平立合差六分五五六八，内减初日四分九三八六，餘一分六一八二爲實，八十七日爲法除之，得〇一八六，爲每日之差。縮初置九十二日下平立合差五分九二六六，内减初日四分四三六二，餘一分四九〇四爲實，九十二日爲法除之，得〇一六二，爲每日之差。〕又法。〔盈初置立差三十一，縮初置立差二十七，各六因之，即得每日平立合差之差數。〕

曆經盈縮招差法

	立差	平差	定差
盈初縮末	三十一	二萬四千六百	五百一十三萬三千二百
縮初盈末	二十七	二萬二千一百	四百八十七萬〇千六百

　　凡求盈縮積，皆以入曆初末日乘立差，得數，用加平差。再以初末日乘之，得數，以减定差。餘數復以初末日乘之，得數，萬約爲分，即各得其日盈縮積。

太陰遲疾曆立成

限數	日率 [一]	損益分	遲疾積度	行度
限	日 千百十分	十分	度十分	度十分十秒
初限	〇日 〇〇〇〇	益十一 〇八一五七五	空	疾一二〇七一 遲〇九八五五
一限	〇日 〇八二〇	益十一 〇二三四二五	〇十一 〇八一五七五	疾一二〇六五 遲〇九八六一

―――――――――

〔一〕大統曆志卷四"限數""日率"併作一行，題作"限數遲疾曆"。

續表

限數	日率	損益分	遲疾積度	行度
限	日 千百十分	十分	度十分	度十分十秒
二限	○日 一六四○	益十○ 九六三三二五	○廿二 一○五○○○	疾一二○五九 遲○九八六七
三限	○日 二四六○	益十○ 九○一二七五	○卅三 ○六八三二五	疾一二○五三 遲○九八七三
四限	○日 三二八○	益十○ 八三七二七五	○四三 九六九六○○	疾一二○四七 遲○九八七九
五限	○日 四一○○	益十○ 七七一三二五	○五四 八○六八七五	疾一二○四○ 遲○九八八六
六限	○日 四九二○	益十○ 七○三四二五	○六五 五七八二○○	疾一二○三三 遲○九八九三
七限	○日 五七四○	益十○ 六三三五七五	○七六 二八一六二五	疾一二○二六 遲○九九○○
八限	○日 六五六○	益十○ 五六一七七五	○八六 九一五二○○	疾一二○一九 遲○九九○七
九限	○日 七三八○	益十○ 四八八○二五	○九七 四七六九七五	疾一二○一二 遲○九九一四
十限	○日 八二○○	益十○ 四一二三二五	一○七 九六五○○○	疾一二○○四 遲○九九二二
十一	○日 九○二○	益十○ 三三四六七五	一一八 三七七三二五 [一]	疾一一九九六 遲○九九二九
十二	○日 九八四○	益十○ 二五五○七五	一二八 七一二○○○	疾一一九八八 遲○九九三七
十三	一日 ○六六一	益十○ 一七三五二五	一三八 九六七○七五	疾一一九八○ 遲○九九四六

〔一〕五,原作"二",大統曆志卷四作"五",與校算合,據改。

續表

限數	日率	損益分	遲疾積度	行度
限	日 千百十分	十分	度 十分	度 十分 十秒
十四	一日 一四八一	益十〇 〇九〇〇二五	一四九 一四〇六〇〇	疾一一九七二 遲〇九九五四
十五	一日 二三〇一	益十〇 〇〇四五七五	一五九 二三〇六二五	疾一一九六三 遲〇九九六二
十六	一日 三一二一	益〇九 九一七一七五	一六九 二三五二〇〇	疾一一九五五 遲〇九九七一
十七	一日 三九四一	益〇九 八二七八二五	一七九 一五二三七五〔一〕	疾一一九四六 遲〇九九八〇
十八	一日 四七六一	益〇九 七三六五二五	一八八 九八〇二〇〇	疾一一九三七 遲〇九九八九
十九	一日 五五八一	益〇九 六四三二七五	一九八 七一六七二五	疾一一九二七 遲〇九九九九
廿限	一日 六四〇一	益〇九 五四八〇七五	二〇八 三六〇〇〇〇	疾一一九一八 遲一〇〇〇八
廿一	一日 七二二一	益〇九 四五〇九二五	二一七〔二〕 九〇八〇七五	疾一一九〇八 遲一〇〇一八
廿二	一日 八〇四一	益〇九 三五一八二五	二二七 三五九〇〇〇	疾一一八九八 遲一〇〇二八
廿三	一日 八八六一	益〇九 二五〇七七五	二三六 七一〇八二五	疾一一八八八 遲一〇〇三八
廿四	一日 九六八一	益〇九 一四七七七五	二四五 九六一六〇〇	疾一一八七八 遲一〇〇四八
廿五	二日 〇五〇二	益〇九 〇四二八二五	二五五 一〇九三七五	疾一一八六七 遲一〇〇五九

〔一〕前"五",原作"三",康熙本、大統曆志卷四作"五",與校算合,據改。
〔二〕二一七,原作"二七一",據康熙本、大統曆志卷四乙正。

限數	日率	損益分	遲疾積度	行度
限	日 千百十分	十分	度十分	度十分十秒
廿六	二日 一三二二	益〇八 九三五九二五	二六四 一五二二〇〇	疾一一八五六 遲一〇〇六九
廿七	二日 二一四二	益〇八 八二七〇七五	二七三 〇八八一二五	疾一一八四六 遲一〇〇八〇
廿八	二日 二九六二	益〇八 七一六二七五	二八一 九一五二〇〇	疾一一八三五 遲一〇〇九一
廿九	二日 三七八二	益〇八 六〇三五二五	二九〇 六三一四七五	疾一一八二三 遲一〇一〇三
卅限	二日 四六〇二	益〇八 四八八八二五	二九九 二三五〇〇〇	疾一一八一二 遲一〇一一四
卅一	二日 五四二二	益〇八 三七二一七五	三〇七 七二三八二五	疾一一八〇〇 遲一〇一二六
卅二	二日 六二四二	益〇八 二五三五七五	三一六 〇九六〇〇〇	疾一一七八八 遲一〇一三八
卅三	二日 七〇六二	益〇八 一三三〇二五	三二四 三四九五七五	疾一一七七六 遲一〇一五〇
卅四	二日 七八八二	益〇八 〇一〇五二五	三三二 四八二六〇〇	疾一一七六四 遲一〇一六二
卅五	二日 八七〇二	益〇七 八八六〇七五	三四〇 四九三一二五	疾一一七五一 遲一〇一七四
卅六	二日 九五二二	益〇七 七五九六七五	三四八 三七九二〇〇	疾一一七三九 遲一〇一八七
卅七	三日 〇三四三	益〇七 六三一三二五	三五六 一三八八七五	疾一一七二六 遲一〇二〇〇
卅八	三日 一一六三	益〇七 五〇一〇二五	三六三 七七〇二〇〇	疾一一七一三 遲一〇二一三

限數	日率	損益分	遲疾積度	行度
限	日 千百十分	十分	度十分	度十分十秒
卅九	三日 一九八三	益〇七 三六八七七五	三七一 二七一二二五	疾一一七〇〇 遲一〇二二六
四十	三日 二八〇三	益〇七 二三四五七五	三七八 六四〇〇〇〇	疾一一六八六 遲一〇二三九
四一	三日 三六二三	益〇七 〇九八四二五	三八五 八七四五七五	疾一一六七三 遲一〇二五三
四二	三日 四四四三	益〇六 九六〇三二五	三九二 九七三〇〇〇	疾一一六五九 遲一〇二六七
四三	三日 五二六三	益〇六 八二〇二七五	三九九 九三三三二五	疾一一六四五 遲一〇二八一
四四	三日 六〇八三	益〇六 六七八二七五	四〇六 七五三六〇〇	疾一一六三一 遲一〇二九五
四五	三日 六九〇三	益〇六 五三四三二五	四一三 四三一八七五	疾一一六一六 遲一〇三〇九
四六	三日 七七二三	益〇六 三八八四二五	四一九 九六六二〇〇	疾一一六〇二 遲一〇三二四
四七	三日 八五四三	益〇六 二四〇五七五	四二六 三五四六二五	疾一一五八七 遲一〇三三九
四八	三日 九三六三	益〇六 〇九〇七七五	四三二 五九五二〇〇	疾一一五七二 遲一〇三五四
四九	四日 〇一八三	益〇五 九三九〇二五	四三八 六八五九七五	疾一一五五七 遲一〇三六九
五十	四日 一〇〇四	益〇五 七八五三二五	四四四 六二五〇〇〇	疾一一五四一 遲一〇三八四
五一	四日 一八二四	益〇五 六二九六七五	四五〇 四一〇三二五	疾一一五二六 遲一〇四〇〇

限數	日率	損益分	遲疾積度	行度
限	日 千百十分	十分	度十分	度十分十秒
五二	四日 二六四四	益〇五 四七二〇七五	四五六 〇四〇〇〇〇	疾一一五一〇 遲一〇四一六
五三	四日 三四六四	益〇五 三一二五二五	四六一 五一二〇七五	疾一一四九四 遲一〇四三二
五四	四日 四二八四	益〇五 一五一〇二五	四六六 八二四六〇〇	疾一一四七八 遲一〇四四八
五五	四日 五一〇四	益〇四 九八七五七五	四七一 九七五六二五	疾一一四六二 遲一〇四六四
五六	四日 五九二四	益〇四 八二二一七五	四七六 九六三二〇〇	疾一一四四五 遲一〇四八一
五七	四日 六七四四	益〇四 六五四八二五	四八一 七八五三七五	疾一一四二八 遲一〇四九七
五八	四日 七五六四	益〇四 四八五五二五	四八六 四四〇二〇〇	疾一一四一一 遲一〇五一四
五九	四日 八三八四	益〇四 三一四二七五	四九〇 九二五七二五	疾一一三九四 遲一〇五三一
六十	四日 九二〇四	益〇四 一四一〇七五	四九五 二四〇〇〇〇	疾一一三七七 遲一〇五四九
六一	五日 〇〇二四	益〇三 九六五九二五	四九九 三八一〇七五	疾一一三五九 遲一〇五六六
六二	五日 〇八四五	益〇三 七八八八二五	五〇三 三四七〇〇〇	疾一一三四二 遲一〇五八四
六三	五日 一六六五	益〇三 六〇九七七五	五〇七 一三五八二五	疾一一三二四 遲一〇六〇二
六四	五日 二四八五	益〇三 四二八七七五	五一〇 七四五六〇〇	疾一一三〇六 遲一〇六二〇

續表

限數	日率	損益分	遲疾積度	行度
限	日 千百十分	十分	度十分	度十分十秒
六五	五日 三三〇五	益〇三 二四五八二五	五一四 一七四三七五	疾一一二八七 遲一〇六三八
六六	五日 四一二五	益〇三 〇六〇九二五	五一七 四二〇二〇〇	疾一一二六九 遲一〇六五七
六七	五日 四九四五	益〇二 八七四〇七五	五二〇 四八一一二五	疾一一二五〇 遲一〇六七六
六八	五日 五七六五	益〇二 六八五二七五	五二三 三五五二〇〇	疾一一二三一 遲一〇六九四
六九	五日 六五八五	益〇二 四九四五二五	五二六 〇四〇四七五	疾一一二一二 遲一〇七一三
七十	五日 七四〇五	益〇二 三〇一八二五	五二八 五三五〇〇〇	疾一一一九三 遲一〇七三三
七一	五日 八二二五	益〇二 一〇七一七五	五三〇 八三六八二五	疾一一一七四 遲一〇七五二
七二	五日 九〇四五	益〇一 九一〇五七五	五三二 九四四〇〇〇	疾一一一五四 遲一〇七七二
七三	五日 九八六五	益〇一 七一二〇二五	五三四 八五四五七五	疾一一一三四 遲·〇七九二
七四	六日 〇六八五	益〇一 五一一五二五	五三六 五六六六〇〇	疾一一一一四 遲一〇八一二
七五	六日 一五〇六	益〇一 三〇九〇七五	五三八 〇七八一二五	疾一一〇九四 遲一〇八三二
七六	六日 二三二六	益〇一 一〇四六七五	五三九 三八七二〇〇	疾一一〇七三 遲一〇八五二
七七	六日 三一四六	益〇〇 八九八三二五	五四〇 四九一八七五	疾一一〇五三 遲一〇八七三

續表

限數	日率	損益分	遲疾積度	行度
限	日 千百十分	十分	度十分	度十分十秒
七八	六日 三九六六	益〇〇 六九〇〇二五	五四一 三九〇二〇〇	疾一一〇三二 遲一〇八九四
七九	六日 四七八六	益〇〇 四七九七七五	五四二 〇八〇二二五	疾一一〇一一 遲一〇九一五
八十	六日 五六〇六	益〇〇 二六七五七五	五四二 五六〇〇〇〇	疾一〇九九〇 遲一〇九三六
八一	六日 六四二六	益〇〇 〇五三四二五	五四二 八二七五七五	疾一〇九六八 遲一〇九五八
八二	六日 七二四六	益〇〇 〇三五六一六	五四二 八八一〇〇〇	疾一〇九六六 遲一〇九五九
八三	六日 八〇六六	益〇〇 〇一七八〇八	五四二 九一六六一六	疾一〇九六五 遲一〇九六一
八四	六日 八八八六	損〇〇 〇一七八〇八	五四二 九三四四二四	疾一〇九六一 遲一〇九六五
八五	六日 九七〇六	損〇〇 〇三五六一六	五四二 九一六六一六	疾一〇九五九 遲一〇九六六
八六	七日 〇五二六	損〇〇 〇五三四二五	五四二 八八一〇〇〇	疾一〇九五八 遲一〇九六八
八七	七日 一三四六	損〇〇 二六七五七五	五四二 八二七五七五	疾一〇九三六 遲一〇九九〇
八八	七日 二一六七	損〇〇 四七九七七五	五四二 五六〇〇〇〇	疾一〇九一五 遲一一〇一一
八九	七日 二九八七	損〇〇 六九〇〇二五	五四二 〇八〇二二五	疾一〇八九四 遲一一〇三二
九十	七日 三八〇七	損〇〇 八九八三二五	五四一 三九〇二〇〇	疾一〇八七三 遲一一〇五三

續表

限數	日率	損益分	遲疾積度	行度
限	日 千百十分	十分	度十分	度十分十秒
九一	七日 四六二七	損〇一 一〇四六七五	五四〇 四九一八七五	疾一〇八五二 遲一一〇七三
九二	七日 五四四七	損〇一 三〇九〇七五	五三九 三八七二〇〇	疾一〇八三二 遲一一〇九四
九三	七日 六二六七	損〇一 五一一五二五	五三八 〇七八一二五	疾一〇八一二 遲一一一一四
九四	七日 七〇八七	損〇一 七一二〇二五	五三六 五六六六〇〇	疾一〇七九二 遲一一一三四
九五	七日 七九〇七	損〇一 九一〇五七五	五三四 八五四五七五	疾一〇七七二 遲一一一五四
九六	七日 八七二七	損〇二 一〇七一七五	五三二 九四四〇〇〇	疾一〇七五二 遲一一一七四
九七	七日 九五四七	損〇二 三〇一八二五	五三〇 八三六八二五	疾一〇七三三 遲一一一九三
九八	八日 〇三六七	損〇二 四九四五二五	五二八 五三五〇〇〇〔一〕	疾一〇七一三 遲一一二一二
九九	八日 ‥八七	損〇二 六八五二七五	五二六 〇四〇四七五	疾一〇六九四 遲　二二
一百	八日 二〇〇八	損〇二 八七四〇七五	五二三 三五五二〇〇	疾一〇六七六 遲一一二五〇
百〇一	八日 二八二八	損〇三 〇六〇九二五	五二〇 四八一一二五	疾一〇六五七 遲一一二六九
百〇二	八日 三六四八	損〇三 二四五八二五	五一七 四二〇二〇〇	疾一〇六三八 遲一一二八七

〔一〕 "三五"，原作"三二"，康熙本、大統曆志卷四作"三五"，與校算合，據改。

續表

限數	日率	損益分	遲疾積度	行度
限	日 千百十分	十分	度十分	度十分十秒
百〇三	八日 四四六八	損〇三 四二八七七五	五一四 一七四三七五	疾一〇六二〇 遲一一三〇六
百〇四	八日 五二八八	損〇三 六〇九七七五	五一〇 七四五六〇〇	疾一〇六〇二 遲一一三二四
百〇五	八日 六一〇八	損〇三 七八八八二五	五〇七 一三五八二五	疾一〇五八四 遲一一三四二
百〇六	八日 六九二八	損〇三 九六五九二五	五〇三 三四七〇〇〇	疾一〇五六六 遲一一三五九
百〇七	八日 七七四八	損〇四 一四一〇七五	四九九 三八一〇七五	疾一〇五四九 遲一一三七七
百〇八	八日 八五六八	損〇四 三一四二七五	四九五 二四〇〇〇〇	疾一〇五三一 遲一一三九四
百〇九	八日 九三八八	損〇四 四八五五二五	四九〇 九二五七二五	疾一〇五一四 遲一一四一一
百十〇	九日 〇二〇八[一]	損〇四 六五四八二五	四八六 四四〇二〇〇	疾一〇四九七 遲一一四二八
百十一	九日 一〇二八	損〇四 八二二一七五	四八一 七八五三七五	疾一〇四八一 遲一一四四五
百十二	九日 一八四八	損〇四 九八七五七五	四七六 九六三二〇〇	疾一〇四六四 遲一一四六二
百十三	九日 二六六九	損〇五 一五一〇二五	四七一 九七五六二五	疾一〇四四八 遲一一四七八
百十四	九日 三四八九	損〇五 三一二五二五	四六六 八二四六〇〇	疾一〇四三二 遲一一四九四

〔一〕九日，原作"八日"，康熙本、大統曆志卷四作"九日"，與校算合，據改。

續表

限數	日率	損益分	遲疾積度	行度
限	日 千百十分	十分	度十分	度十分十秒
百十五	九日 四三○九	損○五 四七二○七五	四六一 五一二○七五	疾一○四一六 遲一一五一○
百十六	九日 五一二九	損○五 六二九六七五	四五六 ○四○○○○	疾一○四○○ 遲一一五二六
百十七	九日 五九四九	損○五 七八五三二五	四五○ 四一○三二五	疾一○三八四 遲一一五四一
百十八	九日 六七六九	損○五 九三九○二五	四四四 六二五○○○	疾一○三六九 遲一一五五七
百十九	九日 七五八九	損○六 ○九○七七五	四三八 六八五九七五	疾一○三五四 遲一一五七二
百廿○	九日 八四○九	損○六 二四○五七五	四三二 五九五二○○	疾一○三三九 遲一一五八七
百廿一	九日 九二二九	損○六 三八八四二五	四二六 三五四六二五	疾一○三二四 遲一一六○二
百廿二	十日 ○○四九	損○六 五三四三二五	四一九 九六六二○○	疾一○三○九 遲一一六一六
百廿三	十日 ○八六九	損○六 六七八二七五	四一三 四三一八七五	疾一○二九五 遲一一六三一
百廿四	十日 一六八九	損○六 八二○二七五	四○六 七五三六○○	疾一○二八一 遲一一六四五
百廿五	十日 二五一○	損○六 九六○三二五	三九九 九三三三二五	疾一○二六七 遲一一六五九
百廿六	十日 三三三○	損○七 ○九八四二五	三九二 九七三○○○	疾一○二五三 遲一一六七三
百廿七	十日 四一五○	損○七 二三四五七五	三八五 八七四五七五	疾一○二三九 遲一一六八六

限數	日率	損益分	遲疾積度	行度
限	日 千百十分	十分	度十分	度十分十秒
百廿八	十日 四九七〇	損〇七 三六八七七五	三七八 六四〇〇〇〇	疾一〇二二六 遲一一七〇〇
百廿九	十日 五七九〇	損〇七 五〇一〇二五	三七一 二七一二二五	疾一〇二一三 遲一一七一三
百卅〇	十日 六六一〇	損〇七 六三一三二五	三六三 七七〇二〇〇	疾一〇二〇〇 遲一一七二六
百卅一	十日 七四三〇	損〇七 七五九六七五	三五六 一三八八七五	疾一〇一八七 遲一一七三九
百卅二	十日 八二五〇	損〇七 八八六〇七五	三四八 三七九二〇〇	疾一〇一七四 遲一一七五二
百卅三	十日 九〇七〇	損〇八 〇一〇五二五	三四〇 四九三一二五	疾一〇一六二 遲一一七六四
百卅四	十日 九八九〇	損〇八 一三三〇二五	三三二 四八二六〇〇	疾一〇一五〇 遲一一七七六
百卅五	十一日 〇七一〇	損〇八 二五三五七五	三二四 三四九五七五	疾一〇一三八 遲一一七八八
百卅六	十一日 一五三〇	損〇八 三七二一七五	三一六 〇九六〇〇〇	疾一〇一二六 遲一一八〇〇
百卅七	十一日 二三五〇	損〇八 四八八八二五	三〇七 七二三八二五	疾一〇一一四 遲一一八一二
百卅八	十一日 三一七一	損〇八 六〇三五二五	二九九 二三五〇〇〇	疾一〇一〇三 遲一一八二三
百卅九	十一日 三九九一	損〇八 七一六二七五	二九〇 六三一四七五	疾一〇〇九一 遲一一八三五
百四十	十一日 四八一一	損〇八 八二七〇七五	二八一 九一五二〇〇	疾一〇〇八〇 遲一一八四六

續表

限數	日率	損益分	遲疾積度	行度
限	日 千百十分	十分	度十分	度十分十秒
百四一	十一日 五六三一	損〇八 九三五九二五	二七三 〇八八一二五	疾一〇〇六九 遲一一八五六
百四二	十一日 六四五一	損〇九 〇四二八二五	二六四 一五二二〇〇	疾一〇〇五九 遲一一八六七
百四三	十一日 七二七一	損〇九 一四七七七五	二五五 一〇九三七五	疾一〇〇四八 遲一一八七八
百四四	十一日 八〇九一	損〇九 二五〇七七五	二四五 九六一六〇〇	疾一〇〇三八 遲一一八八八
百四五	十一日 八九一一	損〇九 三五一八二五	二三六 七一〇八二五	疾一〇〇二八 遲一一八九八
百四六	十一日 九七三一	損〇九 四五〇九二五	二二七 三五九〇〇〇	疾一〇〇一八 遲一一九〇八
百四七	十二日 〇五五一	損〇九 五四八〇七五	二一七 九〇八〇七五	疾一〇〇〇八 遲一一九一八
百四八	十二日 一三七一	損〇九 六四三二七五	二〇八 三六〇〇〇〇	疾〇九九九九 遲一一九二七
百四九	十二日 二一九一	損〇九 七三六五一五	一九八 七一六七一五	疾〇九九八九 遲一一九三七
百五十	十二日 三〇一二	損〇九 八二七八二五	一八八 九八〇二〇〇	疾〇九九八〇 遲一一九四六
百五一	十二日 三八三二	損〇九 九一七一七五	一七九 一五二三七五	疾〇九九七一 遲一一九五五
百五二	十二日 四六五二	損十〇 〇〇四五七五	一六九 二三五二〇〇	疾〇九九六二 遲一一九六三
百五三	十二日 五四七二	損十〇 〇九〇〇二五	一五九 二三〇六二五	疾〇九九五四 遲一一九七二

限數	日率	損益分	遲疾積度	行度
限	日 千百十分	十分	度十分	度十分十秒
百五四	十二日 六二九二	損十〇 一七三五二五	一四九 一四〇六〇〇	疾〇九九四六 遲一一九八〇
百五五	十二日 七一一二	損十〇 二五五〇七五	一三八 九六七〇七五	疾〇九九三七 遲一一九八八
百五六	十二日 七九三二	損十〇 三三四六七五	一二八 七一二〇〇〇	疾〇九九二九 遲一一九九六
百五七	十二日 八七五二	損十〇 四一二三二五	一一八 三七七三二五	疾〇九九二二 遲一二〇〇四
百五八	十二日 九五七二	損十〇 四八八〇二五	一〇七 九六五〇〇〇	疾〇九九一四 遲一二〇一二
百五九	十三日 〇三九二	損十〇 五六一七七五	〇九七 四七六九七五	疾〇九九〇七 遲一二〇一九
百六十	十三日 一二一二	損十〇 六三三五七五	〇八六 九一五二〇〇	疾〇九九〇〇 遲一二〇二六
百六一	十三日 二〇三二	損十〇 七〇三四二五	〇七六 二八一六二五	疾〇九八九三 遲一二〇三三
百六二	十三日 二八五三	損十〇 七七一三二五	〇六五 五七八二〇〇	疾〇九八八六 遲一二〇四〇
百六三	十三日 三六七三	損十〇 八三七二七五	〇五四 八〇六八七五	疾〇九八七九 遲一二〇四七
百六四	十三日 四四九三	損十〇 九〇一二七五	〇四三 九六九六〇〇	疾〇九八七三 遲一二〇五三
百六五	十三日 五三一三	損十〇 九六三三二五	〇三三 〇六八三二五	疾〇九八六七 遲一二〇五九
百六六	十三日 六一三三	損十一 〇二三四二五	〇二二 一〇五〇〇〇	疾〇九八六一 遲一二〇六五

續表

限數	日率	損益分	遲疾積度	行度
限	日 千百十分	十分	度十分	度十分十秒
百六七	十三日 六九五三	損十一 〇八一五七五	〇一一 〇八一五七五	疾〇九八五五 遲一二〇七一
百六八	十三日 七七七三			

布立成法

依曆經垛叠招差,各以平差、立差求到各限遲疾度。次以相挨兩限遲疾度相減,餘爲各限損益分。次以各限損益分加減每限月平行度,得爲各限遲疾行度也。數止秒,秒以下不用。其加減法,在疾曆益加損減,遲曆反之。

求每限月平行度法

置小轉中十三日七七七三,以每日月平行度十三度三六八七五乘之,得一百八十四度一八五二七九三七五爲實,以一百六十八限除之,得一度〇九六三四〇九四,是爲每限月平行度也。

曆經遲疾曆三差法

　　立差　三百二十五
　　平差　二萬八千一百
　　定差　一千一百一十一萬

　　凡推遲疾,在八十四限以下者爲初限,以上者去減一百六十八限,餘爲末限。置立差,以初末限乘之,得數,用加平差。再以初末限乘之,以減定差,餘數再以初末限乘之,得數,滿億爲度,即得各限遲疾積度。〔凡初限是從初順數至後,末限是從末盡日逆溯至前,故其數並同也。〕

　　月與日立法同,但太陽以定氣立限,故盈縮異數;太陰以平行立限,故遲疾同原。

日出入晨昏半晝分立成

冬至後半歲周

積日	晨分	日出分	半晝分	日入分	昏分
百十日	千百 十分十秒	千百 十分十秒	千百 十分十秒	千百 十分十秒	千百 十分十秒
初	二六 八一七〇	二九 三一七〇	二〇 六八三〇	七〇 六八三〇	七三 一八三〇
一	二六 八一六二	二九 三一六二	二〇 六八三八	七〇 六八三八	七三 一八三八
二〔一〕	二六 八一三九	二九 三一三九	二〇 六八六一	七〇 六八六一	七三 一八六一
三	二六 八一〇一	二九 三一〇一	二〇 六八九九	七〇 六八九九	七三 一八九九
四	二六 八〇四八	二九 三〇四八	二〇 六九五二	七〇 六九五二	七三 一九五二

〔一〕自此欄後,"二六""二九""二〇""七〇""七三"承前省略,爲清眉目而補。同類情況,不再逐一出校。

續表

積日	晨分	日出分	半晝分	日入分	昏分
百十日	千百 十分十秒	千百 十分十秒	千百 十分十秒	千百 十分十秒	千百 十分十秒
五	二六 七九七九	二九 二九七九	二〇 七〇二一	七〇 七〇二一	七三 二〇二一
六	二六 七八九六	二九 二八九六	二〇 七一〇四	七〇 七一〇四	七三 二一〇四
七	二六 七七九七	二九 二七九七	二〇 七二〇三	七〇 七二〇三	七三 二二〇三
八	二六 七六八三	二九 二六八三	二〇 七三一七	七〇 七三一七	七三 二三一七
九	二六 七五五五	二九 二五五五	二〇 七四四五	七〇 七四四五	七三 二四四五
一〇	二六 七四一一	二九 二四一一	二〇 七五八九	七〇 七五八九	七三 二五八九
一一	二六 七二五二	二九 二二五二	二〇 七七四八	七〇 七七四八	七三 二七四八
一二	二六 七〇七八	二九 二〇七八	二〇 七九二二	七〇 七九二二	七三 二九二二
一三	二六 六八八九	二九 一八八九	二〇 八一一一	七〇 八一一一	七三 三一一一
一四	二六 六六八五	二九 一六八五	二〇 八三一五	七〇 八三一五	七三 三三一五
一五	二六 六四六六	二九 一四六六	二〇 八五三四	七〇 八五三四	七三 三五三四
一六	二六 六二三二	二九 一二三二	二〇 八七六八	七〇 八七六八	七三 三七六八
一七	二六 五九八三	二九 〇九八三	二〇 九〇一七	七〇 九〇一七	七三 四〇一七

〔一〕五一六一，原作"五〇六一"，大統曆志卷五作"五一六一"，與校算合，據改。

續表

積日	晨分		日出分		半晝分		日入分		昏分	
百十日	千百	十分十秒	千百	十分十秒	千百	十分十秒	千百	十分十秒	千百	十分十秒
一八	二六	五七一九	二九	〇七一九	二〇	九二八一	七〇	九二八一	七三	四二八一
一九	二六	五四四一	二九	〇四四一	二〇	九五五九	七〇	九五五九	七三	四五五九
二〇	二六	五一四七	二九	〇一四七	二〇	九八五三	七〇	九八五三	七三	四八五三
二一	二六	四八三九	二八	九八三九	二一	〇一六一	七一	〇一六一	七三	五一六一 (一)
二二	二六	四五一七	二八	九五一七	二一	〇四八三	七一	〇四八三	七三	五四八三
二三	二六	四一八一	二八	九一八一	二一	〇八一九	七一	〇八一九	七三	五八一九
二四	二六	三八二九	二八	八八二九	二一	一一七一	七一	一一七一	七三	六一七一
二五	二六	三四六四	二八	八四六四	二一	一五三六	七一	一五三六	七三	六五三六
二六	二六	三〇八五	二八	八〇八五	二一	一九一五	七一	一九一五	七三	六九一五
二七	二六	二六九二	二八	七六九二	二一	二三〇八	七一	二三〇八	七三	七三〇八
二八	二六	二二八四	二八	七二八四	二一	二七一六	七一	二七一六	七三	七七一六
二九	二六	一八六六	二八	六八六六	二一	三一三四	七一	三一三四	七三	八一三四
三〇	二六	一四三三	二八	六四三三	二一	三五六七	七一	三五六七	七三	八五六七
三一	二六	〇九八八	二八	五九八八	二一	四〇一二	七一	四〇一二	七三	九〇一二

續表

積日	晨分	日出分	半晝分	日入分	昏分
百十日	千百 十分十秒	千百 十分十秒	千百 十分十秒	千百 十分十秒	千百 十分十秒
三二	二六〇五三一	二八五五三一	二一四四六九	七一四四六九	七三九四六九
三三	二六〇〇六一	二八五〇六一	二一四九三九	七一四九三九	七三九九三九
三四	二五九五七九	二八四五七九	二一五四二一	七一五四二一	七四〇四二一
三五	二五九〇八五	二八四〇八五	二一五九一五	七一五九一五	七四〇九一五
三六	二五八五八〇	二八三五八〇	二一六四二〇	七一六四二〇	七四一四二〇
三七	二五八〇六五	二八三〇六五	二一六九三五	七一六九三五	七四一九三五
三八	二五七五三九	二八二五三九	二一七四六一	七一七四六一	七四二四六一
三九	二五七〇〇二	二八二〇〇二	二一七九九八	七一七九九八	七四二九九八
四〇	二五六四五六	二八一四五六	二一八五四四	七一八五四四	七四三五四四
四一	二五五九〇〇	二八〇九〇〇	二一九一〇〇	七一九一〇〇	七四四一〇〇
四二	二五五三三六	二八〇三三六	二一九六六四	七一九六六四	七四四六六四
四三	二五四七六三	二七九七六三	二二〇二三七	七二〇二三七	七四五二三七
四四	二五四一八一	二七九一八一	二二〇八一九	七二〇八一九	七四五八一九
四五	二五三五九二	二七八五九二	二二一四〇八	七二一四〇八	七四六四〇八

續表

積日	晨分	日出分	半晝分	日入分	昏分
百十日	千百 十分十秒	千百 十分十秒	千百 十分十秒	千百 十分十秒	千百 十分十秒
四六	二五 二九九六	二七 七九九六	二二 二〇〇四	七二 二〇〇四	七四 七〇〇四
四七	二五 二三九二	二七 七三九二	二二 二六〇八	七二 二六〇八	七四 七六〇八
四八	二五 一七八二	二七 六七八二	二二 三二一八	七二 三二一八	七四 八二一八
四九	二五 一一六七	二七 六一六七	二二 三八三三	七二 三八三三	七四 八八三三
五〇	二五 〇五四四	二七 五五四四	二二 四四五六	七二 四四五六	七四 九四五六
五一	二四 九九一八	二七 四九一八	二二 五〇八二	七二 五〇八二	七五 〇〇八二
五二	二四 九二八六	二七 四二八六	二二 五七一四	七二 五七一四	七五 〇七一四
五三	二四 八六五〇	二七 三六五〇	二二 六三五〇	七二 六三五〇	七五 一三五〇
五四	二四 八〇一〇	二七 三〇一〇	二二 六九九〇	七二 六九九〇	七五 一九九〇
五五	二四 七三六六	二七 二三六六	二二 七六三四	七二 七六三四	七五 二六三四
五六	二四 六七一八	二七 一七一八	二二 八二八二	七二 八二八二	七五 三二八二
五七	二四 六〇六七	二七 一〇六七	二二 八九三三	七二 八九三三	七五 三九三三
五八	二四 五四一四	二七 〇四一四	二二 九五八六	七二 九五八六	七五 四五八六
五九	二四 四七五九	二六 九七五九	二三 〇二四一	七三 〇二四一	七五 五二四一

續表

積日	晨分	日出分	半晝分	日入分	昏分
百十日	千百 十分十秒	千百 十分十秒	千百 十分十秒	千百 十分十秒	千百 十分十秒
六〇	二四 四一〇二	二六 九一〇二	二三 〇八九八	七三 〇八九八	七五 五八九八
六一	二四 三四四二	二六 八四四二	二三 一五五八	七三 一五五八	七五 六五五八
六二	二四 二七八一	二六 七七八一	二三 二二一九	七三 二二一九	七五 七二一九
六三	二四 二一一九	二六 七一一九	二三 二八八一	七三 二八八一	七五 七八八一
六四	二四 一四五六	二六 六四五六	二三 三五四四	七三 三五四四	七五 八五四四
六五	二四 〇七九三	二六 五七九三	二三 四二〇七	七三 四二〇七	七五 九二〇七
六六	二四 〇一二八	二六 五一二八	二三 四八七二	七三 四八七二	七五 九八七二
六七	二三 九四六三	二六 四四六三	二三 五五三七	七三 五五三七	七六 〇五三七
六八	二三 八七九八	二六 三七九八	二三 六二〇二	七三 六二〇二	七六 一二〇二
六九	二三 八一三三	二六 三一三三	二三 六八六七	七三 六八六七	七六 一八六七
七〇	二三 七四六八	二六 二四六八	二三 七五三二	七三 七五三二	七六 二五三二
七一	二三 六八〇三	二六 一八〇三	二三 八一九七	七三 八一九七	七六 三一九七
七二	二三 六一三八	二六 一一三八	二三 八八六二	七三 八八六二	七六 三八六二
七三	二三 五四七四	二六 〇四七四	二三 九五二六	七三 九五二六	七六 四五二六

續表

積日	晨分	日出分	半晝分	日入分	昏分
百十日	千百 十分十秒	千百 十分十秒	千百 十分十秒	千百 十分十秒	千百 十分十秒
七四	二三 四八一〇	二五 九八一〇	二四 〇一九〇	七四 〇一九〇	七六 五一九〇
七五	二三 四一四七	二五 九一四七	二四 〇八五三	七四 〇八五三	七六 五八五三
七六	二三 三四八五	二五 八四八五	二四 一五一五	七四 一五一五	七六 六五一五
七七	二三 二八二三	二五 七八二三	二四 二一七七	七四 二一七七	七六 七一七七
七八	二三 二一六二	二五 七一六二	二四 二八三八	七四 二八三八	七六 七八三八
七九	二三 一五〇三	二五 六五〇三	二四 三四九七	七四 三四九七	七六 八四九七
八〇	二三 〇八四三	二五 五八四三	二四 四一五七	七四 四一五七	七六 九一五七
八一	二三 〇一八四	二五 五一八四	二四 四八一六	七四 四八一六	七六 九八一六
八二	二二 九五二六	二五 四五二六	二四 五四七四	七四 五四七四	七七 〇四七四
八三	二二 八八六九	二五 三八六九	二四 六一三一	七四 六一三一	七七 一一三一
八四	二二 八二一三	二五 三二一三	二四 六七八七	七四 六七八七	七七 一七八七
八五	二二 七五五八	二五 二五五八	二四 七四四二	七四 七四四二	七七 二四四二
八六	二二 六九〇四	二五 一九〇四	二四 八〇九六	七四 八〇九六	七七 三〇九六
八七	二二 六二四九	二五 一二四九	二四 八七五一	七四 八七五一	七七 三七五一

續表

積日	晨分	日出分	半晝分	日入分	昏分
百十日	千百 十分十秒	千百 十分十秒	千百 十分十秒	千百 十分十秒	千百 十分十秒
八八	二二 五五九六	二五 〇五九六	二四 九四〇四	七四 九四〇四	七七 四四〇四
八九	二二 四九三九	二四 九九三九	二五 〇〇六一	七五 〇〇六一	七七 五〇六一
九〇	二二 四二八六	二四 九二八六	二五 〇七一四	七五 〇七一四	七七 五七一四
九一	二二 三六三四	二四 八六三四	二五 一三六六	七五 一三六六	七七 六三六六
九二	二二 二九八二	二四 七九八二	二五 二〇一八	七五 二〇一八	七七 七〇一八
九三	二二 二三三一	二四 七三三一	二五 二六六九	七五 二六六九	七七 七六六九
九四	二二 一六八〇	二四 六六八〇	二五 三三二〇	七五 三三二〇	七七 八三二〇
九五	二二 一〇二九	二四 六〇二九	二五 三九七一	七五 三九七一	七七 八九七一
九六	二二 〇三七八	二四 五三七八	二五 四六二二	七五 四六二二	七七 九六二二
九七	二一 九七二六	二四 四七二六	二五 五二七四	七五 五二七四	七八 〇二七四
九八	二一 九〇七五	二四 四〇七五	二五 五九二五	七五 五九二五	七八 〇九二五
九九	二一 八四二三	二四 三四二三	二五 六五七七	七五 六五七七	七八 一五七七
一〇〇	二一 七七七三	二四 二七七三	二五 七二二七	七五 七二二七	七八 二二二七
一〇一	二一 七一二二	二四 二一二二	二五 七八七八	七五 七八七八	七八 二八七八

續表

積日	晨分	日出分	半晝分	日入分	昏分
百十日	千百 十分十秒	千百 十分十秒	千百 十分十秒	千百 十分十秒	千百 十分十秒
一〇二	二一 六四七一	二四 一四七一	二五 八五二九	七五 八五二九	七八 三五二九
一〇三	二一 五八二〇	二四 〇八二〇	二五 九一八〇	七五 九一八〇	七八 四一八〇
一〇四	二一 五一六九	二四 〇一六九	二五 九八三一	七五 九八三一	七八 四八三一
一〇五	二一 四五一八	二三 九五一八	二六 〇四八二	七六 〇四八二	七八 五四八二
一〇六	二一 三八六七	二三 八八六七	二六 一一三三	七六 一一三三	七八 六一三三
一〇七	二一 三二一七	二三 八二一七	二六 一七八三	七六 一七八三	七八 六七八三
一〇八	二一 二五六八	二三 七五六八	二六 二四三二	七六 二四三二	七八 七四三二
一〇九	二一 一九一九	二三 六九一九	二六 三〇八一	七六 三〇八一	七八 八〇八一
一一〇	二一 一二七一	二三 六二七一	二六 三七二九	七六 三七二九	七八 八七二九
一一一	二一 〇六二三	二三 五六二三	二六 四三七七	七六 四三七七	七八 九三七七
一一二	二〇 九九七六	二三 四九七六	二六 五〇二四	七六 五〇二四	七九 〇〇二四
一一三	二〇 九三二九	二三 四三二九	二六 五六七一	七六 五六七一	七九 〇六七一
一一四	二〇 八六八七	二三 三六八七	二六 六三一三	七六 六三一三	七九 一三一三
一一五	二〇 八〇四四	二三 三〇四四	二六 六九五六	七六 六九五六	七九 一九五六

續表

積日	晨分	日出分	半晝分	日入分	昏分
百十日	千百 十分十秒	千百 十分十秒	千百 十分十秒	千百 十分十秒	千百 十分十秒
一一六	二〇 七四〇三	二三 二四〇三	二六 七五九七	七六 七五九七	七九 二五九七
一一七	二〇 六七六三	二三 一七六三	二六 八二三七	七六 八二三七	七九 三二三七
一一八	二〇 六一二六	二三 一一二六	二六 八八七四	七六 八八七四	七九 三八七四
一一九	二〇 五四九一	二三 〇四九一	二六 九五〇九	七六 九五〇九	七九 四五〇九
一二〇	二〇 四八五九	二二 九八五九	二七 〇一四一	七七 〇一四一	七九 五一四一
一二一	二〇 四二二九	二二 九二二九	二七 〇七七一	七七 〇七七一	七九 五七七一
一二二	二〇 三六〇二	二二 八六〇二	二七 一三九八	七七 一三九八	七九 六三九八
一二三	二〇 二九七九	二二 七九七九	二七 二〇二一	七七 二〇二一	七九 七〇二一
一二四	二〇 二三五九	二二 七三五九	二七 二六四一	七七 二六四一	七九 七六四一
一二五	二〇 一七四四	二二 六七四四	二七 三二五六	七七 三二五六	七九 八二五六
一二六	二〇 一一三二	二二 六一三二	二七 三八六八	七七 三八六八	七九 八八六八
一二七	二〇 〇五二五	二二 五五二五	二七 四四七五	七七 四四七五	七九 九四七五
一二八	一九 九九二三	二二 四九二三	二七 五〇七七	七七 五〇七七	八〇 〇〇七七
一二九	一九 九三二六	二二 四三二六	二七 五六七四	七七 五六七四	八〇 〇六七四

續表

積日	晨分	日出分	半晝分	日入分	昏分
百十日	千百 十分十秒	千百 十分十秒	千百 十分十秒	千百 十分十秒	千百 十分十秒
一三〇	一九 八七三四	二二 三七三四	二七 六二六六	七七 六二六六	八〇 一二六六
一三一	一九 八一四九	二二 三一四九	二七 六八五一	七七 六八五一	八〇 一八五一
一三二	一九 七五六九	二二 二五六九	二七 七四三一	七七 七四三一	八〇 二四三一
一三三	一九 六九九六	二二 一九九六	二七 八〇〇四	七七 八〇〇四	八〇 三〇〇四
一三四	一九 六四三〇	二二 一四三〇	二七 八五七〇	七七 八五七〇	八〇 三五七〇
一三五	一九 五八七一	二二 〇八七一	二七 九一二九	七七 九一二九	八〇 四一二九
一三六	一九 五三一九	二二 〇三一九	二七 九六八一	七七 九六八一	八〇 四六八一
一三七	一九 四七七五	二一 九七七五	二八 〇二二五	七八 〇二二五	八〇 五二二五
一三八	一九 四二三九	二一 九二三九	二八 〇七六一	七八 〇七六一	八〇 五七六一
一三九	一九 三七一三	二一 八七一三	二八 一二八七	七八 一二八七	八〇 六二八七
一四〇	一九 三一九四	二一 八一九四	二八 一八〇六	七八 一八〇六	八〇 六八〇六
一四一	一九 二六八五	二一 七六八五	二八 二三一五	七八 二三一五	八〇 七三一五
一四二	一九 二一八六	二一 七一八六	二八 二八一四	七八 二八一四	八〇 七八一四
一四三	一九 一六九六	二一 六六九六	二八 三三〇四	七八 三三〇四	八〇 八三〇四

續表

積日	晨分	日出分	半晝分	日入分	昏分
百十日	千百 十分十秒	千百 十分十秒	千百 十分十秒	千百 十分十秒	千百 十分十秒
一四四	一九 一二一六	二一 六二一六	二八 三七八四	七八 三七八四	八〇 八七八四
一四五	一九 〇七四六	二一 五七四六	二八 四二五四	七八 四二五四	八〇 九二五四
一四六	一九 〇二八八	二一 五二八八	二八 四七一二	七八 四七一二	八〇 九七一二
一四七	一八 九八三九	二一 四八三九	二八 五一六一	七八 五一六一	八一 〇一六一
一四八	一八 九四〇二	二一 四四〇二	二八 五五九八	七八 五五九八	八一 〇五九八
一四九	一八 八九七六	二一 三九七六	二八 六〇二四	七八 六〇二四	八一 一〇二四
一五〇	一八 八五六一	二一 三五六一	二八 六四三九	七八 六四三九	八一 一四三九
一五一	一八 八一五七	二一 三一五七	二八 六八四三	七八 六八四三	八一 一八四三
一五二	一八 七七六七	二一 二七六七	二八 七二三三	七八 七二三三	八一 二二三三
一五三	一八 七三八六	二一 二三八六	二八 七六一四	七八 七六一四	八一 二六一四
一五四	一八 七〇一七	二一 二〇一七	二八 七九八三	七八 七九八三	八一 二九八三
一五五	一八 六六六二	二一 一六六二	二八 八三三八	七八 八三三八	八一 三三三八
一五六	一八 六三一八	二一 一三一八	二八 八六八二	七八 八六八二	八一 三六八二
一五七	一八 五九八七	二一 〇九八七	二八 九〇一三	七八 九〇一三	八一 四〇一三

續表

積日	晨分	日出分	半晝分	日入分	昏分
百十日	千百 十分十秒	千百 十分十秒	千百 十分十秒	千百 十分十秒	千百 十分十秒
一五八	一八 五六六九	二一 〇六六九	二八 九三三一	七八 九三三一	八一 四三三一
一五九	一八 五三六三	二一 〇三六三	二八 九六三七	七八 九六三七	八一 四六三七
一六〇	一八 五〇六九	二一 〇〇六九	二八 九九三一	七八 九九三一	八一 四九三一
一六一	一八 四七八八	二〇 九七八八	二九 〇二一二	七九 〇二一二	八一 五二一二
一六二	一八 四五二〇	二〇 九五二〇	二九 〇四八〇	七九 〇四八〇	八一 五四八〇
一六三	一八 四二六四	二〇 九二六四	二九 〇七三六	七九 〇七三六	八一 五七三六
一六四	一八 四〇二一	二〇 九〇二一	二九 〇九七九	七九 〇九七九	八一 五九七九
一六五	一八 三七九一	二〇 八七九一	二九 一二〇九	七九 一二〇九	八一 六二〇九
一六六	一八 三五七四	二〇 八五七四	二九 一四二六	七九 一四二六	八一 六四二六
一六七	一八 三三七〇	二〇 八三七〇	二九 一六三〇	七九 一六三〇	八一 六六三〇
一六八	一八 三一七八	二〇 八一七八	二九 一八二二	七九 一八二二	八一 六八二二
一六九	一八 二九九九	二〇 七九九九	二九 二〇〇一	七九 二〇〇一	八一 七〇〇一
一七〇	一八 二八三三	二〇 七八三三	二九 二一六七	七九 二一六七	八一 七一六七
一七一	一八 二六八一	二〇 七六八一	二九 二三一九	七九 二三一九	八一 七三一九

續表

積日	晨分	日出分	半晝分	日入分	昏分
百十日	千百 十分十秒	千百 十分十秒	千百 十分十秒	千百 十分十秒	千百 十分十秒
一七二	一八 二五四一	二〇 七五四一	二九 二四五九	七九 二四五九	八一 七四五九
一七三	一八 二四一四	二〇 七四一四	二九 二五八六	七九 二五八六	八一 七五八六
一七四	一八 二二九九	二〇 七二九九	二九 二七〇一 〔一〕	七九 二七〇一	八一 七七〇一
一七五	一八 二一九七	二〇 七一九七	二九 二八〇三	七九 二八〇三	八一 七八〇三
一七六	一八 二一〇七	二〇 七一〇七	二九 二八九三	七九 二八九三	八一 七八九三
一七七	一八 二〇三一	二〇 七〇三一	二九 二九六九	七九 二九六九	八一 七九六九
一七八	一八 一九六六	二〇 六九六六	二九 三〇三四	七九 三〇三四	八一 八〇三四
一七九	一八 一九一四	二〇 六九一四	二九 三〇八六	七九 三〇八六	八一 八〇八六
一八〇	一八 一八七五	二〇 六八七五	二九 三一二五	七九 三一二五	八一 八一二五
一八一	一八 一八四九	二〇 六八四九	二九 三一五一	七九 三一五一	八一 八一五一
一八二	一八 一八三四	二〇 六八三四	二九 三一六六	七九 三一六六	八一 八一六六

〔一〕二七〇一，原作“二八〇一”，康熙本、大統曆志卷五作“二七〇一”，與校算合，據改。

夏至後半歲周

積日	晨分	日出分	半晝分	日入分	昏分
百十日	千百 十分十秒	千百 十分十秒	千百 十分十秒	千百 十分十秒	千百 十分十秒
初	一八 一八三〇	二〇 六八三〇	二九 三一七〇	七九 三一七〇	八一 八一七〇
一〔一〕	一八 一八六三	二〇 六八六三	二九 三一三七〔二〕	七九 三一三七	八一 八一三七
二	一八 一八五六	二〇 六八五六	二九 三一四四	七九 三一四四	八一 八一四四
三	一八 一八八七	二〇 六八八七	二九 三一一三	七九 三一一三	八一 八一一三
四	一八 一九三〇	二〇 六九三〇	二九 三〇七〇	七九 三〇七〇	八一 八〇七〇
五	一八 一九八七	二〇 六九八七	二九 三〇一三	七九 三〇一三	八一 八〇一三
六	一八 二〇五六	二〇 七〇五六	二九 二九四四	七九 二九四四	八一 七九四四
七	一八 二一三七	二〇 七一三七	二九 二八六三	七九 二八六三	八一 七八六三
八	一八 二二三一	二〇 七二三一	二九 二七六九	七九 二七六九	八一 七七六九
九	一八 二三三八	二〇 七三三八	二九 二六六二	七九 二六六二	八一 七六六二
一〇	一八 二四五八	二〇 七四五八	二九 二五四二	七九 二五四二	八一 七五四二

〔一〕自此欄後，“一八”“二〇”“二九”“七九”“八一”承前省略，爲清眉目而補。同類情況，不再逐一出校。

〔二〕三一三七，原作“三一六四”，大統曆志卷五作“三一三七”，與校算合，據改。本限日入分、昏分同，皆據改。

續表

積日	晨分	日出分	半晝分	日入分	昏分
百十日	千百 十分十秒	千百 十分十秒	千百 十分十秒	千百 十分十秒	千百 十分十秒
一一	一八 二五九〇	二〇 七五九〇	二九 二四一〇	七九 二四一〇	八一 七四一〇
一二	一八 二七三四	二〇 七七三四	二九 二二六六	七九 二二六六	八一 七二六六
一三	一八 二八九二	二〇 七八九二	二九 二一〇八	七九 二一〇八	八一 七一〇八
一四	一八 三〇六二	二〇 八〇六二	二九 一九三八	七九 一九三八	八一 六九三八
一五	一八 三二四六	二〇 八二四六	二九 一七五四	七九 一七五四	八一 六七五四
一六	一八 三四四一	二〇 八四四一	二九 一五五九	七九 一五五九	八一 六五五九
一七	一八 三六五〇	二〇 八六五〇	二九 一三五〇	七九 一三五〇	八一 六三五〇
一八	一八 三八七一	二〇 八八七一	二九 一一二九	七九 一一二九	八一 六一二九
一九	一八 四一〇六	二〇 九一〇六	二九 〇八九四	七九 〇八九四	八一 五八九四
二〇	一八 四三五三	二〇 九三五三	二九 〇六四七	七九 〇六四七	八一 五六四七
二一	一八 四六一二	二〇 九六一二	二九 〇三八八	七九 〇三八八	八一 五三八八
二二	一八 四八八五	二〇 九八八五	二九 〇一一五	七九 〇一一五	八一 五一一五
二三	一八 五一七一	二一 〇一七一	二八 九八二九	七八 九八二九	八一 四八二九
二四	一八 五四六九	二一 〇四六九	二八 九五三一	七八 九五三一	八一 四五三一

積日	晨分	日出分	半晝分	日入分	昏分
百十日	千百 十分十秒	千百 十分十秒	千百 十分十秒	千百 十分十秒	千百 十分十秒
二五	一八 五七七九	二一 〇七七九	二八 九二二一	七八 九二二一	八一 四二二一
二六	一八 六一〇三	二一 一一〇三	二八 八八九七	七八 八八九七	八一 三八九七
二七	一八 六四九三	二一 一四九三	二八 八五〇七〔一〕	七八 八五〇七	八一 三五〇七
二八	一八 六七八七	二一 一七八七	二八 八二一三	七八 八二一三	八一 三二一三
二九	一八 七一四七	二一 二一四七	二八 七八五三	七八 七八五三	八一 二八五三
三〇	一八 七五二一	二一 二五二一	二八 七四七九	七八 七四七九	八一 二四七九
三一	一八 七九〇五	二一 二九〇五	二八 七〇九五	七八 七〇九五	八一 二〇九五
三二	一八 八三〇一	二一 三三〇一	二八 六六九九	七八 六六九九	八一 一六九九
三三	一八 八七〇八	二一 三七〇八	二八 六二九二	七八 六二九二	八一 一二九二
三四	一八 九一二八	二一 四一二八	二八 五八七二	七八 五八七二	八一 〇八七二
三五	一八 九五五八	二一 四五五八	二八 五四四二	七八 五四四二	八一 〇四四二
三六	一九 〇〇〇〇	二一 五〇〇〇	二八 五〇〇〇	七八 五〇〇〇	八一 〇〇〇〇

〔一〕八五〇七，原作“八五六一”，大統曆志卷五作“八五〇七”，與校算合，據改。本限日入分、昏分同，皆據改。

續表

積日	晨分	日出分	半晝分	日入分	昏分
百十日	千百 十分十秒	千百 十分十秒	千百 十分十秒	千百 十分十秒	千百 十分十秒
三七	一九 〇四五二	二一 五四五二	二八 四五四八	七八 四五四八	八〇 九五四八
三八	一九 〇九一五	二一 五九一五	二八 四〇八五	七八 四〇八五	八〇 九〇八五
三九	一九 一三八九	二一 六三八九	二八 三六一一	七八 三六一一	八〇 八六一一
四〇	一九 一八七三	二一 六八七三	二八 三一二七	七八 三一二七	八〇 八一二七
四一	一九 二三六六	二一 七三六六	二八 二六三四	七八 二六三四	八〇 七六三四
四二	一九 二八六九	二一 七八六九	二八 二一三一	七八 二一三一	八〇 七一三一
四三	一九 三三八一	二一 八三八一	二八 一六一九〔一〕	七八 一六一九	八〇 六六一九
四四	一九 三九〇三	二一 八九〇三	二八 一〇九七	七八 一〇九七	八〇 六〇九七
四五	一九 四四三三	二一 九四三三	二八 〇五六七	七八 〇五六七	八〇 五五六七
四六	一九 四九七一	二一 九九七一	二八 〇〇二九	七八 〇〇二九	八〇 五〇二九
四七	一九 五五一九	二二 〇五一九	二七 九四八一	七七 九四八一	八〇 四四八一
四八	一九 六〇七三	二二 一〇七三	二七 八九二七	七七 八九二七	八〇 三九二七
四九	一九 六六三五	二二 一六三五	二七 八三六五	七七 八三六五	八〇 三三六五

〔一〕一六一九,各本均作"一六一八",據校算改。本限日入分、昏分同,皆據改。

續表

積日	晨分	日出分	半晝分	日入分	昏分
百十日	千百 十分十秒	千百 十分十秒	千百 十分十秒	千百 十分十秒	千百 十分十秒
五〇	一九 七二〇三	二二 二二〇三	二七 七七九七	七七 七七九七	八〇 二七九七
五一	一九 七七七九	二二 二七七九	二七 七二二一	七七 七二二一	八〇 二二二一
五二	一九 八三六一	二二 三三六一	二七 六六三九	七七 六六三九	八〇 一六三九
五三	一九 八九四九	二二 三九四九	二七 六〇五一	七七 六〇五一	八〇 一〇五一
五四	一九 九五四三	二二 四五四三	二七 五四五七	七七 五四五七	八〇 〇四五七
五五	二〇 〇一四二	二二 五一四二	二七 四八五八	七七 四八五八	七九 九八五八
五六	二〇 〇七四七	二二 五七四七	二七 四二五三	七七 四二五三	七九 九二五三
五七	二〇 一三五五	二二 六三五五	二七 三六四五	七七 三六四五	七九 八六四五
五八	二〇 一九六九	二二 六九六九	二七 三〇三一	七七 三〇三一	七九 八〇三一
五九	二〇 二五八六	二二 七五八六	二七 二四一四	七七 二四一四	七九 七四一四
六〇	二〇 三二〇七	二二 八二〇七	二七 一七九三	七七 一七九三	七九 六七九三
六一	二〇 三八三三	二二 八八三三	二七 一一六七	七七 一一六七	七九 六一六七
六二	二〇 四四六一	二二 九四六一	二七 〇五三九	七七 〇五三九	七九 五五三九
六三	二〇 五〇九一	二三 〇〇九一	二六 九九〇九	七六 九九〇九	七九 四九〇九

續表

積日	晨分	日出分	半晝分	日入分	昏分
百十日	千百 十分十秒	千百 十分十秒	千百 十分十秒	千百 十分十秒	千百 十分十秒
六四	二〇 五七二四	二三 〇七二四	二六 九二七六	七六 九二七六	七九 四二七六
六五	二〇 六三六一	二三 一三六一	二六 八六三九	七六 八六三九	七九 三六三九
六六	二〇 六九九九	二三 一九九九	二六 八〇〇一	七六 八〇〇一	七九 三〇〇一
六七	二〇 七六四〇	二三 二六四〇	二六 七三六〇	七六 七三六〇	七九 二三六〇
六八	二〇 八二八二	二三 三二八二	二六 六七一八	七六 六七一八	七九 一七一八
六九	二〇 八九二六	二三 三九二六	二六 六〇七四	七六 六〇七四	七九 一〇七四
七〇	二〇 九五六九	二三 四五六九	二六 五四三一	七六 五四三一	七九 〇四三一
七一	二一 〇二一六	二三 五二一六	二六 四七八四	七六 四七八四	七八 九七八四
七二	二一 〇八六四	二三 五八六四	二六 四一三六	七六 四一三六	七八 九一三六
七三	二一 一五一二	二三 六五一二	二六 三四八八	七六 三四八八	七八 八四八八
七四	二一 二一六一	二三 七一六一	二六 二八三九	七六 二八三九	七八 七八三九
七五	二一 二八一〇	二三 七八一〇	二六 二一九〇	七六 二一九〇	七八 七一九〇
七六	二一 三四六〇	二三 八四六〇	二六 一五四〇	七六 一五四〇	七八 六五四〇
七七	二一 四一一〇	二三 九一一〇	二六 〇八九〇	七六 〇八九〇	七八 五八九〇

續表

積日	晨分	日出分	半晝分	日入分	昏分
百十日	千百 十分十秒	千百 十分十秒	千百 十分十秒	千百 十分十秒	千百 十分十秒
七八	二一 四七六一	二三 九七六一	二六 〇二三九	七六 〇二三九	七八 五二三九
七九	二一 五四一二	二四 〇四一二	二五 九五八八	七五 九五八八	七八 四五八八
八〇	二一 六〇六四	二四 一〇六四	二五 八九三六	七五 八九三六	七八 三九三六
八一	二一 六七一五	二四 一七一五	二五 八二八五	七五 八二八五	七八 三二八五
八二	二一 七三六六	二四 二三六六	二五 七六三四	七五 七六三四	七八 二六三四
八三	二一 八〇一八	二四 三〇一八	二五 六九八二	七五 六九八二	七八 一九八二
八四	二一 八六六八	二四 三六六八	二五 六三三二	七五 六三三二	七八 一三三二
八五	二一 九〇二〇	二四 四〇二〇	二五 五九八〇	七五 五九八〇	七八 〇九八〇
八六	二一 九九七二	二四 四九七二	二五 五〇二八	七五 五〇二八	七八 〇〇二八
八七	二二 〇六二四	二四 五六二四	二五 四三七六	七五 四三七六	七七 九三七六
八八	二二 一二七五	二四 六二七五	二五 三七二五	七五 三七二五	七七 八七二五
八九	二二 一九二六	二四 六九二六	二五 三〇七四	七五 三〇七四	七七 八〇七四
九〇	二二 二五七八	二四 七五七八	二五 二四二二	七五 二四二二	七七 七四二二
九一	二二 三二二九	二四 八二二九	二五 一七七一	七五 一七七一	七七 六七七一

續表

積日	晨分	日出分	半晝分	日入分	昏分
百十日	千百 十分十秒	千百 十分十秒	千百 十分十秒	千百 十分十秒	千百 十分十秒
九二	二二 三八八一	二四 八八八一	二五 一一一九	七五 一一一九	七七 六一一九
九三	二二 四五三四	二四 九五三四	二五 〇四六六	七五 〇四六六	七七 五四六六
九四	二二 五一九一	二五 〇一九一	二四 九八〇九	七四 九八〇九	七七 四八〇九
九五	二二 五八四五	二五 〇八四五	二四 九一五五	七四 九一五五	七七 四一五五
九六	二二 六四九九	二五 一四九九	二四 八五〇一	七四 八五〇一	七七 三五〇一
九七	二二 七一五三	二五 二一五三	二四 七八四七	七四 七八四七	七七 二八四七
九八	二二 七八〇八	二五 二八〇八	二四 七一九二	七四 七一九二	七七 二一九二
九九	二二 八四六四	二五 三四六四	二四 六五三六	七四 六五三六	七七 一五三六
一〇〇	二二 九一二一	二五 四一二一	二四 五八七九	七四 五八七九	七七 〇八七九
一〇一	二二 九七七八	二五 四七七八	二四 五二二二	七四 五二二二	七七 〇二二二
一〇二	二三 〇四三七	二五 五四三七	二四 四五六三	七四 四五六三	七六 九五六三
一〇三	二三 一〇九七	二五 六〇九七	二四 三九〇三	七四 三九〇三	七六 八九〇三
一〇四	二三 一七五六	二五 六七五六	二四 三二四四	七四 三二四四	七六 八二四四
一〇五	二三 二四一六	二五 七四一六	二四 二五八四	七四 二五八四	七六 七五八四

續表

積日	晨分	日出分	半晝分	日入分	昏分
百十日	千百 十分十秒	千百 十分十秒	千百 十分十秒	千百 十分十秒	千百 十分十秒
一〇六	二三 三〇七八	二五 八〇七八	二四 一九二二	七四 一九二二	七六 六九二二
一〇七	二三 三七四〇	二五 八七四〇	二四 一二六〇	七四 一二六〇	七六 六二六〇
一〇八	二三 四四〇三	二五 九四〇三	二四 〇五九七	七四 〇五九七	七六 五五九七
一〇九	二三 五〇六七	二六 〇〇六七	二三 九九三三	七三 九九三三	七六 四九三三
一一〇	二三 五七三一	二六 〇七三一	二三 九二六九	七三 九二六九	七六 四二六九
一一一	二三 六三九五	二六 一三九五	二三 八六〇五	七三 八六〇五	七六 三六〇五
一一二	二三 七〇六〇	二六 二〇六〇	二三 七九四〇	七三 七九四〇	七六 二九四〇
一一三	二三 七七二六	二六 二七二六	二三 七二七四	七三 七二七四	七六 二二七四
一一四	二三 八三九一	二六 三三九一	二三 六六〇九	七三 六六〇九	七六 一六〇九
一一五	二三 九〇五六	二六 四〇五六	二三 五九四四	七三 五九四四	七六 〇九四四
一一六	二三 九七二二	二六 四七二二	二三 五二七八	七三 五二七八	七六 〇二七八
一一七	二四 〇三八七	二六 五三八七	二三 四六一三	七三 四六一三	七五 九六一三
一一八	二四 一〇五一	二六 六〇五一	二三 三九四九	七三 三九四九	七五 八九四九
一一九	二四 一七一五	二六 六七一五	二三 三二八五	七三 三二八五	七五 八二八五

續表

積日	晨分	日出分	半晝分	日入分	昏分
百十日	千百 十分十秒	千百 十分十秒	千百 十分十秒	千百 十分十秒	千百 十分十秒
一二〇	二四 二三七八	二六 七三七八	二三 二六二二	七三 二六二二	七五 七六二二
一二一	二四 三〇四〇	二六 八〇四〇	二三 一九六〇	七三 一九六〇	七五 六九六〇
一二二	二四 三七〇〇	二六 八七〇〇	二三 一三〇〇	七三 一三〇〇	七五 六三〇〇
一二三	二四 四三六〇	二六 九三六〇	二三 〇六四〇	七三 〇六四〇	七五 五六四〇
一二四	二四 五〇一六	二七 〇〇一六	二二 九九八四	七二 九九八四	七五 四九八四
一二五	二四 五六七〇	二七 〇六七〇	二二 九三三〇	七二 九三三〇	七五 四三三〇
一二六	二四 六三二三	二七 一三二三	二二 八六七七	七二 八六七七	七五 三六七七
一二七	二四 六九七三	二七 一九七三	二二 八〇二七	七二 八〇二七	七五 三〇二七
一二八	二四 七六一九	二七 二六一九	二二 七三八一	七二 七三八一	七五 二三八一
一二九	二四 八二六二	二七 三二六二	二二 六七三八	七二 六七三八	七五 一七三八
一三〇	二四 八九〇〇	二七 三九〇〇	二二 六一〇〇	七二 六一〇〇	七五 一一〇〇
一三一	二四 九五三五	二七 四五三五	二二 五四六五	七二 五四六五	七五 〇四六五
一三二	二五 〇一六五	二七 五一六五	二二 四八三五	七二 四八三五	七四 九八三五
一三三	二五 〇七九一	二七 五七九一	二二 四二〇九	七二 四二〇九	七四 九二〇九

積日	晨分	日出分	半晝分	日入分	昏分
百十日	千百 十分十秒	千百 十分十秒	千百 十分十秒	千百 十分十秒	千百 十分十秒
一三四	二五 一四一〇	二七 六四一〇	二二 三五九〇	七二 三五九〇	七四 八五九〇
一三五	二五 二〇二四	二七 七〇二四	二二 二九七六	七二 二九七六	七四 七九七六
一三六	二五 二六三二	二七 七六三二	二二 二三六八	七二 二三六八	七四 七三六八
一三七	二五 三二三三	二七 八二三三	二二 一七六七	七二 一七六七	七四 六七六七
一三八	二五 三八二六	二七 八八二六	二二 一一七四	七二 一一七四	七四 六一七四
一三九	二五 四四二二	二七 九四二二	二二 〇五七八 〔一〕	七二 〇五七八	七四 五五七八
一四〇	二五 四九九二	二七 九九九二	二二 〇〇〇八	七二 〇〇〇八	七四 五〇〇八
一四一	二五 五五六二	二八 〇五六二	二一 九四三八	七一 九四三八	七四 四四三八
一四二	二五 六一二三	二八 一一二三	二一 八八七七	七一 八八七七	七四 三八七七
一四三	二五 六六七五	二八 一六七五	二一 八三二五	七一 八三二五	七四 三三二五
一四四	二五 七二一八	二八 二二一八	二一 七七八二	七一 七七八二	七四 二七八二
一四五	二五 七七五一	二八 二七五一	二一 七二四九	七一 七二四九	七四 二二四九

〔一〕〇五七八，原作"〇五八七"，大統曆志卷五作"〇五七八"，與校算合，據乙正。本限日入分、昏分同，皆據改。

續表

積日 百十日	晨分 千百 十分十秒	日出分 千百 十分十秒	半晝分 千百 十分十秒	日入分 千百 十分十秒	昏分 千百 十分十秒
一四六	二五 八二七三	二八 三二七三	二一 六七二七	七一 六七二七	七四 一七二七
一四七	二五 八七八四	二八 三七八四	二一 六二一六	七一 六二一六	七四 一二一六
一四八	二五 九二八五	二八 四二八五	二一 五七一五	七一 五七一五	七四 〇七一五
一四九	二五 九七七四	二八 四七七四	二一 五二二六	七一 五二二六	七四 〇二二六
一五〇	二六 〇二五二	二八 五二五二	二一 四七四八	七一 四七四八	七三 九七四八
一五一	二六 〇七一七	二八 五七一七	二一 四二八三	七一 四二八三	七三 九二八三
一五二	二六 一一六九	二八 六一六九	二一 三八三一	七一 三八三一	七三 八八三一
一五三	二六 一六〇九	二八 六六〇九	二一 三三九一	七一 三三九一	七三 八三九一
一五四	二六 二〇三六	二八 七〇三六	二一 二九六四	七一 二九六四	七三 七九六四
一五五	二六 二四五〇	二八 七四五〇	二一 二五五〇	七一 二五五〇	七三 七五五〇
一五六	二六 二八五二	二八 七八五二	二一 二一四八	七一 二一四八	七三 七一四八
一五七	二六 三二三九	二八 八二三九	二一 一七六一	七一 一七六一	七三 六七六一
一五八	二六 三六一二	二八 八六一二	二一 一三八八	七一 一三八八	七三 六三八八
一五九	二六 三九七二	二八 八九七二	二一 一〇二八	七一 一〇二八	七三 六〇二八

續表

積日	晨分	日出分	半晝分	日入分	昏分
百十日	千百 十分十秒	千百 十分十秒	千百 十分十秒	千百 十分十秒	千百 十分十秒
一六〇	二六 四三一七	二八 九三一七	二一 〇六八三	七一 〇六八三	七三 五六八三
一六一	二六 四六四八	二八 九六四八	二一 〇三五二	七一 〇三五二	七三 五三五二
一六二	二六 四九六四	二八 九九六四	二一 〇〇三六	七一 〇〇三六	七三 五〇三六
一六三	二六 五二六七	二九 〇二六七	二〇 九七三三	七〇 九七三三	七三 四七三三
一六四	二六 五五五四	二九 〇五五四	二〇 九四四六	七〇 九四四六	七三 四四四六
一六五	二六 五八二七	二九 〇八二七	二〇 九一七三	七〇 九一七三	七三 四一七三
一六六	二六 六〇八五	二九 一〇八五	二〇 八九一五	七〇 八九一五	七三 三九一五
一六七	二六 六三二八	二九 一三二八	二〇 八六七二	七〇 八六七二	七三 三六七二
一六八	二六 六五五七	二九 一五五七	二〇 八四四三	七〇 八四四三	七三 三四四三
一六九	二六 六七六九	二九 一七六九	二〇 八二三一	七〇 八二三一	七三 三二三一
一七〇	二六 六九六八	二九 一九六八	二〇 八〇三二	七〇 八〇三二	七三 三〇三二
一七一	二六 七一五二	二九 二一五二	二〇 七八四八	七〇 七八四八	七三 二八四八
一七二	二六 七三一九	二九 二三一九	二〇 七六八一	七〇 七六八一	七三 二六八一
一七三	二六 七四七二	二九 二四七二	二〇 七五二八	七〇 七五二八	七三 二五二八

續表

積日	晨分	日出分	半晝分	日入分	昏分
百十日	千百　十分十秒	千百　十分十秒	千百　十分十秒	千百　十分十秒	千百　十分十秒
一七四	二六　七六一一	二九　二六一一	二〇　七三八九	七〇　七三八九	七三　二三八九
一七五	二六　七七三三	二九　二七三三	二〇　七二六七	七〇　七二六七	七三　二二六七
一七六	二六　七八四一	二九　二八四一	二〇　七一五九	七〇　七一五九	七三　二一五九
一七七	二六　七九三二	二九　二九三二	二〇　七〇六八	七〇　七〇六八	七三　二〇六八
一七八	二六　八〇一〇	二九　三〇一〇	二〇　六九九〇	七〇　六九九〇	七三　一九九〇
一七九	二六　八〇七一	二九　三〇七一	二〇　六九二九	七〇　六九二九	七三　一九二九
一八〇	二六　八一一八	二九　三一一八	二〇　六八八二	七〇　六八八二	七三　一八八二
一八一	二六　八一四九	二九　三一四九	二〇　六八五一	七〇　六八五一	七三　一八五一
一八二	二六　八一六六	二九　三一六六	二〇　六八三四	七〇　六八三四	七三　一八三四

考立成法

以半晝分轉減五千分，〔半日周。〕餘爲日出分。日出分減去二百五十分，爲晨分。以晨分減日周一萬分，餘爲昏分。昏分減去二百五十分，爲日入分。

又捷法。〔晨分與昏分相並，成日周一萬。又日出分與日入分相並，亦成日周一萬。〕

兼濟堂纂刻梅勿菴先生曆算全書

授時平立定三差詳説 [一]

〔一〕該書撰於康熙四十三年。勿庵曆算書目著録,解題内容同該書自序。四庫本收入卷十三。兼濟堂曆算書刊謬云:"此卷依稿寫刻,並無纂輯訂補處。"梅瑴成以此書與曆學駢枝"並爲闡明授時精義之書",故作爲曆學駢枝第五卷,收入梅氏叢書輯要卷四五。

自　序

　　授時曆於日躔盈縮、月離遲疾,並云以算術垜積招差立算,而今所傳九章諸書無此術也,豈古有而今逸耶? 載攷曆草,並以盈縮日數離爲六段,各以段日除其段之積度,得數乃相減爲一差,一差又相減爲二差,則其數齊同,乃緣此以生定差及平差、立差。定差者,盈縮初日最大之差也。於是以平差、立差減之,則爲每日之定差矣。若其布立成法,則直以立差六因之,以爲每日平立合差之差。此兩法者,若不相蒙,而其術巧會,從未有能言其故者。余因李世德孝廉之疑,而試爲思之,其中原委亦自歷然。爰命孫〔〔瑴成〕〕衍爲垜積之圖,得書一卷〔一〕。

　　梅文鼎 勿菴識。

〔一〕勿庵曆算書目此後有小字注文"李世兄敏而好學,事事必求其根本,所謂胸中無膏肓之疾者也。乃一病遽赴玉樓,豈天不欲此學之明耶? 爲之泫然"。

授時平立定三差詳說

宣城梅文鼎定九著　男以燕正謀參　孫　穀成玉汝
柏鄉魏荔彤念庭輯　　　　　　　　　玕成肩琳
　　　　　　　　　　　　　　　　男　乾斅一元
　　　　　　　　　　　　　　　　　　士敏仲文
　　　　　　　　　　　　　　　　　　士說崇寬同校
　　　　　　　　　　　　錫山後學楊作枚學山訂補

太陽行天,有盈有縮,立成以八十八日九十一刻就整爲限者,〔據盈曆言之。〕此由測驗而得之也。蓋自定氣冬至至定氣春分,太陽行天一象限,〔依古法,以九十一度三一奇爲象限。〕該歷九十一日三十一刻有奇。而今則不然,每於冬至後八十八日九十一刻,而太陽已到春分宿度,故盈曆以此爲限也。

夫八十八日九十一刻而行天一象限,則於平行之外,多行二度四十分奇也,是爲盈曆之大積差。若縮曆,即其不及之數,必行至九十三日奇而後滿一象限也。故縮曆之限多於盈曆日數,其積差極數亦與盈曆同。

但此盈縮之差,絕非平派,或自多而漸少,或由少而漸多,何以能得其每日參差之數?郭太史立爲平立定三差法,以齊其不齊,可得每日細差及積差,其理則出於垛積招差之法也。

定差者何?曰:所測盈縮初日最大之差也。凡盈縮末日即同平行,其盈縮之最多必在初日。今欲求逐日之差，必先求初日最大之差，以爲之準則，故曰定差也。

　　既有此最大之差，即可以求逐日之差。而逐日之差
皆以漸而少，法當用減，故又有平差、立差，皆減法也。

　　然何以謂之平差？曰：平者，平方也。其差之增，有
類平方，故以名之也。差何以能若平方？曰：初日以後，
其盈縮漸減，以至於平。以常法論之，數宜平派，即用差
分法足矣。而合之測驗所得，則又非平派也。其近初日
也，所減甚少；其近末日也，所減驟多。假如一日減平差
一，則二日宜減二，而今則二日之平差增爲四。又初日平
差一，二日平差四，則三日宜爲七，四日宜爲十，而今則三
日之平差增爲九，四日增爲十六。故非平方垛積之加法，
不足以列其衰序也。

　　然則又何以爲立差？曰：立者，立方也。差何以又若
立方？曰：以平差合之測驗，猶爲未足，故復設此以益之。
假如初日減平差一，又帶減立差一；至二日則平差四，而
所帶之立差非四也，乃八也；三限平差九，而立差非九也，
乃二十七也。蓋必如此，而後與所測之盈縮相應。

　　其分爲六段，何也？曰：此求差之法也。一、二日間，
雖各有盈縮之差，然差少則難辨。積至半次，其差始多，
而可見矣，故各就其盈縮之日勻分之。一年二十四定氣，
分四象限，各有六氣，故其分亦以六也。

　　既勻分六段矣，又以後段連前段，何也？曰：此所謂
招差也。雖勻分六段，其差積仍難細分，故惟於初段用本
數，以其盈縮多而易見也。〔如盈曆初段積盈七千分，是最多而易見

也。〕若末段必帶前段，以其盈縮少而難真也。〔如盈曆末段積差與第五段相減，則其本段中只共盈七百四十九分，數少難分，故連前段論之。〕借彼易見之差，以顯難真之數，此立法之意也。〔以太陽盈差爲例。他倣此。〕

然則各段平差不幾混乎？曰：無慮也。凡前多後少之積差，合總數而匀分之，即得最中之率。如第六段之平差即第四十四日之盈加分，〔以八十八日九二折半，得四十四日四六，即最中之處，其本段平差二百七十餘分與之相應。下倣此。〕第五段之平差即第三十七日之盈加分，第四段之平差即二十九日之盈加分，第三段之平差即第二十二日之盈加分，第二段之平差即第十四日八二之盈加分，第一段之平差即第七日四一之盈加分。其數各有歸着，雖連前段，原無牽混也。

然則又何以有一差、二差？曰：一差者，差之較也。二差者，較之較也。曷言乎差之較？曰：各段平差是盈縮於平行之數也，其數初段多而末段少。各段一差是相鄰兩限盈縮之較也，其數初段少而末段反多。然則二者若是其相反歟？曰：非相反也，乃相成也。蓋惟其盈縮於平行之數，既以漸而減，則其盈縮自相差之數必以漸而增。其法於前限平差內減次限平差，即知前限之盈縮多於後限若干矣。而此一差之數原非平派，故初限、次限之較最少，而次限、三限之較漸多，三限、四限之較又多，四限、五限更多，至五限、六限，則多之極矣。其多之極者何也？盈縮之數近末限則驟減也，此一差之前少後多，正所以爲盈縮之前多後少也。

　　然則二差又何以有齊數？曰：不齊者物之情也，而不齊之中有所以不齊焉，得其所以不齊，斯可以齊其不齊矣。今各限之一差不齊，而前後兩一差相減，則仍有齊數爲二差，是其不齊者差之較，而其無不齊者較之較也。較之較既爲齊數，則較數之不齊，皆有倫而有脊矣，故遂可據之以求定差也。

　　泛平積即用第一段平差，何也？曰：今推定差，初日之數也。前所推第一段平差，則第七日之數也。故總第一段言之，可曰平差；而自初日言之，但成泛積。泛者，對定之辭，言必再有加減而後爲定率也。

	盈差率	盈差之較	較之較
初日	五百一十三分三二 即定差	三十七分〇七 即泛平積差	一分三八 即二差
七日 四一	四百七十六分二五 即平差	三十八分四五 即一差	一分三八
十四日 三二	四百三十七分八〇	三十九分八三	一分三八
二十二日 二三	三百九十七分九七	四十一分二一	一分三八
二十九日 一四	三百五十六分七六	四十二分五九	一分三八
三十七日 〇五	三百一十四分一七	四十三分九七	
四四日 四六	二百七十〇分二〇		

　　二差折半，何也？曰：以分平差、立差之實也。蓋泛平積差既爲初日盈加分多於七日之較，則皆此七日中平

差、立差所積而成之者也。而平差之數大,立差之數小,泛平積之大數皆平差所成,而其中有六十九秒〔即半二差。〕則立差所成,故分出此數,以便各求其數也。

平差除一次,立差除兩次,何也?曰:此平、立之分也。除一次者,段日本數爲法也;除兩次者,段日自乘爲法也。於是再以段日乘之,則本數者如平方之自乘,自乘者如立方之再乘矣。

平立合差何也?曰:次限少於初限之差也。内有兩平差、六立差之共數,故謂之合差。〔如盈曆以二分四十六秒爲平差,三十一微爲立差。今倍平差得四分九十二秒,加入加分立差一秒八十六微,共得四分九十三秒八十六微,爲平立合差。是有兩平差、六立差之數,蓋加分立差原是六個立差也。〕

定差内又減一平差、一立差,爲初日加分,何也?曰:此初日加分之積少於定差之數也。既以定差爲初日加分矣,而積又減此,何也?曰:以定差爲初日加分者,乃初日最初之率也。積滿一日,則平差、立差各有所減,而特其減甚微,故各祇一數,如平方、立方之起數以一也。是故此一平差、一立差者,即初日平立合差也。

初日之平立合差何獨少耶?曰:準於平方、立方之加法,正相應也。蓋平方冪積以自乘之積爲等,〔其數一、四、九、十六、二十五、三十六、四九、六四、八一也。〕立方體積以再乘之積爲等,〔其數一、八、二十七、六四、百二十五、二一六、三四三、五一二也。〕而平立合差之數亦如之。

是故初日之盈縮積,是於定差内減一平差、一立差。

如平方、立方之根一者，積亦一也。

次日之盈縮積，是於二定差內減四平差、八立差。如方根二者，平積必四，立積必八也。

三日之盈縮積，是於三定差內減九平差、二十七立差。如方根三者，平積必九，立積二十七也。

四日之盈縮積，是於四定差內減十六平差、六十四立差。如方根四者，平積必十六，立積必六十四也。

向後各限，並同此推。合而言之，即皆逐日之平立合差也。然則以一平差、一立差較次日之四平差、八立差，固爲小矣。而以四平差、八立差較三日之九平差、二十七立差，不更小乎？何況以三較四，則爲九平差、二十七立差與十六平差、六十四立差，其相差不更懸絕乎？

問：次日之平立合差，只兩平差、六立差，而今又云四平差、八立差；三日以後之平立合差，只遞增六立差，〔逐日遞增加分立差一秒八十六微，是六個立差之數。〕而今所云者，三日有平差九、立差二十七。其說之不同如此，必有一誤矣！曰：差之積類於平方、立方者，是總計其所減之數，而每加加分立差者，是分論其逐日所減之數也。欲明此理，仍當求諸少廣。〔少廣者，開方法也。〕

今夫平方以一、四、九、十六、二十五等爲序者，其冪積也。若分而言之，以一、三、五、七、九爲序者，其廉隅也。〔以相挨兩平冪相減，即得廉隅，如一與四相減得三，四與九相減得五，九與十六相減得七，十六與二十五相減得九是也。〕廉隅即較也，而遞增以二數者，較之較也。〔一、三、五、七、九，皆遞增以二。〕

今夫立方以一、八、二七、六四、一二五爲序者，其體積也。若分而言之，以七、十九、三七、六一爲序者，其廉隅也。〔亦以相挨兩體積相減得之，如一減八得七，八減廿七得十九，廿七減六十四得三十七，六十四減一百二十五得六十一是也。〕廉隅即較也，而遞增以六者，較之較也。〔一增六得七，七增二六得十九，十九增三六得三十七，三十七增四六得六一。〕是故平立差之總積，是初日以來所積之差也，亦如平立方之冪積、體積也。平立差之加法，是逐日遞增之較也，亦如平立方之廉隅也。

合初日以來之加分〔即盈縮積度。〕與定差較，則其差如平立方之冪積、體積也。〔平差之序，一、四、九、十六、二十五。立差之序，一、八、二十七、六四、一二五。〕若以本日之加分與定差較，則其差如平立方之廉隅也。〔平差之序，一、三、五、七、九。立差之序，七、十九、三七、六十一。〕

若以本日之平立合差與初日較，如平立方之廉積。〔平差之增，二、四、六、八。立差之增，六、十八、三十六、六十。〕若以相近兩日之平立合差自相較，如平立方之廉積相較。〔平差之遞增皆二。立差之遞增以六，而再增十二爲二六，再增十八爲三六，再增二十四爲四六也。〕於定差内減平差、立差各一，爲初日加分。

又於初日加分内減去二平差、六立差，是共減平差四、〔本日實減三，合初日所減之一，則四。〕立差八，〔本日實減七，合初日所減之一，則八。〕而爲次日加分也。

又於次日平立合差内加入六立差，爲平立合差。〔共二平差、十二立差。〕以減次日加分，是共減去平差九、〔本日實減平差五，合前兩日所減四，共九。〕立差二十七，〔本日實減立差十九，合前日所減之八,則二十七。〕而爲三日加分也。

又於三日之平立合差內加六立差,爲平立合差。〔共二平差、十八立差。〕以減三日加分,是共減去平差十六、〔本日實減平差七,合前三日所減之九,則十六。〕立差六十四,〔本日實減立差三十七,合前三日所減之二十七,則六十四。〕而爲四日加分也。

故曰:合初日以來之加分與定差較,其差如平立方之冪積、體積。而以本日之加分〔即本日實減數。〕與定差較,則如廉隅也。

若論布立成法,則不言定差,但以初日加分爲根。

以平立合差減初日加分,爲次日加分,是於初日加分內減二平差、六立差也。

又以六立差併入平立合差,以減次日加分,爲三日加分,是於次日加分內又減二平差、十二立差,於初日加分內則爲減四平差、十八立差也。

又如上法,再增六立差,以減三日加分,爲四日加分,是於三日加分內又減二平差、十八立差,於初日加分內則爲減六平差、三十六立差也。

故曰:以平立合差與初日較,若平立方之廉積。而以相近兩日自相較,如平立方之廉積相較也。

平方二廉,故相加以二;立方六廉,故相加以六。此倍平差、六因立差爲平立合差之理也。平方之相加以二者,始終不變。立方之相加以六者,每限遞增。此向後立差遞增六數之理也。

盈縮招差圖〔一〕

	九限	八限	七限	六限	五限	四限	三限	二限	一限	
差平	一	一	一	一	一	一	一差平	一差平	一差平	定差
差立	九	八	七	六	五	四	三差立	二差立	一差立	實
差平	二	二	二	二	二	二	二差平	二差平	定差	
差立	八十	六十	四十	二十	十	八	六差立	四差立		
差平	三	三	三	三	三	三	三差平	定差		
差立	七廿	四廿	一廿	八十	五十	二十	九差立			
差平	四	四	四	四	四	四	定差			
差立	六卅	二卅	八廿	四廿	十二	六十				
差平	五	五	五	五	五	定差				
差立	五四十	十四	五卅	十三	五廿					
差平	六	六	六	六	定差					
差立	四五十	八四十	二四十	六卅						
差平	七	七	七	定差						
差立	三六十	六五十	九四十							
差平	八	八	定差							
差立	二七十	四六十								
差平	九	定差								
差立	一八十									
法	定差									

〔一〕原圖中粗折綫爲斜綫,刊謬云:"垜積招差圖不如式。"茲依刊謬與輯要本改。

盈縮招差圖説

盈縮招差本爲各一象限之法,〔如盈曆則以八十八日九十一刻爲象限,縮曆則以九十三日七十一刻爲象限。〕今只作九限者,舉此爲例也。其空格九行,定差本數爲實也,其斜線以上平差、立差之數爲法也,斜線以下空格之定差乃餘實也。

假如定差爲一萬,平差爲一百,立差爲單一,今求九限。法以九限乘平差得九百,又以九限乘立差二次得八十一,并兩數九百八十一爲法。定差一萬爲實,法減實,餘實九千〇一十九,即九限末位所書之定差也。於是再以九限爲法乘餘實,得八萬一千一百七十一,爲九限積數。

本法:以九限乘定差,得九萬爲實。另置平差,以九限乘二次,得八千一百。置立差,以九限乘三次,得七百二十九。并兩數,得八千八百二十九爲法,以減實九萬,得八萬一千一百七十一,爲九限積,與前所得同。

本法是先乘後減,用法是先減後乘,其理一也。

平差遞加圖　垛積招差　合平方自乘之積

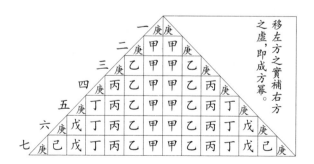

初日減平差一，庚也。

次日又減平差二，甲也。實減三，并甲、庚也，合廉隅矣。并計初日共減四，合平方冪矣。

第三日又多減平差二，乙也。實減五，并二甲二乙一庚也，合廉隅矣。并計前兩日共減九，合平方冪矣。第四日以後，倣此推之。

庚	庚	庚	庚	庚	庚	庚			
甲	乙	丙	丁	戊	己	庚	甲		
甲	乙	丙	丁	戊	乙	庚	甲	乙	
甲	乙	丙	丁	丙	乙	甲	庚	甲	乙 丙
甲	乙	丙	丁	丙	乙	甲	庚	甲	乙 丙 丁
甲	乙	戊	丁	丙	乙	甲	庚	甲	乙 丙 丁 戊
甲	己	戊	丁	丙	乙	甲	庚	甲	乙 丙 丁 戊 己

移置右方之甲乙丙丁戊己，以合左方，而列庚於首，則成平方之積。〔如上圖。〕

平差遞加如平方冪圖

一百	八一	六四	四九	卅六	廿五	十六	九	四	一	
癸	壬	辛	庚	己	戊	丁	丙	乙	甲	一
癸	壬	辛	庚	己	戊	丁	丙	乙	乙	三
癸	壬	辛	庚	己	戊	丁	丙	丙	丙	五
癸	壬	辛	庚	己	戊	丁	丁	丁	丁	七
癸	壬	辛	庚	己	戊	戊	戊	戊	戊	九
癸	壬	辛	庚	己	己	己	己	己	己	十一
癸	壬	辛	庚	庚	庚	庚	庚	庚	庚	十三
癸	壬	辛	辛	辛	辛	辛	辛	辛	辛	十五
癸	壬	壬	壬	壬	壬	壬	壬	壬	壬	十七
癸	癸	癸	癸	癸	癸	癸	癸	癸	癸	十九

立差遞加圖　垛積立招差　合立方廉隅積

平視之圖

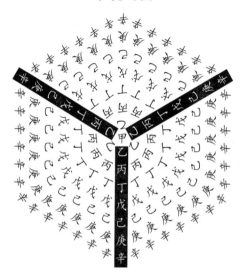

中心甲一,爲初限所減立差,即垛積形之頂。

加外圍六乙,共七,爲次限所減立差。平廉、長廉各三,隅一也。并上層甲共八,成根二之體積,是爲垛積形之第二層。

又加外圍丙十二,共十九,爲三限所減立差。三平廉共十二,三長廉共六,隅一也。并上兩層共二十七,合根三之體積,是爲垛積形之第三層。

又加外圍丁十八,共三十七,爲四限所減立差。三平廉共二十七,三長廉共九,隅一也。并上三層共六十四,合根四體積,是爲垛積形之第四層。

又加外圍戊二十四，共六十一，爲五限所減立差。三平廉共四十八，三長廉十二，隅一也。并上三層共一百二十五，合根五之體積，是爲垜積之第五層。

又加己三十，共九十一，爲六限立差。其七十五爲三平廉，其十五爲三長廉，其一隅也。并上層共二百一十六，成體積，是爲垜積之第六層。

又加庚三十六，共一百二十七，爲七限立差。其百〇八爲三平廉，其十八爲三長廉，其一隅也。并上層成體積三百四十三，是爲垜積之第七層。

又加辛四十二，共一百六十九，爲八限立差。其百四十七爲三平廉，其二十一爲三長廉，其一隅也。并上層共五百一十二，如體積，是爲垜積之第八層。

此姑以八層爲式，向後做此推之。因從甲頂平視，故類六角平面，其實如六角錐也。立方廉隅而圖以錐形六角者，以表其垜積招差之理也。甲恒爲隅，朱書者長廉，餘則平廉，立方之平廉、長廉各三，離居三方，則成六角。六觚形以六抱一，每層增六，與立方加法同，所異者六觚平面，而立方必并其積，故以堆垜象之。若算六角堆垜，但取其底之一面，自乘再乘見積，與立方同。

側視一面之圖

此六觚垛積一角之斜立面也，可以見垛積之層數。

以斜立面觀之，最上甲一，次乙二，次丙三、丁四、戊五、己六、庚七、辛八，其底之數各如其層之數。〔如堆只三層，則以三丙爲底；四層，則四丁爲底。每多一層，其各面之底必多一數，若辛下再加一層爲壬，必九數也。〕

實計其每面六觚之數，則甲一、乙七、丙十九、丁三十七、戊六十一、己九十一、庚一百二十七、辛一百六十九，〔前平視之圖，乙爲甲掩，故但見外圍之六；丙爲乙掩，故但見外圍十二。餘皆若是也。觀者當置身於高處，從甲頂俯視，即得其理。〕皆以外圍之數爲下層多於上層之數。

合計其堆垛之積，則甲一、乙八、丙二十七、丁六十四、戊一百二十五、己二百一十六、庚三百四十三、辛五百一十二。〔乙七并甲一成八，丙十九并乙七、甲一成二十七，餘皆若是。〕其堆垛之積，皆如其層數之立方。〔以底之一面自乘[一]，又以層數乘之也。〕

問：平差之根是以段日除積差而得，則每日適得一平差。今所減平差甚多，殆非實數。曰：泛平積差是初日

────────

〔一〕自乘，原作“餘乘”，據文意改。

多於第七日之數，〔亦據盈曆言之。〕而平差之數既如段日，則於日數爲加倍，〔盈曆段日十四奇，以此分積差爲每日平差，則平差共數亦十四奇，於七日爲加倍。〕今倍減平差，正合積差原數，豈患其多？

曰：若然，又何以能合平方？曰：以本日實減之數與定差較，但取其銷盡積差已足，〔如第七日實減十三平差，第八日實減十五平差，七日有奇在其中半，積差必當減盡。〕故其法若平方之廉隅。若合計初日以來減過平差，與初日以來定差相較，則所減之積皆如平方自乘，觀圖自明。〔如七日共數得四十九，八日共數得六十四之類。〕

又如立差，以段日自乘除泛立積差而得，故其數亦略如段日之自乘。而每日實減亦如立方之廉隅，聊足以銷去積差。〔本日尚有餘秒，後一日奇減盡。〕若合計初日以來共數，則亦如立方再乘之積矣。

平方立方冪積體積廉隅加法總圖

方根	平方冪積	廉隅積	加法	立方體積	廉隅積	加法
一	一			一		
二	四	三	二	八	七	六
三	九	五	二	二七	一九	一二
四	一六	七	二	六四	三七	一八
五	二五	九	二	一二五	六一	二四
六	三六	一一	二	二一六	九一	三〇
七	四九	一三	二	三四三	一二七	三六
八	六四	一五	二	五一二	一六九	四二
九	八一	一七	二	七二九	二一七	四八

平方加法

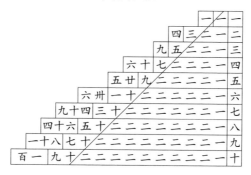

									一	一
								四 三 二 一	二	
							九 五 三 二 一	三		
						六 十 七 三 二 二 一	四			
					五 廿 九 三 二 二 一	五				
				六 卅 一 十 三 二 二 一	六					
			九 十 四 三 十 三 二 二 一	七						
		四 十 六 五 十 三 二 二 二 一	八							
	一 十 八 七 二 十 三 二 二 二 一	九								
百 一 九 十 二 二 二 二 二 二 二 一	十									

立方加法〔一〕

平方

根方	十	九	八	七	六	五	四	三	二	一
隅廉	十九	十七	十五	十三	十一	九	七	五	三	一
積方	百	八十一	六十四	四十九	三十六	二十五	十六	九	四	一

〔一〕見下頁卧圖。

一	二	三	四	五	六	七	八	九	十

立方

```
根方 十九八七六五四三二一

         二二一一
隅廉 七一六二九六三十
     一七九七一一七九七一

             一
積方 千七五三二一
     二一四一二六二
     九二三六五四七八一
```

盈縮曆平差立差合冪積體積廉隅圖

盈縮限	初限以來平差共積	本限實減平差	平差加法	初限以來立差共積	本限實減立差	立差加法
初	一	一	二	一	一	六
一	四	三	二	八	七	一二
二	九	五	二	二七	一九	一八
三	一六	七	二	六四	三七	二四
四	二五	九	二	一二五	六一	三〇
五	三六	一一	二	二一六	九一	三六
六	四九	一三	二	三四三	一二七	四二
七	六四	一五	二	五一二	一六九	四八
八	八一	一七	二	七二九	二一七	五四
九	一〇〇	一九	二	一〇〇〇	二七一	六〇

盈縮立成用平立合差之圖

盈縮限	平差共積	本限實減	加法	立差共積	本限實減	加法	定差	一〇〇〇〇〇
初	一〇〇〇	一〇〇〇	二〇〇〇	一	一	六	平立差合減／加	一〇〇一九八九九
一	四〇〇〇	三〇〇〇	二〇〇〇	八	七	十二	減分／加	二〇〇六九六九三
二	九〇〇〇	五〇〇〇	二〇〇〇	二七	一九	十八	減分／加	二〇一一九四九八
三	一六〇〇〇	七〇〇〇	二〇〇〇	六四	三七	二四	減分／加	二〇一六九三〇四
四	二五〇〇〇	九〇〇〇	二〇〇〇	一二五	六一	三十	減分／加	二〇二一九一二〇
五	三六〇〇〇	一一〇〇〇	二〇〇〇	二一六	九一	三六	減分／加	二〇二六八九三六
六	四九〇〇〇	一三〇〇〇	二〇〇〇	三四三	一二七	四二	減分／加	二〇三〇八八一〇九
七	六四〇〇〇	一五〇〇〇	二〇〇〇	五一二	一六九	四八	減分／加	二〇三六八五七三
八	八一〇〇〇	一七〇〇〇	二〇〇〇	七二九	二一七	五四	減分／加	二〇四一八四三一
九	一〇〇〇〇〇	一九〇〇〇	二〇〇〇	一〇〇〇	二七一		減分／加	二〇五四八〇七二九

右圖以九限爲例,〔九限以後倣論。〕定差設十萬,平差設一千,立差設單一。如法以本日加法并之,爲平立合差。〔如圖,平差、立差各有加法,故當并用。〕以平立合差減先日加分,得本日加分。合計從前加分,爲本日盈縮積。〔或以本日加分加先日盈縮積,得本日盈縮積,亦同。〕

又簡法

置定差,內減平差、立差各一,爲初日加分。〔又即爲第一日盈縮積。〕別置平差倍之,加入六立差,爲初日平立合差。以後每於平立合差內加入六立差,爲次日平立合差。〔餘同上。〕

用定差法

以日數乘立差,得數加入平差,再以日數乘之,得數。乃置定差,以得數減之,用其餘爲實,復以日數乘之,得本日盈縮積。

置相近兩盈縮積相減,得加分。又置相近兩加分相減,得平立合差,亦同。

定差本法

置定差,以日數乘之,得數爲實。又以日數自乘,用乘平差,得數。以日數再自乘,用乘立差,得數。平立兩得數并之爲法,法減實,得盈縮積。〔餘同上。〕

兼濟堂纂刻梅勿菴先生曆算全書

曆學答問 ^{〔一〕}

〔一〕此卷合答祠部李古愚先生、答嘉興高念祖先生、答滄州劉介錫茂才三書
爲一種,第一與第三種見於勿庵曆算書目著録,分別題作答李祠部問曆與答
劉文學問天象,各一卷。答李祠部問曆約成書於康熙二十九年,答劉文學問
天象約成書於康熙三十至三十一年間。答滄州劉介錫茂才約成書於康熙
四十七年,時勿庵曆算書目已經成書刊行,故未及著録。除三種外,此卷另附
與錫山友人楊學山書、擬璿璣玉衡賦、學曆説、曆學源流論四文於卷末。擬璿
璣玉衡賦亦載於績學堂文鈔卷一。學曆説最早於康熙三十六年刻入昭代叢
書甲集,績學堂文鈔收入卷二。曆學源流論,績學堂文鈔卷二題作曆法通考
自序,錢肅潤文瀓卷四亦收録。兼濟堂曆算書刊謬云:"此一卷輯刻六種,然
皆按原稿寫刻,並無訂補處。"四庫全書本收入卷六。梅氏叢書輯要前三種
亦以曆學答問爲題,收入卷五十九,删除與錫山友人楊學山書,後三種收入卷
六十雜著中,其中曆學源流論仍題曆法通考自序。此書另有藝海珠塵丁集
本,無卷末四文,叢書集成初編據之排印。

曆學答問

宣城梅文鼎定九著　男以燕正謀參

柏鄉魏荔彤念庭輯

孫　　縠成玉汝
　　　玕成肩琳

男　　乾數一元
　　　士敏仲文
　　　士說崇寬同校

錫山後學楊作枚學山訂補

答祠部李古愚先生

曆算之學，散見經史，固儒者所當知。然其事既不易明，而又不切於日用，故學者置焉。博覽之士，稍涉大端，自謂已足。欲如絳縣老人能自言其生之四百四十四甲子者，固已鮮矣，況能探討其義類乎？明公夙夜在公，日懋勤於職業，而心閒若水，孜孜好學，用其心於人所不用之處，真不易得。鼎雖疏淺無似，敢不勉竭鄙思，以仰答下問之勤乎？謹條如左。

問：授時、大統二曆曆元，並歲實、積日、日法諸數。

按：曆元云者，曆家起算之端也。然授時曆元之法，與古不同，請先言古法。古人治曆，必先立元。元正然後定日法，法立然後度周天。其法皆據當時實測，以驗諸前史所傳，又推而上之，至於初古之時，取其歲、月、日、時皆會甲子，又在朔旦，而日、月、五星皆同一度，以此爲起算

之端，是謂曆元。自曆元順數至今造曆之時，凡歷幾何
歲月，是爲積年。既有積年，即有積日。而此積日若用整
數，則遇畸零難以入算，而不能使曆元無餘分。故必析
此一日爲若干分，使七曜可以通行，而上可以合曆元，下
不違於實測，是爲日法。日法者，即一日之細分也。用
此細分，自一日積之，至於三百六十五日又四分日之一
弱，使一歲之日盡化爲分，是爲歲實。古曆太陽每日行一
度，則日法即度法。於是仍用此細分，自一度積之，至於
三百六十五度又四分度之一弱，使其度亦盡化爲分，是爲
周天。數者相因，乃作曆之根本。自漢 太初曆以後，歷
晉 唐 五代 宋 遼 金諸家曆法，代有改憲，然其規模次第，
皆大同而小異耳。

　　右古法曆元等項。

　　惟元 授時曆不然，其説以爲作曆當憑實測，而必逆推
上古，虛立積年，必將遷就其畸零之數，以求密合。既有
遷就，久則易差，故不用積年之法，而斷自至元十七年辛
巳歲前天正冬至爲元，上考往古，下驗將來，皆自此起算。
棄虛立之元，用實測之度，順天求合，一無遷就，可謂開拓
萬古之心胸者矣。至於大統，則以洪武十七年甲子爲元。
然特易其名而已。一切步算，皆本授時，名雖洪武甲子，
實用至元辛巳也。

　　右授時、大統曆元。

　　惟授時不用積年，故日法亦可不立，而徑以萬分爲
日。萬分者，日有百刻，刻有百分，故一萬也。古諸家曆

法雖皆百刻,而刻非百分,其日法皆有畸零。授時以萬分爲日,竟是整數,故曰不用日法,然即此是其日法矣。

　　右授時日法,大統同。

　　授時既以萬分爲日,故其歲實三百六十五萬二千四百二十五分。其數自辛巳歲前天正冬至,〔即庚辰年十一月中氣。〕積至次年壬午歲前天正冬至,〔即辛巳本年十一月中氣。〕共得三百六十五日二十四刻二十五分也。若逆推前一年,亦是如此。〔如自庚辰年十一月冬至逆推至己卯年十一月冬至,亦是三百六十五日二十四刻二十五分。〕此歲實之數,大統與授時並同。

　　然授時原有消長之法,是其新意。其法自辛巳元順推至一百年,則歲實當消一分。〔依法推至洪武十四年辛酉,滿一百年,其歲實消一分,爲三百六十五日二十四刻二十四分。〕若自辛巳元逆推至一百年,則歲實當長一分。〔依法推至宋孝宗淳熙八年辛丑,滿一百年,歲實長一分,爲三百六十五日二十四刻二十六分。〕每相距增一百年,則歲實消長各增一分,以是爲上考下求之準。

　　大統諸法悉遵授時,獨不用消長之法,上考下求,總定爲三百六十五日二十四刻二十五分,此其異也。

　　右授時、大統歲實。

　　歲實即一年之日數也,自一年以至十年〔一〕百年,共積若干,是爲積日,亦謂之中積分。〔上考下求,皆距至元辛巳立算。〕

――――――――――

〔一〕十年,輯要本作"千年"。

假如今康熙庚午歲,相距四百零九算。〔自辛巳元順推至今康熙庚午,四百一十年,法以積年減一,得實距四百零九年。〕依授時法,推得積日一十四萬九千三百八十四日零一刻八十九分。〔因距算四百以上,歲實當消四分,為三百六十五日二十四刻二十一分。以乘距算四百零九,得如上數,是為庚午歲前天正冬至上距辛巳歲前天正冬至之積日。若以日為萬分,則所得化為一十四億九千三百八十四萬零一百八十九分,謂之中積分。〕大統法不用消長,則積日為一十四萬九千三百八十四日一十八刻二十五分,〔中積分一十四億九千三百八十四萬一千八百二十五分。〕兩法相差一十六刻三十六分。〔以命冬至日辰,授時得癸卯日丑初三刻,大統得癸卯日卯初三刻。兩法皆加氣應。〕

右授時、大統積日。

以上數端,並在步氣朔章,是太陽項下事也。其曆元七曜同用,乃根數所立之處也。

問:授時、大統二曆月法、轉周、交周諸數。

按:月法者,即朔策也,亦曰朔實。其法自太陽、太陰同度之刻,算至第二次同度,為兩朔相距之中積分。平分之則為望策,四分之則為弦策。望者,日月相望,距半周天。弦者,近一遠三,上弦月在日東,下弦月在日西,皆相距天周四之一。授時朔策二十九萬五千三百零五分九十三秒,即二十九日五十三刻零六分弱也,大統同。

右月法。

月平行每日十三度有奇,然有時而疾,則每日十四度奇;有時而遲,則每日只十二度奇,是為月轉。初入轉則

極疾,疾極而平,平而遲,遲極又平,平而又疾,以此遂有
疾初、疾末、遲初、遲末四限,滿此一周,謂之轉終。授時
轉終二十七日五十五刻四十六分,大統同。

　　右轉法。

　　月不正行黃道,而出入其內外,故謂之交。交者,言
其道交於黃道也。月行天一周,其交於黃道只有二處。
其始從黃道內而出於其外,此時月道自北而南,在黃道上
斜穿而過,謂之正交。自正交行九十一度,〔就整數。〕離黃
道南六度,自此再行九十一度,又自黃道外而入於其內,
此時月道自南而北,亦斜穿黃道而過,謂之中交。中交行
至九十一度時,離黃道北亦六度,自此再九十一度,又自
黃道內而出於其外,復爲正交矣。其法以正交後半周爲
陽曆,中交後半周爲陰曆,滿此一周,謂之交終。授時交
終二十七日二十一刻二十二分二十四秒,大統同。

　　右交道。

　　以上三端,朔策在步氣朔章,轉終在步月離章,交
終在步交會章,並太陰項下事也。

　　問:授時曆有氣應何義?

　　按:氣應爲授時四應數之一,其法創立,古曆所無也。
古曆立元,皆起初古,故但有積年,而無根數。〔即應數。〕授
時既不立積年,而用截算,不得不有四應數,以紀當時實
測之數,爲上考下求之根,而氣應居一焉。氣即中氣、節
氣。二十四中節皆始冬至,故氣應者,即冬至相應之真時
刻也。當時實測辛巳歲前天正冬至,是己未日丑初一刻,

故曰氣應五十五萬零六百分,即五十五日零六刻也。其法自甲子日爲一數起,挨算至戊午日,得滿五十五日,又加子正後六刻,則爲己未日丑初一刻矣。

氣應之外,又有閏應以紀經朔,轉應以紀月之遲疾曆,交應以紀月之陰陽曆,亦是截算,皆實測辛巳年天正冬至氣應〔己未日丑初一刻。〕所得,上距經朔及距入轉、距正交各相應之數也。依法推到辛巳年天正經朔三十四日八十五刻半,爲戊戌日戌正二刻,〔在氣應冬至前二十日二十刻五十分。〕其己未冬至氣應,則爲經朔之二十一日。凡此皆曆經所未明言,茲特著之。

問:推步交食之法。

按:曆家之法,莫難於交食,其理其精,其法甚備,故另爲一章。若知交食,則諸法盡知矣。然必能推步,而加以講究,然後能由其當然,以知其所以然,是謂真知。苟未能然,則所知或未全耳,請言其概。蓋曆法代更,由疏漸密,其驗在於交食。約略言之,有宜知者二端。其一,古者只用平朔。平朔者,一大一小相間,故漢晉史志往往有日食不在朔,而在朔之二日或晦日者。自唐李淳風麟德曆始用定朔,至一行大衍曆又發明之,始有四大三小之月,而蝕必在朔。此是一層道理。其一,自北齊張子信積候合蝕加時,立入氣加減,唐宣明曆本之,立氣、刻、時三差,至今遵用,即授時曆之時差及東西、南北差也。此又是一層道理。前一說由平朔改爲定朔,其根在天。蓋以日躔有盈縮,月離有遲疾,天上行度應有之差,天下所同

也。後一説於定朔之外，又立三差，其根在地。蓋以日高
月卑，正相掩時，中間尚有空隙，人所居地面不同，而所見
虧復之時刻與食分之淺深隨處各異，謂之視差。非天上
行度有殊，而生於人目，一方所獨也。知此兩端，而交食
之理，思已過半。即曆法古疏今密之故，亦大概可見矣。
至於入算，須看假如，諸書中具有成式。然但能依法推步
者，亦未必盡知其理。故謹以拙見，略疏大意。不知於來
諭所謂已明其理者，同異何如，統容晤悉。

　　問：發斂加時之法。

　　發斂加時之法，按：此即九章中通分法也。授時
曆以一日爲一萬分整數，今欲均分爲十二時，每時各得
八百三十三分三三不盡。故依古法，以十二通之，每一分
通爲十二小分，則日周一萬通爲一十二萬，而每時各得一
萬，故每遇一萬爲一時也。然滿五千亦進一時者，時分
初、正各四刻奇，曆家以子正四刻爲今日，子初四刻爲昨
日，今滿五千，即是半時，以當子正之四刻，輳完昨夜子初
之四刻，而成一時，故命起子初，算外即丑初，乃借算也。
〔遇有五千進一時者，一時算外是丑初，二時算外是寅初。餘倣此。〕若以
一萬爲一時者，命起子正，算外即丑正，乃本算也。〔無五千
進一時者，一時算外是丑正，二時算外是寅正。餘倣此。〕其取刻數，又
仍以十二除之，何也？曰：此通分還原也。時下零分，是
以十二乘過之小分，今仍以十二除之，十二小分收爲一大
分，復還原數，則所存者，即日周一萬之分，而每百分命爲
一刻矣。

　　一法加二爲時，減二爲刻，即是前法。但以加減代乘除，非有二也。何以言之？乘法是兩位俱動，而數陞者位反降；加法則本位不動，而但加二數於下位也。減二亦然。凡珠算十二除，當一歸二除。今用減二，則本位不動，但於下位減二，即定身除也。臺官不明算理，往往於此處有誤。但知以加減代乘除，則了然矣。是故算數者，治曆之本也。

　　又按：“發斂”二字，乃日道發南斂北之謂，蓋主乎北極爲言，則夏至近極爲斂，冬至遠極爲發。而自冬至以至夏至，則由遠而近；自夏至以至冬至，則由近而遠，總謂之發斂。古諸家曆法，皆以發斂另爲一章。其中所列，爲二十四氣、七十二候之類，而加時之法附焉，故曰發斂加時，言發斂章各節候加時法也。元統作通軌，誤以十二通分爲發，十二除收刻爲斂，則以發斂爲算法之名，失其旨矣。而律曆攷因之以訛，不可不知也。

　　問：以授時法上推春秋魯隱公三年辛酉歲距至元辛巳二千年，中積七十三萬零四百八十九日，天正冬至六日〔一〕零六刻，閏餘二十九日四十八刻，經朔三十六日五十七刻。今依法以滿甲子除中積而求冬至則合，以月策除中積而求經朔則不合，有一日三刻之差。其經朔應在冬至前耶？抑冬至在經朔前耶？

　　按：此以百年長一之法上推往古，中積諸數原自不錯。惟求經朔閏餘，則誤加爲減，故有一日三刻之差。而

―――――――――

〔一〕日，四庫本作“百”。

所以差者，由於未深明經朔、閏餘立法之源也。今具論之。

　　經朔者，日月合朔之常日也。冬至者，日軌南至而影長之日也。日南至而影長，是日與天會也；日月合朔，是月與日會也。月會日謂之一月，日會天謂之一年，二者常不齊，此曆法所由起也。古曆十九年七閏，謂之一章。章首之年，至、朔同日，其餘則皆不同日矣。故天正經朔常在冬至前，冬至常在經朔後。自經朔至冬至，其間所歷日時，謂之閏餘。以閏餘減冬至得經朔，以閏餘加經朔得冬至，理數之自然也。

　　今自<u>至元</u>辛巳逆推<u>隱公</u>辛酉，法當以所得中積七十三萬零四百八十九日在位，用<u>至元</u>閏應二十〇日二十〇刻半減之，餘七十三萬零四百六十八日七十九刻半，爲閏積。以朔策二十九日五十三刻〇五分九十三秒爲法除之，得二萬四千七百三十六個月。仍有不滿之數四刻六十五分五十二秒，用以轉減朔策，餘二十九日四十八刻四十〇分四十一秒，爲其年之閏餘分，即是其年冬至在經朔後之日數也。

　　凡求經朔之法，當於冬至內減閏餘。今推得其年冬至是六日零六刻，不及減閏餘，故以紀法六十日加冬至而

減之,得三十六日五十七刻五十九分五十九秒,爲其年天
正經朔,是庚子日子正後五十七刻半强也。

復置經朔三十六日五十七刻五九五九,以閏餘
二十九日四十八刻四零四一加之,得六十六日零六刻。
除滿紀法去之,仍得六日零六刻,即是其年冬至爲庚午日
子正後六刻也。

庚午距庚子整三十日,即知其年冬至在次月朔,爲
至、朔同日之年,而年前閏十二月矣。

今誤以閏餘去減經朔爲冬至,所以差一日三刻也。〔經
朔三十六日五十七刻内,減去閏餘二十九日四十八刻,餘七日零九刻。以校先
得冬至六日零六刻,實多一日三刻。〕

問:閏月宜閏歲前十二月乎？或閏正月乎？先儒
辯之,今不得其解。

按:閏月之議,紛紛聚訟,大旨不出兩端。其一謂無
中氣爲閏月,此據左氏"舉正於中"爲説,乃曆家之法也。
其一謂古閏月俱在歲終,此據左氏"歸餘於終"爲論,乃
經學家之詁也。若如前推隱公辛酉冬至在經朔後三十
日,宜閏歲前十二月,即兩説齊同,可無疑議。然有不同
者,何以斷之？曰:古今曆法原自不同,推步之理,踵事加
密。故自今日言曆,則以無中氣置閏爲安;而論春秋閏
月,則以歸餘之説爲長。何則？治春秋者當主經文。今
考本經書閏月俱在年終,此其據矣。

問:至元辛巳至隱公辛酉二千年中閏月幾何？

按:此易知也。前以朔策除閏積,得二萬四千七百

三十六月，内除二萬四千月，爲二千年應有之數其七百三十六，即閏月也。此與古法十九年七閏之法，亦所差不多。

問：二千年中交泛若干次？入食限若干次？及"交泛"字義何解？經朔、合朔何所分別？

按：月與日會，謂之合朔。然有平朔，有定朔。三代以上，書籍散軼，不可深考。所可知者，自漢以來，祇用平朔，唐以後乃用定朔。定朔與平朔，有差至一日之時，然必先求平朔，然後可求定朔。今曰經朔，即平朔也，以其爲合朔之常數，故謂之"經"。得此常數，再以盈縮遲疾加減之，即定朔矣。是故合朔者，總名也。因有定朔，故別之爲經朔耳。

交者，月道出入於黄道也。授時之法，二十七日二十一刻二十二分二十四秒而月道之出入於黄道一周，謂之交終。以此爲法而除中積，則得其入交次數矣。今依本法，求到魯隱公辛酉正月經朔入交十七日三十八刻九六七〇，自此下距至元辛巳，凡滿交終二萬六千八百四十三，其出入於黄道也，各二萬六千八百四十四。

至於食限，則不可以預定，何也？入交雖有常數，而其食與否，又當以加減差及氣、刻、時三差諸法定之。

又按：入交亦有平日，有定日。此云"泛"者，亦平義也。因先求平日，次求定日，故命之曰"泛"。泛者，以別於定也。然曆經本文謂之"入交汎日"，或省文曰"入交"，或曰"汎交"，未有稱"交泛"者。其稱"交泛"則臺官之語，以四字節去首尾，而中撮兩字爲言，文理不安，所當改正者也。

問：周髀算經牽牛去極樞，共積九百九十二億七千四百九十五萬分，以一度積八億五千六百八十萬爲法除之，復原度一百一十五度一千六百九十五里二十一步，又一千四百六十一分步之八百一十九，用何算法還原？

按：此乃通分法也。凡算家通分之法，所以齊不齊之分，便乘除也。若如郭太史以一萬分爲度，則分有百秒，秒有百微，皆以十百爲等，自然齊同，通分之法可以不用。而古曆不然，各有所立之法，其法又不同母，此通分之法所由立也。即如周髀所立度法，是一千九百五十四里二百四十七步，又一千四百六十一分步之九百三十三。度下有里，里下有步，步下有分。其法不同，故必以里通爲步，乃以零步納入；步又通爲分，乃又以零分納入，此所謂通分納子也。然後總計其分，以爲度法。〔即度積。〕法曰：置一千九百五十四里在位，以每里三百步爲法乘之，得五十八萬六千二百步。如是則里通爲步，可以納子矣。於是以零步二百四十七加入，共得五十八萬六千四百四十七步。復置在位，以步之分法一千四百六十一爲法乘之，得八億五千六百七十九萬九千零六十七分，則步又通爲分，可以納子。於是再以零分九百三十三加入，共得八億五千六百八十萬分，是爲度法，言滿此分爲一度也。其外衡去璿璣〔即牽牛去極數。〕二十二萬六千五百里，亦以每里三百步乘之，得六千七百九十五萬步，是里通爲步也。又置爲實，以每步一千四百六十一分乘之，得九百九十二億七千四百九十五萬分，是步又通爲分也，以爲實。於是以法除實，得滿法之數一百一十五，命之爲度。其不滿法之數，仍餘七億四千二百九十五萬分，不能成一度，當以里法收之爲里。法曰：置每里三百步，以每步一千四百六十一分乘之，得四十三萬八千三百分，是爲里法。以里法爲法，餘分七億四千二百九十五萬分爲實，實如法而一，得一千六百九十五，命爲里。仍有餘分三萬一千五百，不能成一里，當以步法收之爲步。法曰：置餘分三萬一千五百爲實，以每步一千四百六十一分爲法除之，得二十一步。仍有餘分八百一十九，不能成一步，即命爲分。

用上法，求得一百一十五度一千六百九十五里二十一步，又一千四百六十一分步之八百一十九，適合原數。

緣實數是里數，〔牽牛去極二十二萬六千五百里，是里數也。〕法數有里有步有分，不便乘除，故必以里通爲步，步又通爲分，乃可乘除，故曰“齊同法實”，“乘以散之”也。

其不滿法者，以里法收之爲里；又不滿里法者，以步法收之爲步；再不滿步法，命爲零分，故曰“不滿法者，以法命之”。又曰“位盡於一步”，故以其法命餘爲殘分也。通分之法，不過如此，乃正法也。

今周髀所載之法，其初通法實並爲分，末以法命殘分，並同。惟中間收餘分微異，則古人截算之法也，具如後。凡算有除兩次者，則以兩次除之之法相乘爲法以除之，謂之異除同除。如以三除，又以四除，則以三乘四得十二爲法除之，變兩次除爲一次除也。若算有法數太多者，則變爲簡法，兩次除之，謂之截法。如以七十二除之者，則以八除之，又以九除之，即與七十二除同。此兩者正相對，而其理相通也。

如餘分七億四千二百九十五萬，不滿一度，宜收爲里。法當以每里三百步乘每步一千四百六十一，共化爲四十三萬八千三百分，此即異除同除之法也。周髀經則先以每里三百步除之，得二百四十七萬六千五百爲里實；再以周天分〔即步法。〕爲法除之，得一千六百九十五里，不盡一百〇五。此即截法，變·次除爲兩次除也。

右所得里數，與前法不異。所異者，前法餘分三萬一千五百，而今用截法，只一百〇五。此何以故？因前法所餘是實分，今用截法，則餘分是用每里三百步除過者，則此餘分一數內各藏有三百之數也。〔是以三百分爲一分。〕

餘分內既各帶有三百之數，則當以三百乘之，復還原分之數，然後可以收爲步，此亦正法也。何以言之？蓋餘分有二，頭一次是不滿一度之分，則當收爲里。此餘分又是不滿一里之餘分，故當收爲步。然而步之法是周天一千四百六十一分，乃實數也，此所餘一百〇五，是三百分爲一分，非實數也，若仍以三百乘之，則亦爲實數，而可以乘除矣，故曰正法也。

周髀之法則又不然，雖亦以三乘之，而不言百，〔以

三百乘一百零五,該三萬一千五百。今以單三數乘之,只三百一十五。〕則
每餘分內仍帶有一百之數。餘分爲實者,既以百分爲一
分,則其滿法而成一步者即是百步。〔既是以百分爲一分,則其
滿一千四百六十一之法而成一步者,即是滿了一百箇一千四百六十一而成
百步也。〕故曰"不滿法者三之",言以單三數乘不滿法之餘
分也。又曰"如法得百步",言此餘分既以三乘,則其滿法
者爲百步也。又自疏其義曰:"上以三百約之爲里之實,
此當以三百乘之爲步之實,而言三之者,不欲轉法,更以
一位爲一百之實,故從一位命爲百也。"此蓋自明其不以
三百乘,而以三乘之故,是欲以得數爲百步也。得數爲百
步,則其實亦百步之實也,故曰省算也。刻本"三百乘之"
句遺"百"字,"而言三之"句遺"三"字。

　　既言"如法得百步",而今之餘實只三百一十五,在
一千四百六十一之下,是不能滿法也。不能滿法者,即不
能成百步也。於是以餘分進位〔三百一十五變爲三千一百五十。〕
爲實,而以滿法爲十步,何也?原一分內有百分,今雖進
位以一分爲十分,然仍未復原數,仍是十分爲一分,故得
數即爲十步也。

　　法曰:置三百一十五,進位爲實,〔變三千一百五十。〕以法
一千四百六十一除,得二數,命爲二十步,不盡二百二十八。
經曰"不滿法者,又上十之,如法得十步",亦省算也。上
之,即進位也。此餘分既各帶有十分,故復以十乘之,即得
本數。

　　法曰:置二百二十八,又進位爲實,〔變爲二千二百八十。〕

以法一千四百六十一除,得一數,命爲一步,不盡八百一十九。經曰"不滿法者,又上十之,得數爲一步",又自疏之曰:"又復上之者,便以一位爲一實,故從一實爲一。"言末次進位,則適得本數爲實,而得數亦爲本數也。

凡看曆書,與別項文字不同,須胸中想一渾圓天體,併七政旋行之道,了了在吾目前,則左右逢源,有條不紊。故圖與器,皆足爲看書之助。右所疏數條,言雖淺近,然由淺入深,庶幾有序。天下最深微之理,亦即在最粗淺中,舍粗淺無深微矣。謹復。

答嘉興高念祖先生

律曆、天官具載二十一史,南北國學並有雕版。國家試士發策,多有及此者,本學者所當知也。然或者以其不切於辭章之用,又其義難驟知,讀史者至此,則實而不觀。先生獨能縷舉其異同分合之端以爲問,可見其留心之有素,不愧家學之淵源。請陳其管蠡之愚,以求正定。

問:史記八書,三曰律,四曰曆,分律與曆言之也。前漢書合稱律曆,改書爲志,而後漢書、晉書、北魏書、隋書、宋史並因之。宋書、新唐書、遼金元三史,則皆有曆志,而不及律,何歟?

按:律、曆本爲二事,其理相通,而其用各別。觀於唐、虞命官,羲、和治曆,夔典樂,各有專司。太史公本重黎之後,深知其理,故分爲二書。班書合之,非也。獨是曆書所載，非當時所用之法，乃殷曆也，非漢曆也。〔其四年而增一日，即四分曆之所祖。又謬以太初元年丁丑爲甲寅，干支相差二十三年，蓋褚先生輩所續。余於曆法通攷中已詳辯之，兹不具悉。〕而漢太初曆八十一分日法，反載於班志。意者孟堅以其起數鐘律，遂從而合之歟？後世言曆者，率祖班志，故史亦因之。厥後漸覺其非，而不能改。直至元許衡、郭守敬，乃始斷然以測驗爲憑，不復以鍾律卦氣言曆，一洗諸家之傅會，故其法特精。此律、曆分合之由也。〔人有恒言：漢曆莫善於太初，唐曆莫善於大衍。殊不知漢曆至劉洪乾象曆始精，若太初則疏，獨其創始之功不可没耳。若大衍，本爲名曆，測算諸法至此大備，後世不能出其範圍，特以易數言曆，反多牽附，其失與太初之起數鍾律同也。明水公云：“以律配曆可也，而以生曆則不可。”又云：“僧一行頗稱知曆，而竄入於易以眩衆。”此誠千古定論，而經生家所不能知也。〕至於稱書稱志之不同，蓋太史公合記古事，故名史記；班孟堅專述本朝，故踵虞書、夏書之目，而稱漢書，全部既稱書，不得不别其類爲志，無深意也。

　　問：曆書之次曰天官書，前漢書改爲天文志，後漢書、晉書、宋書、南齊書、隋書、唐書、宋金元史並仍之。而晉書、宋史天文在律曆之前，金、元二史亦在曆前，北魏則改爲天象，遼史則合曆與天象稱曆象，有以異乎？

　　按：言天道者原有二家，其一爲曆家，主於測算，推步日、月、五星之行度，以授民事而成歲功，即周禮之馮相氏也。其一爲天文家，主於占驗吉凶福禍，觀察祲祥災異，以知趨避而修救備，即周禮之保章氏也。班史析之甚明，故雖合律、曆爲一志，而別出天文也。易天官爲天文者，星象在野象物，在朝象官。故星在赤道以內近紫微垣者，古謂之中官；在赤道外者，古謂之外官。天官之説，蓋取諸此也。易曰“觀乎天文以察時變”，其改稱天文，本諸易也。易又曰“天垂象，見吉凶”，北魏改名天象，亦本易也。占與測雖分科，亦互相爲用，故遼史合之也。至於晉天文志在律曆之前，以日月交食、五星凌犯皆曆家所據，以爲推測之用，故先之。又晉志出李淳風之手，其星名占法視古加詳，而亦有同異。爾後言占者，悉本淳風，故其次序亦因之也。

問：史書中有一代總無律曆、天文志者，果盡出於史闕文之意乎？

按：史之有志，具一代之典章，事事徵實，不可一字鑿空而談，較之紀、傳頗難。故三國無志，誠爲闕事。而范氏後漢書本亦無志，今志乃劉昭續補也。至於天文曆法，尤非專家不能，故晉、隋兩志並出淳風，新唐書曆志、五代史司天考並出劉羲叟。其餘則既無其人，又無其書，雖欲不闕而不可得，此亦史臣之不得已也。五代則五十餘年而六易姓，紀載無徵，故僅有司天、職方二考，他皆闕如。而司天又止有王樸欽天曆法，其交蝕凌犯並無可稽，故不復稱志，而名之曰考也。

問：五行志創始班書，乃史記所未有，而後漢、晉、宋、南齊、隋、唐、宋、金、元九史並仍之，其義何居？

按：虞書惟言六府，洪範始言五行。其以五事配五

行，又以雜占祥異皆件係之，而以時事言其應，其説蓋濫
觴於夏侯氏之治尚書，而詳於劉向父子。太史公時，其説
未著，故始見班書，而諸史因之。要其説亦有應不應，當
其應也，固足以爲警戒；及其不應，反足以啓人不信之
心。唐書以後，但紀災祥，不言事應，有合於春秋之義，
此可以爲法者也。

答滄州劉介錫茂才

問：左右轄距軫宜平，今左近右遠。又狼星之邊有
弧矢，錯亂不齊，不其經星亦常移位耶？

按：自古以列宿爲不動，故曰經星，又謂之恒星。乃
占書中往往有動移之説，愚竊疑其未然。蓋既曰動移，則
必先知其不移之位，然後可以斷其實移。而古本圖象，大
約傳久失真。人所目擊，不過數十年之内，何以知今日
之星座必與古異，而謂之動移哉？又必暫見其移，未幾即
復本位，始謂之變。若數十年中，所見盡同，則常也，而非
變也。查崇禎曆書，右轄距軫南右星凡二度奇，左轄距軫
北左星只半度奇，一遠一近，誠如尊諭。又弧矢、天狼不
甚整齊，皆如所測。夫曆書成於前戊辰，距今六十四年，
而星座之經緯如故，亦足以徵其非動矣。至於曆法中亦
自有經星東行之法，其理與歲差相應，非如占書之言動移
也。弧破矢折之論，似宜更詳。

問：本年閏七月初八夜，太陰食心前星，不知何

應？第三日初十夜，大風雨雷電，是有解散否？

查閏七月太陰犯心前星，當是初七日戌、亥二時，月加丁未坤之地，非初八也。此時月正上弦，行至心宿三、四度間，值月半交在黃道南五度奇，與心宿東星逼近，理得相爲掩犯。然皆月道當行之道，非失行也。

又按：古人云“三日內得雨則解”，此蓋爲暈珥虹霓之屬，多爲風雨之氣所結，故應在本方。若七政之凌犯，多方共覩，殆難一例。

問：十數年前，親見太白過午者累日，是經天耶？晝見耶？主何休祥？

按：太白星繞日爲輪，離太陽前後不得過五十度，故夕見西方，仍没於西；晨出東方，仍没於東。非不過午也，其過午必與日偕，爲日光所掩故也。若日光微而星光盛，在晝漏明，是爲晝見，晝見不必盡在午地也。若在午地，則爲經天矣。然亦有非晝見而能經天者，此又別自有説。不知所見過午者是晝乎？是晨夕乎？嘗考[一]前史所載經天之事，不一而足。占書之説，未免過於張皇，非其質也。愚不敢輒信占書，亦正謂此等處耳。

問：來年元旦日食五分十七秒，一曰五穀貴，一曰主大水，孰爲實應？抑別有徵耶？又十數年前長星見久，應在何時？

按：日食元旦，古亦多有。然其數可以預推，與凌犯同理。若長星之見，自是災變。然聖人遇災而懼，實有修省轉移之道，故古人言占，必兼人事。若執定占書一兩言，以斷其休咎，將修德彌災，語爲虛設，而天亦可量矣，是固不敢妄談。

問：曆法最難解者，未宮鬼金羊爲主，今未宮全係井度，而鬼反在午室，火猪只十度在亥，而餘皆入戌。不知天運何年西下，諸宿移而天盤動？

按：列宿移而天盤動，即歲差之法也。周天列宿分十二宮，古今曆法各各迴異，要其大端之改易有三。自隋以前，未用歲差，故天之十二宮皆隨節氣而定，如冬至日躔度即爲丑初之類，一也。唐一行始定用歲差，分天自爲天，歲自爲歲，故冬至漸移，而宮度不變。以後曆家遵用之，所以明季言太陽過宮，以雨水三朝過亥，二也。若今西曆，則未嘗不用歲差，而十二宮又復隨節氣而移，三也。三者之法，未敢斷其孰優。然以平心論之，則一行似勝。何以言之？蓋既用歲差，則節氣之躔度年年不同，故帝堯冬至日在虛，而今在箕，已差五十餘度。若再積其差，冬至必且在尾，在心，在氐、房，在角、亢。顧猶以冬至之故，而名之曰丑宮，則東方七宿不得爲蒼龍，而皆變玄武，北方宿反爲白虎，西方宿反爲朱鳥，而南方朱鳥爲蒼龍，名實盡乖。即西法之金牛、白羊諸宮皆將易位，非命名取象之初旨，即不如"天自爲天，歲自爲歲"之爲無弊矣。故新曆之推步實精，而此等尚在可酌，不無俟於後來之論定耳。先生於此深疑，實與鄙意相同。至若十二生肖及演禽之法，別有本末，與曆家無涉，亦無與於星占，可無深論。

以星推命，不知始於何時。然呂才之叙禄命〔一〕只及干支，至韓潮州，始有"我生之時〔二〕，月宿南斗"之説，由是徵之，亦在九執以後耳。每見推五星者，率用溪口曆，則於七政躔度疏遠。若依新法，則宫度之遷改不常。二者已如枘鑿之不相入，又安望其術之能驗乎？夫欲求至當，則宜有變通。然其故多端，實難輕議。或姑以古法分宫，而取今算之七政布之，則既不違其本術，亦不謬乎懸象。雖未知驗否何如，而於理庶幾可通矣。請以質之高明。

問：冬夏致日，以土圭求日至之景是也，而春秋又以致月，其説何如？

按：日行黄道，有南至、北至，月亦有之。月之北至，則陰曆是也；月之南至，則陽曆是也。夫月之陰陽曆，隨時變遷，而必於春秋測之，何耶？凡言至者，皆要其數之所極，則必有中數以爲之衷。如日道有南至，有北至，相差四十七度奇，而其中數則赤道也。月有陰曆，有陽曆，出入於黄道各六度弱，而其中數則黄道也。夫黄道之在冬夏，既自相差四十七度奇，則已無定度，又何以爲月道之中數乎？惟春秋二分之黄道，與赤道同度，則其東出西没及過午之度，並與赤道無殊。於此測月，可得陰陽曆出入黄道之真度矣。假如二分之望，月在其衝，〔春分之望，月必

〔一〕叙禄命，原作"闢禄命"，據舊唐書呂才傳改。
〔二〕時，全唐詩卷三百三十九韓愈三星行作"辰"。

在秋分之宿度；秋分之望，月必在春分之宿度。〕則日没於酉正，而月出於卯正；日出於卯正，而月没於酉正，其出没方位必居卯酉正中，與日相等。然而或等焉，或不等焉，或有時而出没於酉正、卯正之南，則知其在陽曆也；有時而在卯正、酉正之北，則知其在陰曆也。又此時日之過午也，必與本處之赤道同高，〔即冬夏二至日軌高度折中之處。〕則月亦宜然。然而月之過午，或有時而高於日度，則知其在陰曆也；有時而卑於日度，則知其在陽曆也。若月之出没在卯酉之正，而不偏南北，月之過午一如日軌之度，而略無高卑，則爲正當交道，而有虧食，故曰惟春秋可以測月也。

康成注曰："冬至日在牽牛，景丈三尺；夏至日在東井，景尺五寸，此長短之極。"此言冬夏致日也。

又曰："春分日在婁，秋分日在角，而月弦於牽牛東井，亦以其景知氣至。"此言春秋致月也。

賈疏云："春分日在婁，其月上弦在東井，圓於角，下弦於牽牛；秋分日在角，上弦於牽牛，圓於婁，下弦於東井。鄭并言月弦於牽牛、東井，不言圓望，義可知也。"按：此賈疏增成鄭義，足與愚説相爲發明。蓋但以日軌爲主，則春秋致月，亦致日之餘事。即於兩弦立説，亦足以明。若正言致月之理，則必將詳攷其交道出入之端，與夫陰陽曆遠近之距，則兼望言之，其理益著也。

問：陰陽曆之法，於兩弦亦可用乎？

曰：可。凡冬夏至表景，既有土圭之定度，〔夏至尺五寸，即土圭之定度也。冬至景丈三尺，蓋亦以土圭之度度之而知。〕則月亦宜然。而今測月景，每有不齊，則交道可知。

假如春分日在婁，而月上弦於東井；秋分日在角，而月下弦於東井，則是月所行者，夏至日道也，其午景宜與土圭等。又如春分日在婁，而月下弦於牽牛；秋分日在角，而月上弦於牽牛，則是月行冬至日道也，其午景宜與土圭所度冬至長景等。而徵之所測，或等焉，或不等焉。其等於定度者，必月交黃道之度也。其短於定度者，必月在日道之北而爲陰曆也；其長於定度者，必月在日道之南而爲陽曆也。是故兩弦亦可以測陰陽曆也。然則陰陽曆之變動若此，又何以正四時之叙？曰：日道之出入赤道也，距遠至廿四度；月道之出入黃道，最遠止六度。距廿四度，故景之進退也大；〔夏至尺五寸，冬至一丈三尺，相去懸絕。〕距止六度，故景之進退也小。〔陰曆、陽曆之月景，所差於日景者，不過尺許而已。〕假如月上下弦在東井，而景更短於土圭，其爲夏至之陰曆，更無可疑。即使是陽曆，而景長於土圭，其長不過尺許，無害其爲夏至之黃道也。又如月上下弦在牽牛，景加長於土圭所定之度，其爲冬至之陽曆，已成確據。即使是陰曆，而景短於土圭所定之度，其短亦不過尺許，無損其爲冬至之日道也。夫兩弦之月道既在二至之度，則日躔必在二分，而四叙不忒。故曰舉兩弦立説，亦足以明也。

或疑洛下閎製渾儀，止知黃道。至東漢永元銅儀，始知月道。至陰陽交道之説，後代始密。周禮所言致月，或未及此。曰：洪範言日月之行，則有冬有夏，是古有黃道

也。十月之交見於詩，是古知交道也。洛下閎等草創於
祖龍煨燼之餘，故制未備，而以此疑周禮乎？夫謂曆術屢
變益精者，如歲差之類，必數十年始差一度，故久而後覺。
若月之陰陽曆，月必一周，視黃道之變尤爲易見，而謂古
人全不之知，吾不信也。

　　或又疑土圭只尺有五寸，則惟北至時可用，餘三時何
以定之？曰：經固言日北景長，日南景短矣。其長其短，
亦必有數，則皆以土圭之尺寸度之耳。然則夏日至景如
土圭者，冬日至景必數倍於土圭，而以土圭度之，無難得
其丈尺，故冬夏並言致日也。

　　問：嘗攷春秋曆法，訛舛甚多，不知左氏之誤，抑古
曆不如此也？夫驗於古，然後可施於今。今以最疏之
古曆尚不可攷，則太初以下，其疑難當更何如？

　　按：曆法古疏今密，乃古今之通論。蓋謂天體無窮，
天道幽遠，踵事漸增，斯臻其善，非謂古人之智不及後人
也。夫攷古曆之疏密，必須得其立算之根。今自秦火以
來，並無一書能言三代以上之曆法。所謂殷周六曆，率
皆偽撰，不足爲據。春秋左氏之不合，又何疑焉？若夫三
代以下，太初曆始創規模，洛下閎等之功自不可没。自
是以後，屢代加詳，由後之密曆觀之，遂覺其前之爲最疏
耳。曆家之言曰：驗天以求合，無爲合以驗天。是故治曆
者必當求之天驗。求諸天驗，則當以近代之密測者爲憑，
而詳徵算術，以得其當然之理。又知其所以然之故，然後
備攷古術，徐求其改憲源流，博稽經史，以攷其徵信。合

者存之,疑者闕焉,斯不爲用心於無益矣。尊著以春秋二百四十年月日列序,以攷其得失,用功甚勤,與氏族、官制、地名等攷,皆有功於經傳,其書自可孤行。若但以曆法言,仍當從事於郭太史授時法與今西法,庶可以得其門戶矣。

余初學曆,原從授時入手,後復求之廿一史,始知古人立法改憲各有根源。見史志僅載算法,而無一語注釋,因稍稍以所能知者解之,遂以成帙。最後始得西術,此事益明。然卷帙既多,又竄改無定,亦欲俟稍暇,再加繕寫,以請正高明耳。

問:日食古無其法,漢日食每多先天,終漢四百年無人修改,則洛下閎、張衡皆夢夢歟?

按:古日食每不在朔者,以古用平朔耳。古所以用平朔者,以日月並紀平度也。東漢劉洪作乾象曆,始知月有遲疾。北齊張子信積候〔一〕二十年,始知日有盈縮。有此二端,以生定朔,然而人猶不敢用也。至唐李淳風、僧一行始用之,至今遵用,乃驗曆之要。然非有洛下閎之渾儀、張衡之靈憲,則測驗且無其器,又何以能加密測? 愚故曰:古人之功不可沒也。

問:五星遲疾逆留。

按:五星之遲疾留逆,漢以前無言之者,漢以後語焉而不詳。雖授時曆號爲至精,而於此未有精測,至西曆乃

〔一〕候,原作“修”,據輯要本改。

能言之。此今曆勝古之一大端也。

問：月食地景。

按：月食地影之説，肇於泰西，驟言之若可駭，細審之確有實據。然必於曆學深究其根，乃知其説爲不誣耳。

問：平差、立差。

按：平差、立差、定差之法，古無其術，乃郭太史所創，爲以求七政盈縮之度，所以造立成之根本也。其法日、月、五星並有之，亦非如平朔、定朔之用。曆家用字偶同，如此者多，徵實言之，乃知其故耳。據云依立招差，又云依垛疊立招差，則似古算術中原有其法，而今採用之，然不可攷矣。愚嘗因李世兄之問而爲之衍算，頗覺其用法之巧焉。

與錫山友人楊學山書

曆算之學，弟生平癖嗜，聞有同此者，即不憚褰裳相從。然如先生之實用其力於幾何、三角，以溯其根者，未多見也。前年奉晤吳門，不勝喜慰，以爲可得留連旬日，以深領誨益[一]。塵事之相牽，失於交臂，至今悵惘。兹年已八三，神明消蝕，啓處艱難，不知仍能續晤否也？承借書五本，當即抄副，但未經重校，故僅以抄本奉繳，而留其原稿寶藏之，以代面誨。前曾以此意告之呂令親，屬爲轉致。厥後呂返錫山，弟鄉居不知，遂遲至今，幸勿深

〔一〕誨益，原作“海益”，據四庫本改。

罪。書五種驗收是望，承賜問數端，皆弟所積疑。內日差一事，向因日躔表說甚是蒙混，嘗爲之論辨累紙，謂既有二根，當定二表，以相加減，友人皆以爲然。既而熟思，覺其非確，宜只用月離、交食二表爲是。大抵曆書表說，多是後來所增，故往往與表不應。若日差表則又不然，蓋西曆之傳，亦各有師授之不同。日躔表之兼用二根，或是初說；其平時、定時，乃測驗之實用，必是後來之說。日躔表中日差，誤用初說，而強爲之辭，故愈解而愈支。拙見如此，不知高識以爲何如也？月二、三均數，不與曆指之說相應，惟王寅旭嘗論及之，餘人但知用表，未有求其根者。今先生以次均之外，設又次均，數既合表，理復精當，誠爲創見，敬服敬服。火星半徑與視學相反，真是難解。然彼皆得之積候，非鑿空之論。五星中分亦然，皆不敢輕爲置論。嘗謂曆學至今益密，其理亦愈推明。若集中土之賢才，以專心致志而爲之，必更有可觀，而無如其不能群萃州處何也。火星借象之圖，世人多泥舊說，先生輒深信之不疑，古所謂一人之知非耶？然此圖是與袁惠子先生論辨而作，亦頗承其虛懷。今惠兄久不得音問，心甚念之。若先生之知我，蓋尤深於惠兄，安得拏舟溯洄，一遂鄙懷乎！此學甚孤，而學者多執成見，或得少爲足，而遂欲自立門庭。惟薛儀甫、王寅旭兩先生能兼中西之長，而且自有發明。然生雖同時，而並未得相見。庚寅奉過，始得一見令祖坤翁先生，少伸企懷。而鮑燕翼先生又已先歸道山，殊爲憾事。弟又景逼桑榆，故圖晤之心甚切，非同泛泛也。鴻便往來，勿吝郵致。乙未三月十九日。

擬璿璣玉衡賦〔有序。〕

易言治曆，策數當期。典重授時，中星紀歲。蓋七政璇璣之制，類先天卦畫之圖。原道必本乎天，儒者根宗之學；制器以尚其象，帝王欽若之心。理至難言，以象顯之則理盡；意所未悉，以器示之則意明。故揚雄覃思渾天，用成玄草；平子精探靈憲，聿闡元樞。覆矩仰規，一行以之衍策；天根月窟，堯夫於焉弄丸。此聖學之攸先，匪術家之私尚也。況姬公之法受於商高，而神禹之疇肇諸河洛。平成永賴，實資句股圜方；才藝碩膚，爰有南車記里。高深廣遠，寸矩以御幾何；律度量衡，萬事斯爲根本。既圜頂而方趾，敢忘高而負深？苟俯察而仰觀，必徵理而稽數。家傳大易，竊慕韋編；世際清寧，恭逢鉅製。竭歐邏之巧力，紹蒲坂之芳型。洵心理之胥同，中西脗合；亶後來之居上，今古無雙。雖株守山陬，遲睹靈臺之美；而心儀法象，遙忻神器之成。僭擬短章，臆闚鴻典。無裨采聽，聊當衢歌云爾。

至哉！渾儀之爲器也。體天地之撰，類經緯之情。微顯闡幽，窮高極深。殆更僕莫殫其蘊，累牘難悉其能者矣。粵自道生宇宙，肇爲大圜，健運無息，東西幹旋。七政錯行，宿離糾紛。交光羅絡，終始相嬗。雖有離朱，孰

闢其端？聖喆挺生，仰俛觀謍。積候成悟，賾探隱索。諗
六虛之曠邈，詎目營兮可獲。迺範金兮爲儀，縱若衡兮八
尺。曆目之治兮，象目之覈。堯命羲、和，四隅分宅，制閏
成歲，釐工熙績。匪有器以御之，孰所憑而推策？虞帝受
之，璣衡以設，敬天勤民，兩聖一轍。嗣三統兮迭更，茲重
器兮罔褻。陳東序兮天球，羌大訓兮爲列。河之圖兮莫
先，況琬琰與弘璧？嬴秦力政，罔畏天常，遷周九鼎，焚燬
舊章。球圖湮没，莫知其鄉。曆紀乖次，伏陰愆陽。及夫
漢造太初，渾天初置。唯意匠兮經營，未詳徵乎昔制。曾
黃赤兮未分，矧歲差兮能治。歷唐逾宋，代有討論，小異
大同，踵事而增，說存掌故，約略可陳。外周六合，子午爲
經，卯酉交加，日月之門，三輪八觚，象地者衡，是立郛郭，
以挈三辰。黃倚赤而相結，剖二至與二分。判發斂兮南
北，距紫極兮爲言。小環四游，又居其內，左右周闚，兩簫
更代，低昂斜側，折旋唯意。儀三重兮共樞，宣推步兮精
義。亦有銅球，實惟渾象，列星綴離，三家殊狀。或附益
之兩曜，類蟻行兮磨上。遲速行兮一機，或水轉兮磨盪。
非不研精覃思，窮神盡智。象重大兮易膠，每機關兮弗
利；儀重環兮掩暎，頗未宜乎闚視。加以代異人湮，乍成
旋廢。作之也何難，壞之也何易！

　　若乃元祖初服，廣徵碩儒。有美魯齋、王、郭之徒，
既作授時，備器與書。高表四丈，承以景符。簡儀候極，
離立扶疏，二綫代管，分秒乘除。庋百刻兮天腹，旋立運
兮四虛。闚几兮測月，蓮花兮挈壺。正方有案兮定南北，

懸正座正兮九服之須。仰儀兮虚而似釜，度斜絡兮南極
攸居。可謂酌古準今，洵美且都者矣。歷年未百，有明膺
命。雖大統兮殊稱，實授時兮爲政。屬作都兮石城，旋京
邑兮北定。既觀臺兮屢遷，地更眞兮乖應。豈儀器兮多
迕，抑疇人兮弗敬。轉測之或未嫻兮，址漸傾兮莫正。寧
不善厥初兮，歲薦更兮滋舋。經生既非所習兮，又申之以
厲禁。專科不相通兮，有憤悱兮誰問？遂使靈臺，徒爲
文具，交食或乖，誰知其故？帝謂兮草澤，疇明理兮習數。
爾乃理難終隱，道有必開，天相其衷，西儒〔一〕揭來。如禮
失兮求埜，似問郯兮識官。此珍秘兮勿洩，彼菽粟〔二〕兮非
難。於是吳淞太史、仁和水部，夜譯晨鈔，心追手步。亦
得請而開局，集歐邏與儒素。擷西土兮精英，入中算兮鑪
鑄。屢清臺兮雜候，良占測兮可据。怵巧拙兮相形，新術
精兮群妒。慨萬里兮作賓，兼十年兮發覆。曆成兮弗用，
良書兮徒著。何人事兮多違，或蒼穹兮有待。

　　唯我盛朝，度越千代。正朔初頒，適逢斯會。唯欽若
以爲懷，奚畛域乎中外。洞新法之密合，命遵行爲定制。
哂豎儒兮固陋，謬執古兮非今，若盲不杖兮，聾別竽笙。
斯術之無弊兮，經指摘兮益明。乃詔太史，乃咨禮臣。謂
新曆兮允臧，顧儀器兮未成。式采銅兮名山，鳩哲匠兮上
京。備製兮六儀，各錫兮嘉名。赤道兮法動天之西轉，黃

〔一〕西儒，輯要本、文鈔本作"西人"。
〔二〕菽粟，文鈔本作"菽帛"。

道兮儷七曜之東征。古二道爲一器兮，景交羅而莫分；今別其用兮，法以簡而倍精。黃既麗赤而左旋兮，復自轉而右奔。緯度之各異兮，亦異其經。黃自有極以運兮，誠振古之未聞。游表所指兮，太陽之心；時時可驗節候兮，若影於鐙。地平之儀，辨方正位。轉線參直，三光所至。出沒之度，漸升之意，秒忽微茫，具可別識。象限平轉兮，測高與庫；割圓八線兮，於是焉施。合四爲一兮，周天在茲；度唯九十兮，厥數已全。紀限六十兮，於以參焉；正反隅角兮，靡幽弗宣。用稽距度兮，兩星之間；弧三角之法兮，推其所然。五者相資，多人分測。片晷之餘，各盡目力。假變行之迅速，無須臾之或失。別有渾球，全賦星躔。循黃之極，碁罫珠聯。列曜遠近，南北八度。小輪之限，準斯無捂。亦依赤極，出地有恒。或正升兮斜降，或正降兮斜升。晰伏見之先後，諳里差之所因。黃緯之列兮，百世無改；宮分迤差兮，恒星東匯。以度計年兮，六十六載。下設旋輪兮，水激自動；刻漏罔僭兮，機發於踵。爰有高弧，繫之天頂。地平經緯，茲焉互審。或象限兮平觀，或紀限兮斜距。或黃赤儀之所窺，縶之球而參遇。爛若軒轅之寶鏡兮，縮圜形而周布。眾儀得其散兮，球徵其聚。正求兮反暎，宛轉兮迴互。測量有書兮，或不能句；摩娑斯器兮，曠如揭霧。更旋宮兮十二，隨道里兮攸殊。際地之極南北兮，以爲之樞；子午及平環兮，以限四隅。隅各三宮兮，東方爲初；次第右環兮，大權以區。三合六合之照兮，凶吉分途；惟斯球而可睹兮，攷步竿之密疏。致用

萬端，未克枚舉。洵天府之奇珍，永作則乎來者。若其鎔
金有法，棄滓取精。磨礲砥礪，光輝熒熒。旋之中規，直
之中繩。擘劃勻細，度萬其分。實儀衡重，測重求心。力
相扶兮罔偏，積歲年兮弗傾。趺交之以銅龍兮，或海獸以
相承；爲水準與螺柱兮，常消息焉取平。夭矯兮騰踔，攫
拏兮猙獰。詎美觀兮一時，永奠定兮千春。乃至崇臺百
步，迴出闤闠。周以儲胥，纖埃攸避。上列六臺，方圓式
異。相依兮交讓，旋觀兮罔閡。施窺筒之奇巧，眎千里兮
如對。晝候兮日面之星，夜占兮句己之態。折照浮光兮，
氣水水氣；清濛厚薄兮，地心相配。交食淺深兮，起虧進
退；地景厚薄兮，青綠明昧。視差有多少兮，命天九重；月
有弦望兮，太白攸同。抱日爲輪兮，互入相容。超西法之
舊兮，信天能之弗窮。登斯臺也，軒豁洞達，耳目開通。
揮斥兮八極，廣攬兮無終。意氣兮飛揚，凌虛兮御風。習
其器也，陸離瀟灑，繽紛磊砢。燦爛兮朝霞，孔明兮朱火。
照曜兮焜煌，周流兮軒翥。懼對越兮於穆，遊吾心兮太
古。帝載之虛無兮，陟降其所；垓埏之遼絕兮，斂之一黍。
匪<u>重黎</u>之誕降兮，曷其臻乎要眇；邈<u>祈姚</u>之不作兮，疇則
探斯奧窔。伊崇效而卑法兮，協至德於太灝；定百代之猶
豫兮，踵危微於帝道。畢遠臣之精思兮，備前王之所少。
璿璣玉衡之不傳兮，乃今而獲聖人之大寶。

亂曰：巍巍穹窿，帝所則兮。父乾母坤，不敢不及兮。
寫以良金，如塑像兮。朝斯夕斯，期勿忘兮。子之於父，
視無形兮。瞻茲肖貌，曷敢以寧兮。兢兢業業，承天休

兮。奉若不違,升大猷兮。祈天永命,從兹始兮。億萬斯年,昊天其子兮!

學曆説

　　或有問於梅子曰:曆學固儒者事乎?曰:然。吾聞之,通天地人斯曰儒。而戴焉不知其高,可乎?

　　曰:儒者知天,知其理而已矣,安用曆?曰:曆也者,數也。數外無理,理外無數。數也者,理之分限節次也。數不可以臆説,理或可以影談。於是有牽合傅會,以惑民聽而亂天常,皆以不得理數之真,蔑由徵實耳。且夫能知其理,莫堯舜若矣。堯典一書,命羲和居半;舜格文祖,首在璇璣玉衡,以齊七政。豈非以敬天授時,固帝王之大經大法,而精一之理即於此寓哉?

　　曰:然則律何以禁私習?曰:律所禁者,天文也,非曆也。

　　曰:二者異乎?曰:以日月暈抱珥虹蜺、彗孛飛流、芒角動搖預斷未來之吉凶者,天文家也。本躔離之行度、中星之次以察發斂進退,敬授民事者,曆家也。漢藝文志天文廿一家四百四十五卷,曆譜十八家六百六卷,固判然二矣。且夫私習之禁,亦禁夫妄言禍福,惑世誣民耳。若夫日月星辰,有目者所共睹,古者率作興事,皆用爲候,又何禁焉?楚丘之詩曰:“定之方中,作於楚宮。”夏令曰:“修而場功,偹而畚揭。營室之中,土功其始。火之初見,期於司里。"春秋傳曰："凡土功，龍見而戒事，火見而致用，水昏正而栽，日至而畢。"此版築之候也。豳風之詩曰："七月流火，九月授衣。"此裘褐之候也。申豐曰："古者日北陸而藏冰，西陸朝覿而出之，火出而畢賦。"則藏冰、用冰之候也。"龍見而雩"，則雩候也。"農祥晨正"，則畊候也。"三星在天"，則婚候也。單襄公曰："辰角見而雨畢，天根見而水涸，本見而草木節解，駟見而隕霜，火見而清風戒寒。雨畢除道，水涸成梁，草木節解而備藏，隕霜而冬裘具，清風至而修城郭宫室。"是故有一候則有一候之星，有一候之星則有一候之政令。田夫紅女，皆知之矣，又何禁焉？自梓慎、裨竈之徒以星氣言事應，乃始有灾祥之占，而其説亦有驗有不驗。有星孛於大辰，裨竈曰："宋衛陳鄭將同日火。若我用瓘斝玉瓚，則不火。"子産弗與，已而火作。竈曰："不用吾言，鄭又將火。"子産曰："天道遠，人道邇，竈焉知天道？是亦多言矣，豈不或信〔一〕！"卒不與，鄭亦不火。梓慎以日食占水，昭子曰："旱也。"已而果旱，慎言不效。是故唯子産、昭子深明乎理數之實，乃有以折服矯誣之論。雖挾術如慎、竈，而不爲所動。故曆學大著，則機祥小數無所依托，而自不得行，其於政教不無小補。與律禁私習之指〔二〕，固殊塗而同歸矣。

　　曰：世皆謂天文曆數能前事而知，以豫爲趨避。而子

〔一〕是亦多言矣豈不或信，文鈔本無此九字，昭代叢書本"信"作"中"。
〔二〕之指，輯要本無此二字。

謂曆學明，則占家無所容其欺，妄言之徒不待禁而戢，其說可得聞乎？曰：有說也[一]。蓋古之爲曆也疏，久而漸密，其勢然也。唯其疏也，曆所步或多不效。於是乎求其說焉不得，而占家得以附會於其間。是故日月之遇交則食，以實會、視會爲斷，有常度也。而古曆未精，於是有“當食不食、不當食而食”之占。日之食必於朔也，而古用平朔，於是有“食在晦、二”之占。月之行有遲疾，日之行有盈縮，皆有一定之數，故可以小輪爲法也。而古唯平度，於是占家曰：“晦而月見西方謂之朓，朓則侯王其舒；朔而月見東方謂之仄慝，仄慝則侯王其肅。”月行陰陽曆，以不足廿年而周。其交也則於黃道，其交之半也，則出入於黃道之南北五度有奇，皆有常也。而古曆未知，於是占家曰：“天有三門，猶房四表。房中央曰天街，南間曰陽環，北間曰陰環。月由天街，則天下和平；由陽道則主喪，由陰道則主水。”夫黃道且有歲差，而況月道出入於黃道，時時不同，而欲定之於房中央，不已謬乎！月出入黃道既有南北，而其與黃道同升也，又有正升斜降、斜升正降之不同。唯其然也，故月之始生，有平有偃。而古曆未知也，則爲之占曰：“月始生正西仰，天下有兵。”又曰：“月初生而偃，有兵，兵罷；無兵，兵起。”月於黃道有南北，一因也；正升斜降，二因也；盈縮遲疾，三因也；人所居南北有里差，則見月有蚤晚，四因也。是故月之初見，有初二

〔一〕有說也，文鈔本作“可”。

日、初三日〔一〕之殊；極其變，則有在朔日、初〔二〕四日之異。
而古曆未知，則爲之占曰：“當見不見。”又曰：“不當見而
見，魄質成蚃也。”食日者月也，不關雲氣，而占者之説曰：
“未食之前數日，日已有讁。”日大月小，日高月卑。卑則
近，高則遠。遠者見小，近者見大。故人所見之日月大小
略等者，乃其遠近爲之，而非其本形也。然日月之行，各
有最高卑，而影徑爲之異，故有時月正掩日，而四面露光，
如金環也。此皆有可攷之數，而占者則以金環食爲陽德
盛。五星有遲疾留逆，而古法唯知順行，於是占者以逆行
爲灾，而又爲之例曰未當居而居、當去不去、當居不居、
未當去而去，皆變行也，以占其國之灾福。五星之出入黃
道，亦如日月，故所犯星座，可以預求也。而古法無緯度，
於是占者以爲失行，而爲之例曰凌，曰犯，曰鬭，曰食，曰
掩，曰合，曰句己，曰圍繞。夫句己凌犯，占可也；以爲失
行，非也。五星離黃道不過八度，則中宮〔三〕紫微及外官距
遠之星必無犯理，而占書皆有之。近世有著賢相通占者，
删去古占黃道極遠之星，亦既知其非是矣。至於恒星有
定數，亦有定距，終古不變。而世之占者，既無儀器以知
其度，又不知星座之出入地平有濛氣之差，或以橫斜之勢
而目視偶乖，遂妄謂其移動，於是爲占曰：“王良策馬，車
騎滿野。”“天鈎直則地維坼。”“泰階平，人主有福。”中

〔一〕初二日初三日，文鈔本作“在二日三日”
〔二〕初，文鈔本無。
〔三〕宮，原作“官”，據昭代叢書本、文鈔本改。

州以北,去北極度近,則老人星遠而近濁,不常見也。於
是古占曰:"老人星見,王者多壽。"以二分日候之,若江
以南,則老人星甚高,三時盡見。而疇人子弟猶歲以二分
占老人星,密疏貢諛,此其仍訛習欺,尤大彰明者矣。故
曆學不明而徒爲之禁以嚴之〔一〕,終不能禁也。或以禁之
故,而私相傳習,矜爲秘授,以售其詐。若曆學既明,則
人人曉然於其故,雖有異説,而自無所容。余所以數十
年從事於斯,而且欲與天下共明之也。且子不徵之功令
乎? 經史語孟,士之本業也。而魯論言辰居星拱,行夏
之時〔二〕;孟子言千歲日至,可坐而致;易言治曆明時;大
傳言五歲再閏,三百有六十當期之日;堯典中星分測驗之
地,璣衡之製,爲萬世法;辰弗集房,載於夏書;詩稱十月
之交,朔日辛卯;春秋紀日食三十六;禮載月令;大戴禮
述夏小正,皆詳日所在宿,及恒星伏見,昏旦之中,與其方
向低昂之狀,用爲月節,以布政教而成百事。又自漢太
初以來,造曆者數十家,皆具其説於史。若是者既刊布
其書,使學者誦習之矣。三年而試之,程式發策,往往有
及於律曆者。其於律之禁,寧相背乎? 是故律禁私習妄
言〔三〕,而未嘗禁士之習經史也。而顧諉之爲星翁卜師之
事,而漫不加察,反令術士者流得挾其不經之説以相炫
誘,而不能斷其惑,是亦儒者之過也。故人之言天,以占

〔一〕以嚴之,文鈔本無此三字。
〔二〕行夏之時,文鈔本"行"前有"言"字。
〔三〕妄言,文鈔本"言"下有"者"字。

驗爲奇；吾之言曆，以能辯惑爲正。

曰：然則占驗可廢乎？將天變不足畏邪？曰：惡！是何言也！吾所謂辯惑者，辯其誣也。若夫王者遇災而懼，側身修省，以答天戒，固欽若之精意也，又可廢乎？古者日食修德，月食修刑。夫德與刑，固不以日月之食而始修也，遇其變，加警惕焉，此則理之當然，未敢以數之有常而或懈也。此又學曆者所當知。

曆學源流論

梅子殫心曆學數十年[一]，而嘆心之神明無有窮盡。雖以天之高、星辰之遠，有遲之數千百年始見端緒，而人輒知之，輒有新法以追其變，故世愈降，曆愈以密。而要其大法，則定於唐虞之時。今夫曆所步有四：曰恒星，曰日，曰月，曰五星。治曆之具有三：曰算數，曰圖象，曰測驗之器。由是三者，以得前四者躔離、朓朒、盈縮、交蝕、遲留、伏逆、掩犯之度。古今作曆者七十餘家，疏密代殊，制作各異。其法具在，可攷而知，然大約三者盡之矣。堯命羲和，曆象日月星辰；舜在璇璣玉衡，以齊七政。曆者，算數也。象者，圖也，渾象也。璿璣玉衡，測驗之器也。故曰定於唐虞之世也。然曆之最難知者有二：其一里差，

〔一〕梅子殫心曆學數十年，輯要本、文鈔本、文瀷本均作"梅子輯曆法通考既成"。

其一歲差。是二差者，有微有著，非積差而至於著，雖聖
人不能知。而非其距之甚遠，則所差甚微，非目力可至，
不能入算，故古未有知歲差者。自晉虞喜，宋何承天、
祖冲之，隋劉焯，唐一行始覺之，或以百年差一度，或以
五十年，或以七十五年，或以八十三年，未有定説。元郭
守敬定爲六十六年有八月，回回、泰西差法略似。而守敬
又有上攷下求、增減歲餘天週之法。則古之差遲，而今之
差速，是謂歲差之差，可謂精到。若夫日月星辰之行度不
變，而人所居有東南西北、正視側視之殊，則所見各異，謂
之里差，亦曰視差。自漢及晉，未有知之者也。北齊張子
信始測交道有表裏，此方不見食者，人在月外，必反見食。
宣明曆本之爲氣、刻、時三差，而大衍曆有九服測食定晷
漏法。元人四海測驗二十七所，而近世歐邏巴航海數萬
里，以身所經山海之程，測北極爲南北差，測月食爲東西
差。里差之説，至是而確。是蓋合數千年之積測，以定歲
差；合數萬里之實驗，以定里差。距數逾遠，差積逾多，而
曉然易辨。且其爲法，既推之數千年、數萬里而準，則施之
近用，可以無惑。曆至今日，屢變益精以此。然余亦謂定
於唐虞之時，何也？不能預知者，差之數；萬世不易者，求
差之法。古之聖人，以日之所在不可以目視而器窺也，故
爲之中星以紀之，鳥火虛昴，此萬世求歲差之根數[一]也。
又以日之出入發斂，不可以一方之所見爲定也，故爲之嵎

〔一〕根數，文鈔本作“根”。

夷、昧谷、南交、朔方之宅，以分候之，此萬世求里差之定
法也。嗚呼！至矣。學者知合數千年、數萬里之心思耳
目〔一〕以治曆，而後能精密。又知合數千年、數萬里之心思
耳目以爲之精密者〔二〕，適以成古聖人未竟之緒。則當思
羲和以後，凡有能出一新智，立一捷法，垂之至今者，皆有
其所以立法之故。及其久而必變也，又皆有所以變之説。
於是焉反覆推論，必使理解冰釋〔三〕，無纖毫疑似於吾之
心。則吾之心即古聖人之心，亦即天之心。而古今中外
之見，可以不設，而要於至是。夫如是，則古人之精意可
使常存，不致湮没於尚己守殘之士。而過此以往，或有差
變之微，出於今法之外，亦可本其常，然以深求其變，而徐
爲之修改，以衷於無弊，則是善於治曆者也〔四〕。

〔一〕心思耳目，文鈔本作“耳目心思”。下同。
〔二〕以爲之精密者，文鈔本作“以治曆而底於精密者”。
〔三〕理解冰釋，文鈔本作“冰解霧釋”。
〔四〕則是善於治曆者也，輯要本、文鈔本、文瀾本均作“是則吾輯曆法通考之
意也”。另各本此後有“曆法沿革本紀一卷、年表一卷、列傳二卷、曆志二十
卷、法沿革表十卷、法原五卷、法器五卷、圖五卷，是爲曆法通考五十八卷。其
算數之學，別有書曰中西算學通。謹序”。

兼濟堂纂刻梅勿菴先生曆算全書

古算衍略〔一〕

〔一〕此卷由古算器攷、方田通法、區田圖説、畸零法解四種匯集而成。其中，
古算器攷與方田通法見於勿庵曆算書目著録。四庫全書本收入卷二十九。
梅氏叢書輯要删去後兩種，將前兩種附於筆算後。古算器攷另有藝海珠塵丙
集本。

古算術略目録

古算衍略

宣城梅文鼎定九著　男以燕正謀參　孫　毂成玉汝
　　　　　　　　　　　　　　　　　　玕成肩琳
柏鄉魏荔彤念庭輯　　　　　　　男　乾斅一元
　　　　　　　　　　　　　　　　　士敏仲文
　　　　　　　　　　　　　　　　　士說崇寬同校
　　　　　　　　　　　錫山後學楊作枚學山訂補

古算器攷

或有問於梅子曰："古者算學亦有器乎？"曰："有。"曰："何器？"曰："古用籌。""籌何似？"曰："漢書言之矣。用竹，徑一分，長六寸，二百七十一而成六觚，爲一握。度長短者不失毫釐，量多少者不失圭撮，權輕重者不失黍絫。又世說言王衍持牙籌會計。此用籌之明證也。"曰："若是，則籌可用竹，亦可用牙矣。然則即今之籌筭，非歟？"曰："非也。今西曆用籌，亦起徐、李諸公，蓋從曆家之立成而生，即立成表之活者耳，故一籌即備九數。若古之用籌，用以紀數而無字畫，故一籌只當一數。乘除之時，以籌縱橫列於几案，一望了然。觀古算字作'祘'，蓋象形也。""然則起於何時？"曰："是不可攷。然大易揲著，亦以一蓍當一數，則其來遠矣。蓍策所以決疑，非常用之物，故特隆重其製而加長，長則不可以橫，故皆縱列。惟分二象兩之後，掛一策以別之，使無凌雜，餘皆縱列也。又其數只四十九，故四揲以稽其實數，其用專，專則誠也。布算之法，有十、百、千、萬之等，以乘除而升降，又日用必需之物，故其製短，使几案可列。其言六寸成觚者，有度量之用。古尺既小於今尺，才四寸奇，蓋亦取其便於手握耳。"〔浦江吳氏中饋録有算條巴子，切肉長三寸，各如算子樣。亦可以想其長短。〕"然則其用之若何？"曰："五以下皆縱列，六以上則橫置一籌以當五，而縱列其餘。"〔式詳後。〕"然則十、百、千、萬何以列之？"曰："其式皆自左而右，略如珠筭之位，亦如西域、歐邏寫算之位，皆順手勢，不得不同也。"曰："亦有徵歟？"曰："有之。蔡九峰洪範皇極數所紀算位，一至五皆縱列，六至九皆橫一於上以當五。又自一之一，至九之九，皆並列兩位，自左而右，此用於宋者也。又授時曆草所載乘除法實之式，皆縱橫排列，自左而右，以萬、千、百、十、零爲序，此用於元者也。左傳史趙言亥有二首六身，下二如身，爲絳縣老人日數，士文伯知其爲二萬六千六百六旬。而孟康、杜預、顏師古釋之，皆以爲亥字二畫在上，其下三六爲身，如筭之六，蓋橫一當五，又豎一於橫一之下，則爲六矣，與皇極同也。又言下亥二畫豎置身傍，蓋即豎兩筭爲二萬，又並三六爲六千六百六旬，而四位平列，與曆草同，此又用於三代及漢晉者也。"

曰："曆草又有一至五橫紀之處，何歟？"曰："此亦非起於曆草也。""何以知之？""唐人論書法橫直多者，有俯仰向背之法，若直如筭子，便不是書。其言筭子，即所列籌也，然兼橫直畫言之，則唐人用籌爲算，亦有橫直可知。乾鑿度云：‘臥算爲年，立算爲日。’蓋位數多者，恐其相混，故三十三、二十二之類，筭位皆一縱一橫以別之。縱即立算，橫即臥算也。乾鑿度不知作於何人，然其在漢魏以前，無可疑者。則橫直相錯之法，古有之矣。五以下既可易縱爲橫，則六以上橫一當五者，亦可易之而縱，又何疑於曆草哉？”曰：“然則今用珠盤，起於何時？”曰：“古書散亡，苦無明據。然以愚度之，亦起明初耳。”“何以知之？”曰：“歸除歌括，最爲簡妙，此珠盤所恃以行也。然九章比類所載，句長而澀，蓋即是時所創，後人踵事增華，乃更簡快耳。是書爲錢塘吳信民作，其年月可攷而知，則珠盤之來，固自不遠。”

　　按：欽天監曆科所傳通軌，凡乘除皆有定子之法，惟珠算則可用，然則珠算即起其時。又嘗見他書，元統造大統曆，訪求得郭伯玉善算以佐成之，即郭太史之裔也。然則珠盤之法，蓋即伯玉等所製，亦未可定。

　　曰：“南雷答牧齋流變三疊之問，既云長水分別算位，本位是豎，進一位即是橫；本位是橫，進一位即是豎。又引鑿度‘臥算’‘立算’以證之矣。然其所圖算位俱作圓點，殊無橫直之形，何耶？”曰：“南雷固言‘今之算器，數分於珠’，是指珠算也。又云‘長水之算，只用今器，其所謂橫豎者，分別算位’，南雷之意，蓋謂長水姑借橫豎之語以分算位，而實用珠算，非實有橫豎也。然以〔鼎〕觀之，疏既以一橫二豎當十二，復以一豎二橫當百廿，終以一橫二竪當千二百，而皆曰進動算位，明是用籌，非用珠也。故當十進百之時，則當取去第一叠零位之二竪，而加十位之一橫爲二橫，又添一竪於百位，則成百二十矣，故曰進動算位爲第二叠也。百進千，則又取去十位之二橫，而增一竪於百位爲二竪，又別增一橫於千位，成千二百，故亦曰進動算位爲第三叠也。説本明晰，與今珠算何涉乎？若如南雷所圖，則橫竪字爲贅文矣。是故布籌可縱可橫，此亦一證。

又按：朱子語類云："潛虛之數用五，只似如今算位一般。其直一畫則五也，下橫一畫則爲六，橫二畫則爲七。"此又一證也。〔蔡九峰皇極數以橫畫當五，故下竪一畫爲六，竪二畫爲七，與此相反，然理則相通。曆草則兼用之，蓋皆本之古法。〕

古布算式〔一〕

Ｔ	六	｜　一
丌	七	‖　二
丌丌	八	⫼　三
丌丌丌	九	⫼｜　四
		⫼‖　五

此五以下，縱列也

此六以上，橫置一籌當五，而縱列其餘

〔一〕"古布算式"至"亥字二首六身攺"諸目，輯要本並删，徑接"籌有色以分正負"目下正文"沈存中括筆談"云云。

皇極數圖^(一)〔見性理大全。〕

曆草算式

			立差
⊥	丁	≡	
六十	六秒	半	

				定平差
≡	⦀⦀	≡	丅	半
三十	四分	四十	七秒	

				定平積
⦀⦀	⊥	丅	○	丁
四百	八十	七分		六秒

　　右式皆因數有雷同，故縱橫列之以爲別，亦自然之理也。

乘除法實式〔亦見曆草。〕

法	⦀⦀	≡	丨	丅
	四十	三	一	六

實	丁	⦀⦀⦀	⊥	丨丨	≡	⦀⦀⦀	丁	⦀⦀⦀
	八百	五十	七	二	三	三	八	五

除得	丨	丁	⊥	丅	丨	丁
	一十	九	八	六	一	七

〔一〕原書有目無圖，見性理大全卷二五皇極內篇數總名。

流變三疊圖[一]

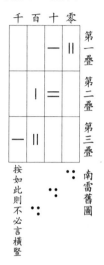

[一] 據南雷文定前集卷三,流變三疊圖式如圖一所示。此底本南雷舊圖有誤,今據南雷文定重繪如圖二。

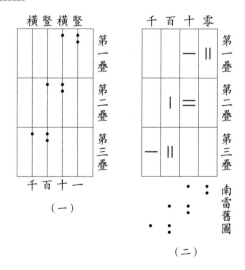

（一）

（二）

亥字二首六身攷

左傳 襄公三十年三月癸未，絳縣老人曰："臣生之歲，正月甲子朔，四百有四十五甲子矣，其季於今三之一也。"師曠曰："魯 叔仲惠伯會郤成子於承匡之歲也，〔注：魯文公十一年乙巳歲。〕七十三年矣。"〔注：自乙巳歲至今年戊午，首末七十四年，而曰七十三者，蓋計其全數而言，未滿七十三年也。〕史趙曰："亥有二首六身，〔注：言亥字上二畫爲首，六畫爲身，如算之六者三也。春秋時有此字體爾。〕下二如身，是其日數也。"〔注：如，往也，言除下亥上二畫往置身旁也。𝍥，便是此老人從初生年起至今癸未日之日數也。蓋以亥之二畫爲二萬之數，以三六之算爲六千六百六旬之數也。〕士文伯曰："然則二萬六千六百有六旬也。"

按：古法每年三百六十五日又四分之一，七十三年該二萬六千六百六十三日又四分之一，故注以正月甲子爲夏正建寅之月。而三月癸未，杜氏 長曆及孔 疏皆以爲當作二月，爲夏之十二月也。其癸未日，長曆以爲是二十三日。然則春秋所紀者自用周正，而晉人所言者自是夏正。故魯史紀戊午二月者，晉人所言，則仍爲丁巳之十二月，所以士文伯云七十三年也。

籌有色以分正負

沈存中 括 筆談曰："天有黃赤二道，月有九道。此皆强名，非實有也。亦由天之有三百六十五度，天何嘗有度？以日行三百六十五日而一朞，强謂之度，以步日、月、

五星行次而已。日之所由，謂之黃道。南北極之中間度
最均處，謂之赤道。月行黃道南，謂之朱道，北謂之黑道，
東謂之青道，西謂之白道。黃道內外各四，并黃道而九。
日月之行有遲有速，難以一術御。故因其合散，分爲數
段。每段以一色名之，欲以別算位而已，如算法用赤籌、
黑籌以別正負之數。曆家不知其意，遂以爲實有九道，甚
可嗤也。"

　　按：此又宋算用籌之明證。

方田通法序

　　學必有原，不得其原，不可以爲學。九數之學，具列
周官。而孔子言游藝，在志道、據德、依仁後。唐十經博
士，期業成以五年，可形下視哉？客歲之冬，從竹冠先生
飲令弟樂翁所，得觀先生捷田歌括，離奇出沒，盃酒間未
深領其趣。屬他故，羈治城且匝月，既無攜書可破岑寂，
乃稍憶所疑，演而通之。因浩然嘆數學之有原，雖至近
若方田，而易簡中精深爾爾也。算具不具，仗三寸不聿爲
之。今年春，里中有事履畝，或見問桐陵法，遂出斯編相
質，命曰方田通法云。

　　閼逢執徐月躔在奎，勿菴 梅文鼎識。

方田通法

太極生生之數

數始於天一,終於地十,十亦一也。天地之數,始終乎一,故曰太一。太一者,太極也。自極而儀而象而卦,皆加一倍,三加而止,萬事託始焉。是故制器者尚其象,璣衡八尺,周於八方,尋常則之,以度百物,蓋取諸此。

兩地之數

一生二。二者,兩地也。兩一則二,兩二則四,兩四則八,兩八則十有六。四象相交,成十六事,卦有内外也。庾以命斗,秉以命斛,斤兩則之,以權百物,蓋取諸此。

參天之數

一生二,二生三。三者,參天也。參一而三,參二而六,參四而十有二,參八而二十有四。作曆者以紀中節,八節二十四氣,八卦二十四爻也。是故玉衡之尺八,而璣圍二十有四;斤之兩十有六,而銖二十有四。二十有四者,權度之所生,數之綱也。從而十之,以爲地紀,而畝法生焉。

畝法

二百四十步。古法步百爲畝,畝百爲夫。今二百四十步爲畝,相傳起於唐太宗。

步法

五。合參兩則五,猶合四行爲土,土之生數也;倍五則十,土之成數也。乘者從生,故平方五尺爲步,而用以乘;除者從成,故積步二百四十爲畝,而用以除。

方田原法

以所丈田橫步與其縱步相乘,得數爲實,以一畝二百四十步爲法除之。滿法爲畝;不滿,退除爲分釐。◎田之爲字,衡縮相交,矩其外,格其内,象平方也。田不能皆方,或圓或直,或梯或斜,或如牛角,或爲矢弧,不皆方,故爲之法以方之,大約不離橫縱者近是。九章之術首列方田,君子絜矩之道歟?

截歸法

或八歸、三歸各一次,或四歸、六歸各一次,或五因、一十二歸。◎邵子曰:三八二十四也,四六亦二十四也,倍十二亦二十四也。丈量家用截法,可以觀已。

減法

或折半減二,或減六、減五各一次。◎即定身除也。

飛歸法

進一除二四　　進二除四八　　進三除七二　　進四除九六

五除一二　一四四作六　一六八作七　一九二作
八　二一六作九　見一加三隔位四　見二加六隔位
八　不盡者留法喝之

又

三六作一五　六作二五　八四作三五　一〇八作
四五　一三二作五五　一五六作六五　一八作七五
二〇四作八五　二二八作九五

留法

一留退四一六六　二留退八三三三　三留一二五
四留一六六六六　五留二〇八三三　六留二五　七
留二九一六六　八留三三三三三　九留三七五
　其法是除，用之似乘，以其爲除後得數也，故謂之留。
若用以喝稍者，言退者本位，不則進一位。或稍子位多
者，喝完總移進之，更妙。
　　凡加留、減留，如加減法，只記原實，於各挨身加減
之。若原用因法者，則又下一位挨加減之，皆記原實，以
留法喝之，言退者各又退一位。
　　以上截、留、飛、減四法，皆於乘土之後，用以求畝。
惟留法則有不盡，故長於喝稍。
　　後有用兩求斤留法，附録之。
　　一退六二五　二一二五　三一八七五　四二五　五

三一二五　　六三七五　　七四三七五　　八五　　　九
五六二五　　十六二五　　十一六八七五　　十二七五
十三八一二五　　十四八七五　　十五九三七五

新增徑求畝步法

其法不用乘土,以所得橫縱之步,先得者爲實,後得
者爲法,徑求之,可以抵掌而辦。原法二十有二,竹冠道
士衍爲百二十有三。勿菴氏引而伸之,且三百八十有四
也。倚數之妙,乃至斯乎! 而豈有外於參兩乎! 又豈有
加於所謂一者乎! 法列如後。

減二　即十二除。凡法之可以兩者,皆減二,是爲畝
法之半。或折半六歸之。

八除　或二十五於下位加之。凡法之可以參者,皆
八除,是爲畝法三分之一。

四十八除　即折半飛歸也。凡法之可以五者,皆
四十八除,是兩其畝法也。

四除　或二十五乘之。凡法之可以六者,皆四除,是
爲畝法六分之一。

六除　凡法之可以四者,皆六除,是爲畝法四分之一。

三除　凡法之可以八者,皆三除,是爲畝法八分之一。

下加　凡法之上位得一者,皆下加。

上加　凡法之下位得一者,皆上加。凡加畢,再用留
法,或飛歸之。

折半　凡法之十二者,皆折半,爲畝法六分之五。

减六　凡法之可以十五者，皆减六，即兩求斤留法也，爲畝法三分之二，又爲六分之四。

减五　凡法之可以十六者，皆减五，即十五除也，爲畝法八分之五。

加留减留　凡法之可借上者，皆加留；可借下者，則减留，所以通其窮也。

隨數喝畝　凡二十四，則隨數喝之。

倍法　凡四十八，五除之，即二因也。

减八　即畝法八分之六也。凡法之可以八分用六者，十八除之，又爲四分之三。

九除　即畝法八分之三。凡法之可以八分用三者，九除之。

二十一除　即畝法八分之七。凡法之可以八分用七者，廿一除。

因法代除　如四十八，則二因之；如七十二，則三因；九十六，則四因。又如十二，五因；一四四，六因；一六八，七因；一九二，八因；二一六，九因。又如六，用二五因；八四，用三五因；一〇八，用四五因；一三二，用五五因；一五六，用六五因；一八，用七五因；二〇四，用八五因；二二八，用九五因。

加法代除　如三加二五，即一二五乘，所以代八除也。三六加五，即十五乘也。又如四二，徑加七五；五四，二次加五，皆不用除。

五	四	三	二	一
四十八除　或八除又六除　或四除又六除　或加五減二　或三十二除　或求斤法又減五　五加七十二除　半而留	六除　或六除又四除　或八因四十八除減二　或二十五乘而減二十　或五因而減二　或加五乘四十八除　或三因四十八除	八除　或五加六除　兩求斤法　或五因二十五乘　或下位加二十五　四減二	一十二除　或五因又六除　或四除又六除　或加五減二　二十五乘法　或加五減二　或倍而留	二十四除　或八除又六除　或四除又六除　或用斤法求斤歸或留

十一	九	八	七	六
留而加一　或飛歸加一　或五因十五乘減一　或上加一　而留	三因八除　或五因減六除之　或二因四除　或三十二除加二　或八而九因　或三因三因十八除　七因五乘而之	三除　或二除　或折半減五　或六除　或四十八除加六除　因九除　或七因減八　因二因二十一除　或七因二因二十一	三因二十五乘減二　或五因四十八除　或加四而四十八除　或飛歸而七十　下位加七十而七十除	四除　或四因十五乘減二　或二十乘折半　或四因歸又四除次　或三因二除　或四因減六除加二　或四因二除

十六	十五	十四	十三	十二
二因三除　或四因六除　或四因八除　或六因飛歸　或六因九除　或加四半減八　或四因四除　或三因十五乘減二　二因四而留　或加二而減　二十一除	八因五因　或加四而留五　或六因減二減六　或四因減二次　或四因減二　四因十八除乘減二　或八因五而二加	飛歸加四　或加四而留　或七因減二　或十五除而上加留　或下位加七六除　三除	飛歸加三而留　或六因減二減二　或六因十五因　或八因減二加留	五因　或四因八除　或二加二而留除　或六因減二　或六因減六　或六因歸二加二　或六因減二　或三因歸三因　或七因減八　或九因減四加二　或八因六除　或六因減六而三除

續表

十七	十八	十九	廿一	廿二
飛歸加七 或加七而留 或加八十五乘而減二	七十五除 四除而五 或加二減六 斤因加而上 減二 或三除而上 加留 或六因八除 或三因八除 或九因 或用兩求	飛歸加九 或加九而留 或九十五乘而減二	或隔位加五而減二 或七因八除（一） 三十五乘而下 位加七十五而上加 飛歸而上加二 二而留 求斤法 或下	加一減二 或減二而六 或五十五乘而斤 加一 或五十五乘而斤 除
廿三	廿四	廿五	廿六	廿七
加一一十五而 下加一十五除 或加四十減二 或減二 或減二十一 或隔位加五而九 除	隨數喝之，須知 定位之法 二十五除 或四因 或四因八	加留 或九十六除 或飛 歸四除 或五因二十八 除 或八除減二 或用兩求 斤法而六除	加三減二 或六十 五因而六除	九因八除加 五減二 或四十五乘而 四除 或加八用兩求 法
廿八	廿九	卅	卅一	卅二	卅三
七因六除 或加四減二 或加 三十五乘而三除 或加 七十五而減五 或加二十一 乘減八 或隔位加五而九 除	加四十五而減二	飛歸而上加 三而留 或加五十而加留 減二 或八歸而加留	飛歸而上加 三而留 或加五十而加 二而留	四因三因 或八因而減五 除 或加六減二 或加 二十四因 而九除 或加二十四因 減八 或加二十而下位 減五	八除加一 或加一而上加 除之 或加二五而上加 一 或上加一而下加 二 或加五乘而四減二 或五十加而四乘而減六 二十二乘而減六

（一）或七因八除，原無"或"字，且與上文"或隔位加五而減二"連書。今據校算與上文隔斷，並據體例補"或"字。

卅四	卅五	卅六	卅七	卅八
加七五减二 或八十五乘 而六除	七因四除四而九十六除 或 加七五减二 或加 四而六除	加五 或加八减二 或四十五乘 而九因六除 或八除 或三因四 或六因四除 或廿一乘减四 或廿四乘减八 半四乘减六 或廿七乘 减八	加八五减二	加九七减二 或九十五乘 六除

卅九	四一	四二	四三	四四
加九五因除二 或加三又加三 八因二除下位法斤加之 或 或用两求斤法 或六乘而之 或 或六十五乘而四除 或用减六 二十六乘四除用减六	飛歸上加四 或上 八加二而留 或六除 而加四而留 或隔位加 二五而六除	七因四除 或加四而六乘 除 或折半廿七除 或廿八乘 或徑加七五 或隔位加 五而六除 或二十八乘 减六	隔位加七加六而六除	六除加一 或加一六除 或六除而上加一 或上十五 加一而六除 或五十三乘减 乘三除 或三十三乘减 八

四五	四六	四七	四八	四九
七十五乘四除 或九因 四十八乘 或五因减六 或六因 除 或三因减六 或用两折 三十二除 或用三因之 法而三因之	加一五而六除 或 先用减留法而倍之	倍而减留	倍而竭之 或加二用六 除 或八除加六 或三因加六 因三除 或四因二除 或八因四除 五 或三十二乘六乘减八 或卅六 乘六乘减八 乘九除	倍而加留

續表

五一	五二	五三	五四	五五
飛歸上加五 或上加五而留 或四十八除而下加留 或加七用八歸入乘 八十五乘 或減六三十四乘	加三用六除 或六十五乘而三除 或三十九乘減八	八除加八而減留	加八而八除 或九因四除 或四因五乘折半 或二次加五 或加四十六乘減六 或加三而五而六除	四十八除加一 或加一而四十八除 或上加一 或四十八除上加一 而四十八除 或上加一
五六	五七	五八	五九	六一
七因三除 或加四用六除 或三十五乘減五 或四十二乘減八 或四十五乘減二(一) 或二十一乘	八除加九 或九十五乘加四除 或三十八乘而減六	加四五而六除	四除減留	飛歸上加六 或上加六而留 或四十八除而加留
六二	六三	六四	六五	六六
加五而六除	隔位加五而四除 或本位加一下位加一而八除 或四十二乘減六	八因三除 或加六用六除 或四因減五 或四十八乘而九除	加三用四十八除	或二十一乘入除 或加一用四歸 或四歸用加一 或上加一而上加一 或五除而上加六除 或五十五乘五折半

———

（一）二十一，原作"二十"，據校算改。

續表

六七	六八	六九	七一	七二
四除加一而留　或加三因加一而留　或加一而四十八除	加七用六除　或八十五乘而三除　八用三乘而減八　或五十一乘而減八	加一五而四除　加一下位加三而八除　或本位或二十三乘而八除　四十六乘而減六	飛歸而上加一　或上加七而留　或三因而下減六	三因　或倍而加五　或加二八用六歸　或四歸加二　或五十四乘而減六　或二因二除　或二十七乘九除　或四十五乘減五

七三	七四	七五	七六	七七
三因下加留	加八五而六除	三十二除　或四除加二五　或折半用兩求斤法　四十八除加五　或二除而又八除　減六　或四除又八除	加九用六除　或九十五乘乘而三除　或五十七乘減八	加一用飛歸而七因〔一〕　或加五四而四十八除

七八	七九	八一	八二	八三
二十七乘六而八除　或飛歸而上加八　或上加九而留　或加二五五而四除　或五十四乘用減六	三歸減留	二十七乘六而八除　或飛歸而上加八　或上加九而留　或加二五五而四除　或五十四乘用減六	四十一因減二　或隔倍加二五加三除	本位加一　隔位加七五而除六

───────

（一）加一用飛歸而七因，原作"加一　或用飛歸而七因"，分作兩條，今據校算併爲一條，並依體例刪"或"字。

續表

八四	八五	八六	八七	八八
加四用四除 或七因 或二五乘 或半折半乘 而三十五除 或五十八乘減六 或六十六乘 或六十三乘減八	加七用四十八除	隔位加七五而三除	加四五而四除 或二十九乘八除 或五十八乘用兩求斤法	加一用三歸 或上加一 或三歸 或六十六乘六除入 減三十三 或五十三乘減五 二十二乘六除 或五十五乘減五
八九	九一	九二	九三	九四
三歸加一加留	七因加三喝留 或飛歸而上加九 或上加九而留	加一五而三除 或六十九乘減八	八除三十一乘 或用兩求斤法而六五乘 或四除加加五	四十七乘減二
九五	九六	九七	九八	九九
加九四十八除	四因 或加六因四除之 或加二而用三除 或六因減五 或七十二乘減八 三十六乘減九 或二十四乘六除	四因而下加留	四十九因減二	六十六乘 或六十三乘八除法 或飛歸而減留 或六五因四除 加六五因四除

原法歌訣〔出桐陵。〕

量田捷法少人知，不乘一數便留之。
二弓折半六而一，三步之中用八歸。
四步由來六歸是，五步還宜六八歸。
六數四歸無走作，八上三歸無改移。
十二將來折一半，十六三而加倍齊。
二十四中隨數喝，廿五中分六八歸。
三十二上尤甚准，四因還要用三歸。
四十八上加一倍，八卦宮中誰得知。
三歸八因尤甚准，勝如神見不差池。
七二倍之加遍五，九十六上四因之。
十五之中逢二八，七五之中四八歸。
三七半時當八八，九弓加五四歸奇。
十八折之加五定，三六之中加五施。
此是明師真口訣，千金不度世人知。

附歸除捷法

多上空加一，〔多上者，實多於法也。空者，實首隔一位也。凡實多於法，則於實前隔一位上一子；若法實兩數等，亦同。〕依前除莫疑。〔依前者，即以前法數除之也。〕

少前隨上五，〔少前者，實少於法也，即於實之前位上五子。不隔位。〕折半數除之。〔折半除者，用法數之半而除之也。用五乘代折半，甚捷。〕

無除隨上一，〔無除者，上五之後，不及除半數也。既不及除，隨於實前位上一子。〕化下照前除。〔化下者，退下一位也。照前除者，即依法數降一位而除之也[一]。〕

區田圖刊誤

按：區田古法，並以方一尺五寸爲區，通計每畝可二千七百區。空一行種，於所種行內，隔一區種一區。除隔空外，可種六百七十五區，〔此亦約略之説。後又云每區一斗，每畝可收六十六石，而詩亦云"限將一畝作田規，計區六百六十二"，並大同小異。〕是四分而種其一也。今農書之圖[二]，黑白相間，是二分種一，與説相背。且如所圖，既不便於營治，亦不便於澆灌，反不如薑田之用闊溝，通人行之爲便矣。謹依古説，改作之如左。

又按：四分種一，亦是約略之數。若細求之，則四邊近田塍處，可只空半區。要以隨方就圓，使其易行，亦不在拘拘於尺寸之間也。孟子曰："此其大略也。若夫潤澤之，則在君與子。"吾於區田亦云。

〔一〕輯要本此後有梅瑴成識語："或言前後四語已足用，其中二語可省。蓋少與無除通爲一法，且免上五折半之煩。其所謂加一者，即一歸逢一進一，以至逢九進九之類，不過舉加一以兆端耳，不可爲一字所泥，上一亦同。瑴成敬識。"
〔二〕原圖見農政全書卷五。

訂正區田之圖

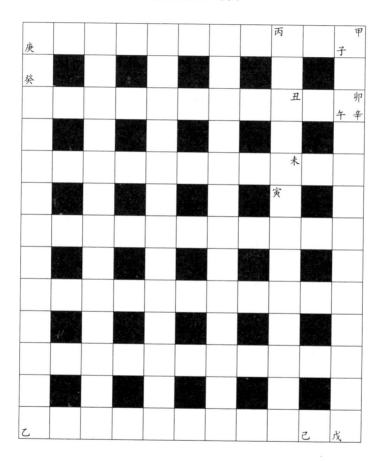

　　如甲乙爲田，内每畫方一尺五寸爲區。〔如甲子。〕直行每隔一行種一行，〔如甲戊、丙己。〕因得橫行亦然。〔如庚甲、辛癸。〕其播種之區四面合之，各成小平方，如丙辛方中間子丑爲種地，卯寅方中間午未方爲種地，皆居小平方之中央。又蟬聯而下，通計每田一畝，爲種區者約四之一。圖中白者是空地，黑者是種區。

區田説

　　向讀嵇叔夜 養生論，謂區種之法，畝可得粟數十鐘。已讀王氏 農書，詳著其法。而農政全書載氾勝之書及務本書謂：“湯有七年之旱，伊尹作爲區田，教民糞種，負水澆田〔一〕，諸山陵傾坂及田丘城上，皆可爲之。”王禎曰：“古人每區收穀一斗，每畝可收六十六石。今人學種，可減半計。”賈思勰〔二〕曰：“兗州刺史劉仁之昔在洛陽，於宅田七十步之地域爲區田，收粟三十六石。”然則一畝之收，過百石矣。古説彰彰如是，而或者疑之，〔徐玄扈先生以爲古今斗斛之異。〕余以爲不必疑也。蓋徵之於薑芋矣，吾鄉土瘠，每畝收稻麥不過數石，而芋則每畝二十餘石，多者三十餘石；薑之下者二十餘石，其上者至四十餘石。然而種薑一畝，有稻田六畝以上之工，豈非糞多力勤之効乎？玫薑田營治之法，其畦甚深，在一尺以上。通水溝雖止數寸，而畦土斜殺而上。種薑棱背相距空間與棱背略相等，是亦空一行種一行也，即區種之遺法也。薑田惟空直行，而區田復空橫行，是其功又倍於薑田也。多收之數，又何疑焉？〔又玫遂寧 王灼 晦叔 糖霜譜，蔗田亦云區種，而其深畦摩勞，開渠闊尺、深尺五，及今年爲蔗田，明年改種五穀以休地諸法，

―――――――――

〔一〕田，農政全書卷五作“稼”。
〔二〕勰，原作“協”，據農政全書卷五改。

並同薑田。〕又按：區田每區方一尺五寸，〔賈氏説又有方深各六寸，及方九寸深六寸諸法。〕蓋欲於城上斜坡立區，故爲此製，若平田亦可變通。

畸零法解〔乘法。〕

假如其處地畝被水所淹，今涸出五分之四，於中又有高地居七分之四，問：若干？

答曰：高地爲三十五之十六。

法用母乘母、子乘子，兩母〔五、七〕相乘三十五爲母，兩子〔四、四〕相乘十六爲子，乘得三十五之十六。

解曰：分總地爲五分，而涸出者居其四。又將此涸出之四分分爲七分，而高地居其四。若以總地分三十五分，則高地居其十六矣。

本法：置實子五之四，以法子七之四乘之，得十六爲實。法母七爲法除之，得五之二又小分七之二，爲高地。然七除不盡，當用通分法。以小分母七通原分母五，爲三十五；得數二通爲十四，加入之二，共十六，是三十五之十六也。

今不用七除其子，而以七乘其母，得數亦同。〔母既七

倍，而子不動，是七之一也，故乘母即同除子。〕

以數明之。設原數三千五百畝，内涵出五之四，是二千八百畝也。以此二千八百畝分爲七分，而高地居其四，是一千六百畝也，則高地於原數爲三十五之十六矣。

又假如有米一宗，内分七之四，於預備倉收貯。又於預備倉内取五之四，先給賑荒，問：若干？

答曰：三十五之一十六。法見前。

解曰：分總米爲七分，而預備倉得其四。又分預備倉米爲五分，而先給賑濟者得其四。若以總米分爲三十五分，則先給賑濟者得其十六。

本法：置實七之四，以法子之四乘之，得一十六爲實。法母五爲法除之，得三又五之一。如法用通分，以小分五通大分七爲三十五，又通得數三爲十五，加子一爲十六，即三十五之十六也。

今不用五除子，而用五乘母，即得三十五之十六，省通分矣。〔母乘得五倍，則子爲五之一。〕

以數明之。設原米四千二百石，分爲七分，而取其四爲預備倉，是二千四百石也。預備倉米又分五分，而取其四以給賑，是一千九百二十石也。若分原米爲三十五分，每分一百二十石，則給賑米得十六分。〔四千二百是三十五個一百二十石，一千九百二十是十六個一百二十石故也。〕

又法：

法用倒位互除以代乘法，以法子四除實母七，得一七五爲母；以法母五除實子四，得〇八〇爲子，乘得一七五之八〇。各進位而倍之，即三十五之一十六。

本法：四乘五除，今不以四乘其子，而反以四除其母，即得數同也。〔母既改爲四之一，而子不動，即子爲四倍，故除母可代乘子也。然除法多有不盡，不如母乘母、子乘子爲便。〕

還原：

```
卅——五
五
之——之
十
六    四
```

法用母除母、子除子，即仍得七之四。

或用倒位乘以代除，除得一百四十之八十，約之亦七之四也。

畸零除法

假如營兵奉裁五之一,留五之四,其所支月餉爲某倉米七之四。問:未裁時月餉幾何?

答曰:該支倉米七之五。

法用倒位互乘,以當除法。以法子之四乘實母七,得二十八爲母。以法母五乘實子之四,得二十爲子。除得二十八之二十,約爲七之五。

解曰:兵奉裁留五之四,其原額未裁,則五之五也。故其原支倉米亦必七之五,乃四而增一之比例。

本法:置實七之四,以法母五乘之,得七之二十爲實。以法子之四爲法除之,得七之五。

今不用四除其子,而以四乘其母,得數亦同。〔母既四倍於原母,而原子不動,如四之一,故乘母可代除子。〕

又法:

法以法母五除實母七,得一四爲母。又以法子之四除實子之四,得一〇爲子。除得一四之一〇,約之亦得七之五。

此不用五乘其子，而以五除其母，得數亦同。〔母既五除，則爲原母五之一，而原子不動，如五倍矣，故除母可當乘子。〕

論曰：以上三法，所得並同。然倒位乘尤妙，蓋以乘代除，則無畸零不盡之數故也。

以數明之。設營兵三千，其五之四則二千四百也。倉米二千五百二十石，其七之四則一千四百四十石也，七之五則一千八百石也。兵二千四百，而給米一千四百四十石，則兵三千當給一千八百石。

還原：

實　　法

廿　　五
八　　之
之　　四
二十

用倒位互除，以代乘法。法子四除實母二十八，得七爲母。法母五除實子二十，得四爲子。乘得七之四，復合原數。

問：倉米七之四，可給營兵五之四。若倉米全發，給兵幾何？

答曰：給兵五之七。

實　　　法

　　如法倒位，以法子之四乘實母五，得二十爲母。以法
母七乘實子之四，得二十八爲子。除得二十〇之二十八，
約爲五之七。子大於母，收爲一又五之二，是可給原額兵
而仍多五分之二也。

　　解曰：原給倉米七之四，而今全給七分，是四分而增
其三也，故兵亦四分增三。〔於五之四增五之三，即爲五之七。〕

　　本法：置實之四，以法母七乘之，得五之二十八爲實，
法子四爲法除之，得五之七。〔今以四乘母代四除子，與前條同。〕

　　以前數明之，倉米二千五百二十石分爲七分，則每
分三百六十石。營兵三千分爲五分，則每分六百。以倉
米四分給兵四分，是每米三百六十石給兵六百名也。今
倉米全給，爲三百六十石者七，則兵爲六百者亦七，是
四千二百名也。除三千名滿原額，凈多一千二百名之餉，
爲五分之二。〔以七除五不盡，故不用又法。〕